21世纪高等学校规划教材｜物联网

现代传感器技术、网络及应用

王友钊 黄静 戴燕云 编著

U0302694

清华大学出版社
北京

内容简介

本书共 14 章,第 1 章讲述有关传感器及物联网的理论基础,第 2~第 12 章分别介绍电阻式、电容式、电感式、压电式、磁传感器、热传感器、声传感器、光传感器、化学传感器、生物传感器和智能传感器及土壤湿度传感器、热流量开关传感器,阐述了各类传感器的工作原理、组成结构、特性和应用等基本知识;第 13、第 14 章讲述无线传感器网络和各类传感器在物联网方面的应用,使读者对传感器技术的发展和应用情况有全面了解。

本书可作为高等院校电子信息、电气自动化、计算机等专业的本科生和硕士研究生的教材,也可供工程技术人员和高校相关专业师生参考。

图书在版编目(CIP)数据

现代传感器技术、网络及应用/王友钊,黄静,戴燕云编著.—北京:清华大学出版社,2015(2024.7重印)
21 世纪高等学校规划教材·物联网
ISBN 978-7-302-40010-3

Ⅰ. ①现… Ⅱ. ①王… ②黄… ③戴… Ⅲ. ①传感器 Ⅳ. ①TP212

中国版本图书馆 CIP 数据核字(2015)第 086734 号

责任编辑:魏江江 薛 阳
封面设计:傅瑞学
责任校对:梁 毅
责任印制:曹婉颖

出版发行:清华大学出版社
网　址:https://www.tup.com.cn,https://www.wqxuetang.com
地　址:北京清华大学学研大厦 A 座　　　邮　编:100084
社 总 机:010-83470000　　　邮　购:010-62786544
投稿与读者服务:010-62776969,c-service@tup.tsinghua.edu.cn
质量反馈:010-62772015,zhiliang@tup.tsinghua.edu.cn
课件下载:https://www.tup.com.cn,010-83470236
印 装 者:涿州市般润文化传播有限公司
经　销:全国新华书店
开　本:185mm×260mm　　　印　张:13.75　　　字　数:342 千字
版　次:2015 年 7 月第 1 版　　　印　次:2024 年 7 月第 7 次印刷
印　数:4001~4300
定　价:49.00 元

产品编号:058605-02

出 版 说 明

随着我国改革开放的进一步深化,高等教育也得到了快速发展,各地高校紧密结合地方经济建设发展需要,科学运用市场调节机制,加大了使用信息科学等现代科学技术提升、改造传统学科专业的投入力度,通过教育改革合理调整和配置了教育资源,优化了传统学科专业,积极为地方经济建设输送人才,为我国经济社会的快速、健康和可持续发展以及高等教育自身的改革发展做出了巨大贡献。但是,高等教育质量还需要进一步提高以适应经济社会发展的需要,不少高校的专业设置和结构不尽合理,教师队伍整体素质亟待提高,人才培养模式、教学内容和方法需要进一步转变,学生的实践能力和创新精神亟待加强。

教育部一直十分重视高等教育质量工作。2007年1月,教育部下发了《关于实施高等学校本科教学质量与教学改革工程的意见》,计划实施"高等学校本科教学质量与教学改革工程(简称'质量工程')",通过专业结构调整、课程教材建设、实践教学改革、教学团队建设等多项内容,进一步深化高等学校教学改革,提高人才培养的能力和水平,更好地满足经济社会发展对高素质人才的需要。在贯彻和落实教育部"质量工程"的过程中,各地高校发挥师资力量强、办学经验丰富、教学资源充裕等优势,对其特色专业及特色课程(群)加以规划、整理和总结,更新教学内容、改革课程体系,建设了一大批内容新、体系新、方法新、手段新的特色课程。在此基础上,经教育部相关教学指导委员会专家的指导和建议,清华大学出版社在多个领域精选各高校的特色课程,分别规划出版系列教材,以配合"质量工程"的实施,满足各高校教学质量和教学改革的需要。

为了深入贯彻落实教育部《关于加强高等学校本科教学工作,提高教学质量的若干意见》精神,紧密配合教育部已经启动的"高等学校教学质量与教学改革工程精品课程建设工作",在有关专家、教授的倡议和有关部门的大力支持下,我们组织并成立了"清华大学出版社教材编审委员会"(以下简称"编委会"),旨在配合教育部制定精品课程教材的出版规划,讨论并实施精品课程教材的编写与出版工作。"编委会"成员皆来自全国各类高等学校教学与科研第一线的骨干教师,其中许多教师为各校相关院、系主管教学的院长或系主任。

按照教育部的要求,"编委会"一致认为,精品课程的建设工作从开始就要坚持高标准、严要求,处于一个比较高的起点上;精品课程教材应该能够反映各高校教学改革与课程建设的需要,要有特色风格、有创新性(新体系、新内容、新手段、新思路,教材的内容体系有较高的科学创新、技术创新和理念创新的含量)、先进性(对原有的学科体系有实质性的改革和发展,顺应并符合21世纪教学发展的规律,代表并引领课程发展的趋势和方向)、示范性(教材所体现的课程体系具有较广泛的辐射性和示范性)和一定的前瞻性。教材由个人申报或各校推荐(通过所在高校的"编委会"成员推荐),经"编委会"认真评审,最后由清华大学出版社审定出版。

目前,针对计算机类和电子信息类相关专业成立了两个"编委会",即"清华大学出版社计算机教材编审委员会"和"清华大学出版社电子信息教材编审委员会"。推出的特色精品教材包括:

(1) 21世纪高等学校规划教材·计算机应用——高等学校各类专业,特别是非计算机专业的计算机应用类教材。

(2) 21世纪高等学校规划教材·计算机科学与技术——高等学校计算机相关专业的教材。

(3) 21世纪高等学校规划教材·电子信息——高等学校电子信息相关专业的教材。

(4) 21世纪高等学校规划教材·软件工程——高等学校软件工程相关专业的教材。

(5) 21世纪高等学校规划教材·信息管理与信息系统。

(6) 21世纪高等学校规划教材·财经管理与应用。

(7) 21世纪高等学校规划教材·电子商务。

(8) 21世纪高等学校规划教材·物联网。

清华大学出版社经过三十多年的努力,在教材尤其是计算机和电子信息类专业教材出版方面树立了权威品牌,为我国的高等教育事业做出了重要贡献。清华版教材形成了技术准确、内容严谨的独特风格,这种风格将延续并反映在特色精品教材的建设中。

清华大学出版社教材编审委员会

联系人:魏江江

E-mail:weijj@tup.tsinghua.edu.cn

目　录

第**1**章

绪论

1.1 传感器概述

人类是通过眼(视觉)、耳(听觉)、鼻(嗅觉)、舌(味觉)、身(触觉)这 5 种器官感知和接收外界信号,并将这些信号传送给大脑而感知外界事物与信息的。大脑处理信号后,将执行命令传给肌体以指挥人的行为。人的五官就是人类传递与感知外界信息的器官,是一种高级特殊的传感器。人类在认识和改造自然中认识到仅靠天然的五官获取信息还不够,便不断创造劳动工具,创造发明了能代替并补充、扩展五官功能的仪器——传感器,如 X 光机,微音器、温度计、光电探测器、雷达等仪器。

现代高新技术,特别是能模拟人的大脑某些功能的计算机技术的迅速发展,极大地推动了能模拟五官功能的传感器技术的发展,而传感器技术直接制约和影响着自动化技术的发展;因此许多发达国家把传感器技术的发展放在现代高技术的关键位置。20 世纪 80 年代日本就将传感器技术列为该国优先发展的十大技术之首,美国认为 20 世纪 80 年代是传感器的时代。各种高技术的智能武器、机器及家用电器的水平高低的分界就在于其传感器的数量与水平不同,传感器是智能化高技术的前驱和标志,有其独特重要的地位。

传感器是自动化检测技术和智能控制系统的重要部件。测试技术中通常把测试对象分为两大类:电参量与非电参量。电参量有电压、电流、电阻、功率、频率等,这些参量可以表征设备或系统的性能;非电参量有机械量(如位移、速度、加速度、力、扭矩、应变、振动等)、化学量(如浓度、成分、气体、pH 值、湿度等)、生物量(酶、组织、菌类)等。过去,非电参量的测量多采用非电测量的方法,如用尺子测量长度,用温度计测量温度等;而现代的非电测量多采用电测量的方法,其中的关键技术是如何利用传感器将非电参量转换为电参量。

1.1.1 传感器的定义

传感器又称受换器、探测器或检测器,是获取信息的工具。在国家标准《传感器通用术语》中,传感器的定义为:能感受(或响应)规定的被测量并按照一定规律转换成可用输出信号的器件或装置。

1.1.2 传感器的分类

传感器种类繁多,按照不同的划分标准,具有不同的分类方式。

(1) 根据传感器工作原理,可分为物理传感器和化学传感器两大类:

物理传感器应用的是物理效应，诸如压电效应，磁致伸缩现象，离化、极化、热电、光电、磁电等效应。被测信号量的微小变化都将转换成电信号。

化学传感器包括那些以化学吸附、电化学反应等现象为因果关系的传感器，被测信号量的微小变化也将转换成电信号。

（2）按照其用途传感器可分类为压力传感器、位置传感器、液位传感器、温度传感器、速度传感器、加速度传感器、流量传感器等。

（3）以其输出信号为标准可将传感器分为：

模拟传感器——将被测量的非电学量转换成模拟电信号。

数字传感器——将被测量的非电学量转换成数字输出信号（编码器）。

开关传感器——当一个被测量的信号达到某个特定的阈值时，传感器相应地输出一个设定的低电平或高电平信号（光电开关）。

（4）从所用材料的物理性质可将传感器分成导体、绝缘体、半导体、磁性材料等传感器。

1.1.3　传感器的组成

传感器的种类繁多，其工作原理、性能特点和应用领域各不相同，所以结构、组成差异很大。但总地来说，传感器通常由敏感元件、转换元件及基本转换电路组成，有时还加上辅助电源，如图 1.1 所示。

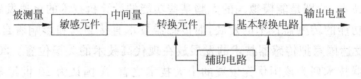

图 1.1　传感器的组成框图

1. 敏感元件

能够直接感受被测量的变化，并且输出与被测量确定关系的某一物理量的元件。

2. 转换元件

将敏感元件输出的物理量（如位移、应变、光强等）转换成适于传输或测量的电信号部分。

3. 基本转换电路

将转换元件输出的电信号进行进一步的转换和处理，如放大、滤波、线性化、补偿等，以获得更好的品质特性，便于后续电路实现显示、记录、处理及控制等功能。基本转换电路的类型视传感器的工作原理和转换元件的类型而定，一般有电桥电路、阻抗变换电路、振荡电路等。

1.1.4　传感器的基本特性

传感器是实现传感功能的基本器件，传感器输入和输出关系的特性是传感器的基本特性,也是传感器内部参数作用关系的外部特性表现,不同传感器的内部结构参数决定了它具有不同的外部特性。

传感器所测量的物理量基本上有两种形式:静态(稳态或准静态)和动态(周期变化或瞬态)。前者的信号不随时间变化(或变化比较缓慢);后者的信号是随时间的变化而变化的。传感器就是要尽量准确地反映输入物理量的状态,因此传感器所表现出来的输入和输出特性也就不同,即存在静态和动态特性。

不同的传感器有不同的内部参数,因此它们的静态特性和动态特性就表现出不同的特点,对测量结果也产生不同的影响。一个高精度的传感器,必须要有良好的静态特性和动态特性,从而确保检测信号(或能量)的无失真转换,使检测结果尽量反映被测量的原始特征。

传感器的静态特性是指被测量的值处于稳定状态时的输出和输入关系。只考虑传感器的静态特性时,输入量与输出量之间的关系式中不含时间变量。衡量静态特性的重要指标是线性度、灵敏度、迟滞和重复性等。

传感器的动态特性是指其输出对随时间变化的输入量的响应特性。当被测量传感器随时间变化,即是时间的函数时,传感器的输出量也是时间的函数,它们之间的关系要用动态特性来表示。一个动态特性好的传感器,其输出将再现输入量的变化规律,即具有相同的时间函数。实际上除了具有理想的比例特性外,输出信号将不会与输入信号具有相同的时间函数,这种输出与输入间的差异就是所谓的动态误差。

1.1.5 传感器的标定与校准

传感器的标定是指在明确传感器的输出与输入关系的前提下,利用某种标准器具对传感器进行标度。

对新研制或生产的传感器进行全面的技术检定,称为标定;将传感器在使用中或储存后进行的性能复测,称为校准。标定与校准的本质相同。

标定的基本方法是:利用标准仪器产生已知的非电量(如标准力、压力、位移等)作为输入量,输入待标定的传感器中,然后将传感器的输出量与输入的标准量进行比较,获得一系列校准数据或曲线。

1.2 传感器网络概述

传感器网络是由许多在空间上分布的自动装置组成的一种计算机网络,这些装置使用传感器协作地监控不同位置的物理或环境状况(如温度、声音、振动、压力、运动或污染物)。无线传感器网络的发展最初起源于战场监测等军事应用。而现今无线传感器网络被应用于很多民用领域,如环境与生态监测、健康监护、家庭自动化,以及交通控制等。

1.2.1 传感器网络的基本概念

传感器来自于"感觉"一词,人用眼睛看,用耳朵听,用鼻子嗅,用舌头尝,用身体触摸,通过接受外界光线、温度、声音等刺激,并将它们转化为生物物理和生物化学信号,然后通过神经系统传输到大脑。大脑对信号做出分析判断,发出指令,使机体产生相应的活动。与此类似,高温、高压环境中以及远距离的物理量,不易直接测量,传感器可以把它们的变化转化为电压、电流等电学的变量,电学的变量易于测量、易于处理,并能利用计算机分析。信息的采集依赖于传感器,信息的处理依赖于计算机。在指定区域内有大量的传感器节点,数据通过无线电传到监控中心,构成无线传感器网络(WSN)。

WSN 由部署在监测区域内大量的廉价微型无线传感器节点组成,通过无线通信方式组成的多跳自组织网络,完成对远端物理环境的监测、控制和数据采集等任务。通常传感器节点体积微小、成本低廉,携带的电池能量十分有限,另外传感器节点个数多、分布区域广,而且可能部署在严酷的环境中。

1.2.2   传感器网络的体系结构

传感器网络系统通常包括传感器节点(Sensor)、汇聚节点(Sink Node)和管理节点,如图 1.2 所示。大量传感器节点随机部署在监测区域(Sensor Field)内部或附近,能够通过自组织方式构成网络。传感器节点监测的数据沿着其他传感器节点逐跳地进行传输,在传输过程中监测数据可能被多个节点处理,经过多跳后路由到汇聚节点,最后通过互联网或卫星到达管理节点。用户通过管理节点对传感器网络进行配置和管理,发布监测任务以及收集监测数据。

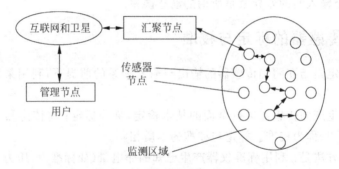

图 1.2   传感器网络的体系结构

传感器节点通常是一个微型的嵌入式系统,它的处理能力、存储能力和通信能力相对较弱,通过携带能量有限的电池供电。从网络功能上看,每个传感器节点兼有传统网络节点的终端和路由器双重功能,除了进行本地信息收集和数据处理外,还要对其他节点转发来的数据进行存储、管理和融合等处理,同时与其他节点协作完成一些特定任务。目前传感器节点的软硬件技术是传感器网络研究的重点。

汇聚节点的处理能力、存储能力和通信能力相对比较强,它连接传感器网络与因特网等外部网络,实现两种协议栈之间的通信协议转换,同时发布管理节点的监测任务,并把收集的数据转发到外部网络上。汇聚节点既可以是一个具有增强功能的传感器节点,有足够的能量供给和更多的内存与计算资源,也可以是没有监测功能仅带有无线通信接口的特殊网关设备。

传感器节点由传感器模块、处理器模块、无线通信模块和能量供应模块 4 部分组成,如图 1.3 所示。传感器模块负责监测区域内信息的采集和数据转换;处理器模块负责控制整个传感器节点的操作,存储和处理本身采集的数据以及其他节点发来的数据;无线通信模块负责与其他传感器节点进行无线通信,交换控制消息和收发采集数据;能量供应模块为传感器节点提供运行所需的能量,通常采用微型电池。

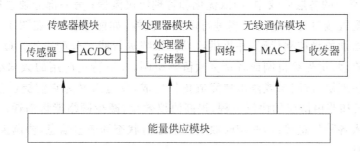

图1.3 传感器体系结构

随着传感器网络的深入研究,研究人员提出了多个传感器节点上的协议栈。如图1.4(a)展示了早期提出的一个协议栈,这个协议栈包括物理层、数据链路层、网络层、传输层和应用层,与互联网协议栈的五层协议相对应。另外,协议栈还包括能量管理平台、移动管理平台和任务管理平台。这些管理平台使得传感器节点能够按照能源高效的方式协同工作,在节点移动的传感器网络中转发数据,并支持多任务和资源共享。各层协议和平台的功能如下。

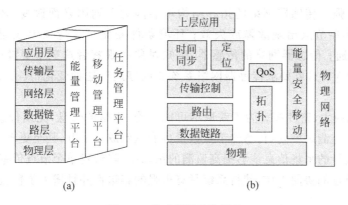

图1.4 传感器网络协议栈

(1) 物理层提供简单但健壮的信号调制和无线收发技术;

(2) 数据链路层负责数据成帧、帧检测、媒体访问和差错控制;

(3) 网络层主要负责路由生成与路由选择;

(4) 传输层负责数据流的传输控制,是保证通信服务质量的重要部分;

(5) 应用层包括一系列基于监测任务的应用层软件;

(6) 能量管理平台管理传感器节点如何使用能源,在各个协议层都需要考虑节省能量;

(7) 移动管理平台检测并注册传感器节点的移动,维护到汇聚节点的路由,使得传感器节点能够动态跟踪其邻居的位置;

(8) 任务管理平台在一个给定的区域内平衡和调度监测任务。

如图1.4(b)所示的协议栈细化并改进了原始模型。定位和时间同步子层既要完成数据传输通道进行协作定位和时间同步协商,同时又要为网络协议各层提供信息支持,如基于时分复用的 MAC 协议,基于地理位置的路由协议等很多传感器网络协议都需要定位和同步信息。所以在图中用倒 L 形描述这两个功能子层。图 1.4(b)右边的诸多机制一部分融入如图 1.4(a)所示的各层协议中,用以优化和管理协议流程;另一部分独立在协议层外,通过各种收集和配置接口对相应的机制进行配置和监控,如能量管理,在图 1.4(a)中的每个协议层中都要增加能量控制代码,并提供给操作系统进行能量分配决策。QoS 管理在各协议层设计队列管理、优先级机制或者带宽预留等机制,并对特定应用的数据给予特别处理;拓扑控制利用物理层、链路层或路由层完成拓扑生成,反过来又为它们提供基础信息支持,优化 MAC 协议和路由协议的协议过程,提高协议效率,减少网络能量消耗;网络管理则要求协议各层嵌入各种信息接口,并定时收集协议运行状态和流量信息,协调控制网络中各个协议组件的运行。

1.2.3 传感器网络的特点

无线传感器网络有以下一些特点:

(1) 计算和存储能力有限。传感器节点是一种微型嵌入式设备,要求它价格低、功耗小,这些限制必然导致其携带的处理器能力比较弱;存储器容量比较小。为了完成各种任务,传感器节点需要利用有限的计算和存储资源完成监测数据的采集和转换、数据的管理和处理、应答汇聚节点的任务请求和节点控制等多种工作。

(2) 动态性强。传感器网络的拓扑结构可能因为下列因素而改变,环境因素或电能耗尽造成的传感器节点出现故障或失效;环境条件变化可能造成无线通信链路带宽变化,甚至时断时通;传感器网络的传感器、感知对象和观察者这三个要素都可能具有移动性;新节点的加入。这就要求传感器网络系统要能够适应这种变化,具有动态的系统可重构性。

(3) 网络规模大、密度高。为了获取尽可能精确、完整的信息,无线传感器网络通常密集部署在大片的监测区域内,传感器节点数量可能达到成千上万,甚至更多。大规模网络通过分布式处理大量的采集信息能够提高监测的精确度,降低对单个节点传感器的精度要求;通过大量冗余节点的协同工作,使得系统具有很强的容错性并且增大了覆盖的监测区域,减少盲区。

(4) 可靠性。传感器网络特别适合部署在恶劣环境或人类不宜到达的区域,传感器节点可能工作在露天环境中,遭受太阳的暴晒或风吹雨淋,甚至遭到无关人员或动物的破坏。传感器节点往往采取随机部署,如通过飞机撒播或发射炮弹到指定区域进行部署。这些都要求传感器节点非常坚固,不易损坏,适应各种恶劣环境条件。由于监测区域环境的限制以及传感器节点数目巨大,不可能人工“照顾”每个传感器节点,网络的维护十分困难甚至不可维护。传感器网络的通信保密性和安全性也十分重要,要防止监测数据被盗取和获取伪造的监测信息。因此,传感器网络的软硬件必须具有鲁棒性和容错性。

(5) 应用相关。不同的应用背景对传感器网络的要求不同,其硬件平台、软件系统和网络协议必然会有很大的差别。只有让系统更贴近应用,才能做出最高效的目标系统。针对每一个具体应用来研究传感器网络技术,这是传感器网络设计不同于传统网络的显著特征。

(6) 以数据为中心。在传感器网络中人们只关心某个区域某个观测指标的值,而不会去关心具体某个节点的观测数据,以数据为中心的特点要求传感器网络能够脱离传统网络的寻址过程,快速有效地组织起各个节点的信息并融合提取出有用信息直接传送给用户。

例如,在应用于目标跟踪的传感器网络中,跟踪目标可能出现在任何地方,对目标感兴趣的用户只关心目标出现的位置和时间,并不关心哪个节点检测到目标。事实上,在目标移动的过程中,必然是由不同的节点提供目标的位置信息。

1.3 物联网概述

1.3.1 物联网的基本概念

物联网到现在为止还没有一个约定俗成的公认概念。早在 1999 年我国就提出了网联网这个概念,它是在互联网的基础上通过射频识别(RFID、全球定位系统、红外感应器、激光扫描器)等信息传感设备,按照预定的协议把任何物品与互联网连接起来,进行信息的交换和通信来实现智能化识别、监控、定位、跟踪和管理的一种网络概念,具有普通对象的设备化、服务的智能化和自治终端的互联化三个特征。在我国的应用领域非常广,包括了医疗健康、智能交通、农业监测、平安家居和物流等各方面。

物联网中的"物"需要具备特殊的性质才能被纳入物联网这一范围内,这些基本的特征主要有:

(1) 要有数据传输的通路。
(2) 要有一定的存储能力。
(3) 要有相对应的控制和管理系统。
(4) 要有一定的处理能力。
(5) 具有可以被识别的唯一编码。
(6) 要遵循物联网中的通信协议。
(7) 有专门应用程序提供信息交互和使用接口。

1.3.2 物联网发展的现状

总体上看,物联网作为新兴产业,目前正处于产业化初期,大规模产业化与商业化时代即将到来。欧洲智能系统集成技术平台(EPOSS)在 *Internet of Things in* 2020 报告中分析预测,未来物联网的发展将经历 4 个阶段,2010 年之前 RFID 被广泛应用于物流、零售和制药领域,2010~2015 年物体互联,2015~2020 年物体进入半智能化,2020 年之后物体进入全智能化。

我国在这一新兴领域自 20 世纪末与国际同时起步,具有同等水平,部分达到领先,如何将技术优势快速转化为国际产业优势,是我国面临的严峻挑战。

在物联网产业化进程方面,由于物联网应用众多、环境差异大、物物互联系统异构性、用户需求和市场培育速度等诸多因素,当前物联网在成果转化和技术熟化方面存在的主要问题见表1-1。

表 1-1　目前物联网应用领域存在的问题

编号	问　　题
1	在物联网产品开发环境方面,缺乏物联网产品开发和工程化平台,如物联网设计与仿真平台、样本数据库平台、专用测试平台等的缺乏,限制了物联网各研发机构对核心技术的成果转化,降低了科研成果转化率
2	在物联网产品测试方面,缺乏规范的测试平台,难以批量化生产,生产类测试、工艺类测试、功能类测试、性能类测试等规范化物联网测试环境缺乏,使得绝大多数物联网的相关设备没有达到批量化生产的要求,从而严重制约了产业化的发展进程
3	在物联网应用示范方面,缺乏物联网多行业应用的集成示范平台,物联网应用场景多种多样,并且行业要求各异,在各应用领域内建立完整系统的解决方案有待进一步推进
4	在物联网标准化方面,缺乏统一的标准体系,难以形成明确的市场分工
5	在物联网产品认证方面,缺乏具有行业公信力的认证机构;物联网系列标准认证是促进物联网大规模应用推广和建立完整、规范的产业链的重要基础。物联网国际、国内标准仍在进一步制定中。因此,物联网行业内的各类机构仍处于粗放式的发展过程中。缺乏具有行业公信力的认证机构的认证,使得产品难以被社会接受,更加难以规模化推广
6	在物联网系统集成和商业模式方面,缺乏较成熟和规模化的发展模式。由于物联网具有多样的应用场景,因此在规模化发展模式设计时应当基于共性的应用需求,在此基础上再通过成熟的商业模式真正实现物联网的规模化应用和发展

1.3.3　物联网的基本框架

物联网是一个结合传感器、协同感知、协同信息处理、无线通信与网络、综合信息服务等多种技术的综合信息系统。一般来说,物联网的体系架构从下至上包括感知层、网络层和应用层,其中感知层是获取物理世界信息的唯一途径和载体;相应地,其技术体系包括感知层技术、网络层技术、应用层技术以及公共技术。

感知层:数据采集与感知主要用于采集物理世界中发生的物理事件和数据,包括各类物理量、标识、音频、观频数据。物联网的数据采集涉及传感器、RFID、多媒体信息采集和实时定位等技术。

网络层:实现更加广泛的互联功能,能够把感知到的信息无障碍、高可靠性、高安全性地进行传送,需要传感器网络与移动通信技术、互联网技术相融合。经过十余年的快速发展,移动通信、互联网等技术已比较成熟,基本能够满足物联网数据传输的需要。

应用层:主要包含应用支撑平台子层和应用服务子层。其中应用支撑平台子层用于支撑跨行业、跨应用、跨系统之间的信息协同、共享、互通的功能。应用服务子层包括智能交通、智髓医疗、智能家居、智能物流、智能电力等行业应用。

公共技术:不属于物联网技术的某个特定层面,而是与物联网技术架构的三层都有关系,它包括标识与解析、安全技术、网络管理和服务质量(QoS)管理。

习题 1

1. 感官的延伸在互联网时代有哪些?
2. 对传感器的要求有哪些?

参考文献

[1] 孙运旺.传感器技术与应用[M].杭州:浙江大学出版社,2006-09.
[2] 刘爱华,满宝元.传感器原理与应用技术[M].北京:人民邮电出版社,2010-11.
[3] 鲁凌云.计算机网络基础应用教程[M].北京:清华大学出版社,2012-03.
[4] 蔡思静.物联网原理与应用[M].重庆:重庆大学出版社,2012-02.
[5] 王金甫,王亮.物联网概论[M].北京:北京大学出版社,2012-12.
[6] 王志良.物联网现在与未来[M].北京:机械工业出版社,2010-06.
[7] 王志良,王粉花.物联网工程概论[M].北京:机械工业出版社,2011-04.
[8] 林玉池.现代传感技术与系统.北京:机械工业出版社,2009-07.
[9] 王冬.基于物联网的智能农业监测系统的设计与实现[D].大连:大连理工大学出版社,2013.
[10] 刘迎春.现代新型传感器原理与应用.北京:国防工业出版社,1998-01.
[11] 陈建元.传感器技术.北京:机械工业出版社,2008-10.

第2章

电传感器

人们为了从外界获取信息,必须借助于感觉器官。单靠人们自身的感觉器官,在研究自然现象和规律以及生产活动中它们的功能就远远不够了。为适应这种情况,就需要传感器。本章主要介绍电传感器,常见的电传感器有电阻式传感器、电容式传感器和电感式传感器。

2.1 电阻式传感器

电阻式传感器是目前在非电量测量技术中应用最多、最成熟和最重要的传感器之一。它广泛应用于力、压力、位移、应变、加速度、温度等非电量参数。一般来说,电阻式传感器的结构简单、性能稳定、灵敏度较高,有的还用于动态测量。它分为金属电阻应变式传感器、压阻式传感器、电位器式传感器等。本文主要介绍金属电阻应变式传感器。

1. 金属电阻应变式传感器

金属电阻应变式传感器是一种利用金属电阻应变片将应变转换成电阻变化的传感器。传感器由在弹性元件上粘贴金属电阻应变片构成。当被测物理量作用在弹性元件上时,弹性元件的变形引起应变片的阻值变化,通过转换电路将其转变成电量输出,电量变化的大小反映了被测物理量的大小。

设有一根长度为 L、截面积为 S、电阻率为 P 的金属丝,其电阻值可以用下式表示为

$$R = \frac{\rho L}{S} \tag{2-1}$$

当电阻丝受到拉力或压缩时,其几何尺寸和电阻值同时发生变化,通过对式(2-1)两边取对数后再微分,即可求得电阻的相对变化为式(2-1)两边取对数,得 $\ln R = \ln\rho + \ln l - \ln S$。

等式两边微分,则得

$$\frac{dR}{R} = \frac{d\rho}{\rho} + \frac{dl}{l} - \frac{dS}{S} \tag{2-2}$$

式中,$\frac{dR}{R}$ 表示电阻的相对变化;$\frac{d\rho}{\rho}$ 表示电阻率的相对变化;$\frac{dl}{l}$ 表示金属丝长度的相对变化,用 ε 表示,$\varepsilon = \frac{dl}{l}$ 称为金属丝长度方向的应变或轴向应变;$\frac{dS}{S}$ 表示截面积的相对变化,因为 $S = \pi r^2$,r 为金属丝的半径,则 $dS = 2\pi r dr$,$\frac{dS}{S} = 2 \cdot \frac{dr}{r}$,$\frac{dr}{r}$ 为金属丝半径的相对变化,即径向应变 ε_r。

由《材料力学》知道，在弹性范围内金属丝沿长度方向伸长时，径向(横向)尺寸缩小，反之亦然，即轴向应变 ε 与径向应变 ε_r 存在下列关系：

$$\varepsilon_r = -\mu\varepsilon \tag{2-3}$$

式中，μ 表示金属材料的泊松比；负号表示应变方向相反。

金属材料电阻率相对变化与其体积相对变化之间有下列关系：

$$\frac{d\rho}{\rho} = C\frac{dV}{V} \tag{2-4}$$

式中，C 为金属材料的某个常数，例如，康铜(一种铜镍合金)丝 $C \approx 1$；

V 为体积。体积相对变化 $\dfrac{dV}{V}$ 与应变 ε、ε_r 之间有下列关系：

$$V = S \cdot l$$

$$\frac{dV}{V} = \frac{dS}{S} + \frac{dl}{l} = 2\varepsilon_r + \varepsilon = -2\mu\varepsilon + \varepsilon = (1-2\mu)\varepsilon$$

由此得

$$\frac{d\rho}{\rho} = C\frac{dV}{V} = C(1-2\mu)\varepsilon$$

将上述各关系式一并代入式(2-2)，得

$$\frac{dR}{R} = C(1-2\mu)\varepsilon + \varepsilon + 2\mu\varepsilon = \left[(1+2\mu) + C(1-2\mu)\right] \cdot \varepsilon = K_s \cdot \varepsilon \tag{2-5}$$

式中，K_s 对于一种金属材料在一定应变范围内为一常数。将微分 dR、dl 改写成增量 ΔR、Δl，可写成下式：

$$\frac{\Delta R}{R} = K_s\frac{\Delta l}{l} = K_s \cdot \varepsilon \tag{2-6}$$

即金属丝电阻的相对变化与金属丝的伸长或缩短之间存在比例关系。比例系数 K_s 称为金属丝的应变灵敏系数，其物理意义为单位应变引起的电阻相对变化。其表达式为 $K_s = \left[(1+2\mu) + C(1-2\mu)\right] = 1 + 2\mu + \left(\dfrac{d\rho}{\rho}\Big/\varepsilon\right)$。由此可知，灵敏系数 K_s 受两个因素影响：前一部分是应变片受力后材料几何尺寸的变化，即 $(1+2\mu)$，一般金属的 $\mu \approx 0.3$，因此 $(1+2\mu) \approx 1.6$；另一个是应变片受力后材料的电阻率发生的变化，即 $\dfrac{\frac{d\rho}{\rho}}{\varepsilon}$。对金属材料来说，电阻丝灵敏度系数表达式中 $(1+2\mu)$ 的值要比 $\dfrac{\frac{d\rho}{\rho}}{\varepsilon}$ 大得多，它除与金属丝几何尺寸变化有关外，还与金属本身的特性有关，如康铜 $C \approx 1$，$K_s \approx 2.0$，其他金属或合金，K_s 一般在 $1.8 \sim 3.6$ 的范围内。而半导体材料的项的值比 $(1+2\mu)$ 大得多。大量实验证明，在电阻丝拉伸极限内，电阻的相对变化与应变成正比，$\dfrac{\frac{d\rho}{\rho}}{\varepsilon}$ 即 K_s 为常数。

2. 金属电阻应变片的结构

1) 电阻应变片的结构形式

常见的金属电阻应变片有丝式和箔式两种，均是由敏感栅、基底和引线、黏结剂等组成的。由于这些组成部分所选用的材料将直接影响应变片的性能,因此,应根据使用条件和使用要求合理地加以选择。

敏感栅:敏感栅是应变片最重要的组成部分,它用来感受应变并转换为电阻的变化。丝式电阻应变片的敏感栅是用直径为 0.015～0.05mm 的金属电阻丝制成的,根据敏感栅的形状,丝式电阻应变片又有短接式和丝绕式之分,如图 2.1 所示。

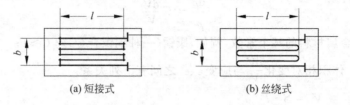

(a) 短接式　　　　　　　　(b) 丝绕式

图 2.1　金属丝式电阻应变片

敏感栅合金材料的选择对所制造的电阻应变计性能的好坏起着决定性的作用。它是应变片最重要的组成部分,由某种金属细丝绕成栅形。一般用于制造应变片的金属细丝直径为 0.015～0.05mm。电阻应变片的电阻值为 60Ω、120Ω、200Ω 等各种规格,以 120Ω 最为常用。常用的敏感栅材料的主要性能如表 2-1 所示。

表 2-1　常用的敏感栅材料的主要性能

材料名称	主要成分/%	灵敏系数 K_s	电阻率 $\rho/10^{-6}\Omega M$	电阻温度系数 $\alpha/10^{-6}℃$	线膨胀系数 $\beta/10^{-6}℃$	最高工作温度/℃
康铜	Cu(55) Ni(45)	2.0	0.45～0.52	±20	15	250(静态)400(动态)
镍铬合金	Ni(80) Cr(20)	2.1～2.3	1.0～1.1	110～130	14	450(静态)800(动态)
卡玛合金 (6J-22)	Ni(74) Cr(20) Al(3) Fe(3)	2.4～2.6	1.24～1.42	±20	13.3	400(静态)800(动态)
伊文合金 (6 J-23)	Ni(75) Cr(20) Al(3) Cu(2)					
镍铬铁合金	Ni(36)Cr(8) Mo(0.5)Fe(55.5)	3.2	1.0	175	7.2	230(动态)
铁铬铝合金	Cr(25)Al(5) V(2.6)Fe(67.4)	2.6～2.8	1.3～1.5	30～40	11	
铂	Pt(纯)	4.6	0.1	3000	8.9	800(静态)1000(动态)
铂合金	Pt(80) Ir(20)	4.0	0.35	590	13	
铂钨	Pt(91.5)W(8.5)	3.2	0.74	192	9	800(静态)

基底和盖片(覆盖层):基底用于保持敏感栅、引线的几何形状和相对位置;盖片既保持敏感栅和引线的形状和相对位置,还可以保护敏感栅使其避免受到机械损伤或被高温氧化。最早的基底和盖片多用专门的薄纸制成。基底厚度一般为 0.02~0.04mm,基底的全长称为基底长,其宽度称为基底宽。

引线:它是从应变片的敏感栅中引出的细金属丝,即连接敏感栅和测量线路的丝状或带状的金属导线。常用直径为 0.1~0.15mm 的镀锡铜线,或扁带形的其他金属材料制成。对引线材料的性能要求为:电阻率低、电阻温度系数小、抗氧化性能好、易于焊接。大多数敏感栅材料都可制作引线。

黏结剂:用于将敏感栅固定于基地上,并将盖片与基底粘贴在一起。使用金属应变片时,也需用黏结剂将应变片基底粘贴在构件表面某个方向和位置上。以便将构件受力后的表面应变传递给应变计的基底和敏感栅。常用的黏结剂分为有机和无机两大类。有机黏结剂用于低温、常温和中温。常用的有聚丙烯酸酯、酚醛树脂、有机硅树脂及聚酰亚胺等。无机黏结剂用于高温,常用的有磷酸盐、硅酸盐、硼酸盐等。

2) 金属电阻应变片的主要参数

基长 L:又称标距。即敏感栅的纵向长度。一般为 2~30mm,箔式应变片的基长可小到 0.2mm,大者可达 100mm。基长小的应变片横向效应较大,传递变形差,粘贴和定位也较困难,主要用在应变变化梯度大的地方,如应力集中处理。

基宽 b:敏感栅的横向宽度,一般在 10mm 以内。阻值相同时基宽小可使整体尺寸减小,但过小时线间距变小会影响散热。

电阻值 R:指应变片未经安装也不受外力情况下室温时所测定的电阻值。推荐的电阻值为 60Ω、120Ω、200Ω、350Ω、1000Ω 等。因为常用的应变仪,其测量电桥的桥臂电阻一般是按 120Ω 设计的,因此 120Ω 的应变片最常用。

灵敏度 S:即单位应变引起的电阻相对变化,是应变片的重要技术参数。由于敏感栅转折端的横向效应、基底橡胶层对变形传递的影响,使应变片的实际灵敏度与计算值之间存在差异,因此常用实验方法测定 S 值,并标注在产品包装袋上。金属电阻应变片 S 值一般在 2 左右。

允许电流:应变片在使用时要接入电桥进行测量,为了增大电桥的灵敏度,希望增加通过应变片的电流,而通过应变片的电流受到温升的限制,大电流会使应变片过热,引起热输出误差。因此必须限制通过应变片的最大工作电流。其值与敏感栅的几何形状、尺寸、截面形状、大小以及基底、黏结剂、被测试件及外界情况有关。短时间工作可适当大些,动态工作可高于静态工作,箔式大于丝式,外部有保护罩或测试件为导热性能差的材料可适当减小。

使用应变片时,要根据调试对象、测量精度、环境条件和应变片的特性参数,进行正确的选用、安装.才能得到预期的效果。

2.2 电容式传感器

近年来,电容式传感器的应用技术有了较快的进展,它不但广泛应用于位移、振动、角度、加速度等机械量的精密测量,而且还逐步应用于压力、差压、液面、成分含量等方面的测量。由于电容测微技术的不断完善,作为高精度非接触式测量工具,电容式传感器被广泛应用于科研和生产加工过程中。随着电子工艺集成度的提高,电容式传感器在非电测量和自动检测中的应用越来越广泛。

从工程应用的角度看,电容式传感器的特点是:小功率、高阻抗;因电容器的容量值很小,一般从几十微法到几百微法,因此具有很高的输出阻抗;由于电容式传感器极板间的静电引力小,工作所需的作用力很小,可动质量小,具有较高的固有频率,所以动态响应特性好;电容式传感器结构简单、适应性强,可以进行非接触测量。

电容式传感器与电阻式传感器相比,优点是本身发热影响小,缺点是输出非线性。

2.2.1　电容式传感器的工作原理

电容式传感器是一个具有可变参量的电容器,将被测非电量变为电容量。多数情况下,电容传感器是指以空气为介质的两个平行金属极板组成的可变电容器,故电容式传感器的基本原理可以用平板电容器说明如下:

$$c = \frac{\varepsilon S}{\delta} = \frac{\varepsilon_0 \varepsilon_r S}{\delta}$$

式中,ε 为极板间介质的介电常数;$\varepsilon_r = \varepsilon / \varepsilon_0$ 为相对介电常数,空气的相对介电常数 $\varepsilon_r \approx 1$,真空时 $\varepsilon = \varepsilon_0 = 8.85 \times 10^{-12}$ F/M。S 为电容两极板的面积;δ 为两个平行极板间的距离。

2.2.2　电容式传感器的类型

电容式传感器可以通过改变极板的面积(S)、极板间距离(δ)或改变极板间介质 ε 来改变电容器 C 的电容值,如果固定其中两个参数不变,只改变某一个参数,就可以把该参数的变化转换为电容量的变化,这种传感器是通过检测电容的大小检测非电量的。实际应用时,电容传感器可分为以下三种结构形式:

(1) 改变极板面积(S)的电容器,称变面积型电容式传感器,结构如图 2.2(a)所示,其特点是测量范围较大,多用于测线位移、角位移;

(2) 改变极板距离 δ 的电容器,称变极距型电容式传感器,结构如图 2.2(b)所示,适宜做小位移测量;

(3) 改变极板介质(ε)的电容器,称变介质型电容式传感器,结构如图 2.2(c)所示,普遍用于液面高度测量、介质厚度测量,可制成计位计等。

2.2.3　电容式传感器的等效电路

电容式传感器的转换电路就是将电容式传感器看成一个电容并转换成电压或其他电量的电路。2.2.2节对电容传感器的特性分析是在纯电容条件下进行的。这在可忽略传感器附加损耗的一般情况下也是可行的。若考虑电容传感器在高温、高湿及高频励磁条件下工作而不可忽视其附加损耗和电效应影响时,其等效电路如图 2.3 所示。

图 2.3 中 C 为传感器电容,R_1 为低频损耗并联电阻,它包含极板间漏电和介质损耗;R_s 为高温和高频励磁工作时的串联损耗电阻,它包含导线、极板间和金属支座等损耗电阻;L 为电容器及引线电感;C_p 为寄生电容,消灭寄生电容影响是电容传感器使用的关键。在实际应用中,特别是在高频激励时,尤需考虑 L 的存在,其存在会使传感器有效电容 $C_e =$

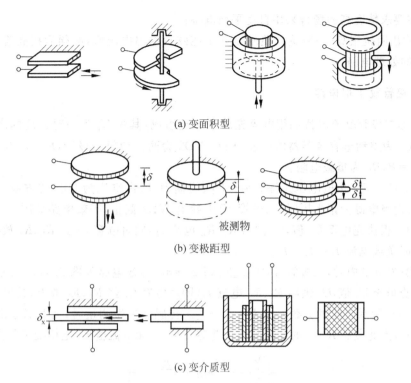

(a) 变面积型

(b) 变极距型

被测物

(c) 变介质型

图 2.2 电容传感器结构类型

$C/(1-\omega^2 LC)$ 变化, 从而引起传感器有效灵敏度的改变,

$$S_e = C/(1-\omega^2 LC)^2$$

在此情况下, 每当改变励磁频率或者更换传输电缆时都必须对测量系统重新进行标定。

电容式传感器的等效电路存在谐振频率, 通常为几十兆赫兹。供电电源频率必须低于该谐振频率, 一般为其 $1/3 \sim 1/2$, 传感器才能正常工作。

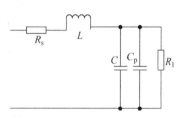

图 2.3 电容式传感器的等效电路

2.2.4 电容式传感器的测量电路

1. 电桥电路

将电容式传感器接入交流电桥作为电桥的一个臂(另一个臂为固定电容)或两个相邻臂, 另两个臂可以是电阻或电容或电感, 也可以是变压器的两个次级线圈。其中另两个臂是紧耦合电感臂的电桥, 具有较高的灵敏度和稳定性, 且寄生电容影响极小, 大大简化了电桥的屏蔽和接地, 适合在高频电源下工作。而变压器式电桥使用元件最少, 桥路内阻最小, 因此目前较多采用。

电容电桥的主要特点有:

(1) 高频交流正弦波供电;

(2) 电桥输出调幅波, 要求其电源电压波动极小, 需采用稳幅、稳频等措施;

(3) 通常处于不平衡工作状态, 所以传感器必须工作在平衡位置附近, 否则电桥非线性

增大,且在要求精度高的场合采用自动平衡电桥;

(4) 输出阻抗很高(一般达几兆欧至几十兆欧),输出电压低,必须后接高输入阻抗、高放大倍数的处理电路。

2. 二极管双 T 形电路

双 T 形二极管交流电桥利用电容充放电原理组成,其中 U_i 为一对方波的高频电源电压,C_1 和 C_2 为差动电容传感器的电容,VD1、VD2 为两只理想二极管,R_1、R_2 为固定电阻,且 $R_1 = R_2 = R$,R_L 为负载电阻。

电路工作原理:供电电压是幅值为 $\pm U_E$、周期为 T、占空比为 50% 的方波。若将二极管理想化,则当电源为正半周时,二极管 VD1 导电、VD2 截止,等效电路如图 2.4(a)所示。此时电容 C_1 很快充电至 U_i 值,U_i 供给 R_1、R_L 电流 I_1,同时电容 C_2 经 R_L、R_2 放电,其电流为 I_2。此时负载电流 $I_L = I_1 - I_2$。

当电源为负半周时,二极管 VD1 截止、VD2 导电,等效电路如图 2.4(b)所示。此时电容 C 很快充电至 U_i 值,U_i 供给 R_2、R_L 电流 I_2,同时电容 C_1 经 R_L、R_1 放电,其电流为 I_1,方向如图 2.4(c)所示。此时负载电流 $I_L = I_1 - I_2$。传感器未做测量时,因电源输出以及电路和参数对称,因此负载 R_L 上的电流平均值为零。R_L 上无电流输出,电桥处于平衡状态。

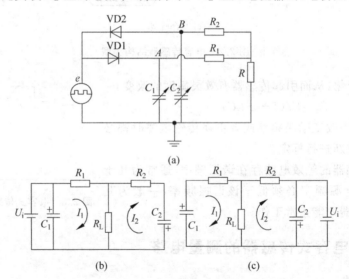

图 2.4 二极管双 T 形交流电路

根据一阶电路时域分析的三要素法,可直接得到电容 C_2 的电流 i_{C_2} 如下

$$i_{C_2} = \left[\frac{U_E + \dfrac{R_L}{R + R_L} U_E}{R + \dfrac{R R_L}{R + R_L}} \right] e^{\frac{-t}{\left(R + \frac{R R_L}{R + R_L}\right) C_2}} \tag{2-7}$$

在 $R + (R R_L)/(R + R_L) C_2 \, T/2$ 时,电流 i_{C_2} 的平均值 $\overline{i_{C_2}}$ 可以写成

$$I_{C_2} = \frac{1}{T} \int_0^{\frac{T}{2}} i_{C_2} \, dt \approx \frac{1}{T} \int_0^\infty i_{C_2} \, dt = \frac{1}{T} \frac{R + 2R_L}{R + R_L} U_E C_2 \tag{2-8}$$

同理,可得负半周时电容 C_1 的平均电流 I_{C_1} 为

$$I_{C_1} = \frac{1}{T} \frac{R + 2R_L}{R + R_L} U_E C_1 \tag{2-9}$$

故在负载 R_L 上产生的电压为

$$U_0 = \frac{RR_L}{R + R_L}(I_{C_1} - I_{C_2}) = \frac{RR_L(R + 2R_L)}{(R + R_L)^2} \frac{U_E}{T}(C_1 - C_2) \tag{2-10}$$

该电路的特点是：

① 线路简单，可全部放在探头内，大大缩短了电容引线，减小了分布电容的影响；

② 电源周期、赋值直接影响灵敏度，要求它们高频稳定；

③ 输出阻抗为 R，而与电容无关，克服了电容式传感器高内阻的缺点；

④ 适用于具有线性特性的单组式和差动式电容式传感器。

3. 差动脉冲调宽电路

差动脉冲调宽电路也称为差动脉宽（脉冲宽度）调制电路，利用对传感器电容的充放电使电路输出脉冲的宽度随传感器电容量的变化而变化。通过低通滤波器就能得到对应被测量变化的直流信号。

图2.5为差动脉冲调宽电路原理图，图中 C_1、C_2 为差动式传感器的两个电容，若用单组式，则其中一个为固定电容，其电容值与传感器电容的初始值相等；A_1、A_2 是两个比较器，U_r 为其参考电压。设接通电源时，双稳态触发器的 Q 端（即 A 点）为高电位，$\bar{Q}$ 端为低电位。因此 A 点通过 R_1 对 C_1 充电，直至 F 点的电位等于参考电压 U_r 时，比较 A_1 输出脉冲，使双稳态触发器翻转，Q 端变为低电位，$\bar{Q}$ 端（即 B 点）变为高电位。此时 F 点电位 U_r 经二极管 VD1 迅速放电至 0，同时 B 点高电位经 R_2 向 C_2 充电，当 G 点电位充至 U_r 时，比较器 A_2 输出脉冲，使双稳态触发器再一次翻转，Q 端又变为高电位，$\bar{Q}$ 端变为低电位。如此周而复始，则在 A、B 两点分别输出宽度受 C_1、C_2 调制的矩形脉冲。当 $C_1 = C_2$ 时，各点的电压波形如图2.6(a)所示，输出电压 U_{AB} 的平均值为零。

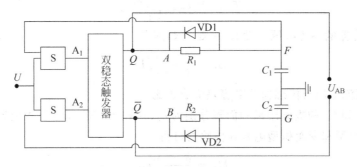

图2.5 差动脉冲调宽电路原理图

但当 C_1、C_2 值不相等时，C_1、C_2 充电时间常数就发生改变，若 $C_1 = C_2$，则各点电压波形如图2.6(b)所示，输出电压 U_{AB} 的平均值不为零。U_{AB} 经低通滤波后，就可得到一直流电压 U_0 为

$$U_0 = U_A - U_B = \frac{T_1}{T_1 + T_2} U_1 - \frac{T_2}{T_1 + T_2} U_1 = \frac{T_1 - T_2}{T_1 + T_2} U_1 \tag{2-11}$$

式中，U_A、U_B 为 A 点和 B 点的矩形脉冲的直流分量；T_1、T_2 分别为 C_1 和 C_2 的充电时间；

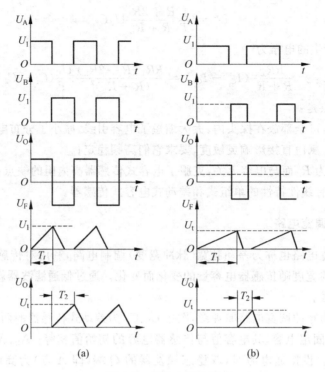

图 2.6 各点电压波形

U_1 为触发器输出的高电位。

C_1、C_2 的充电时间 T_1、T_2 为

$$T_1 = R_1 C_1 \ln \frac{U_1}{U_1 - U_t} \tag{2-12}$$

$$T_2 = R_2 C_2 \ln \frac{U_1}{U_1 - U_t} \tag{2-13}$$

式中，U_t 为触发器的参考电压。设 $R_1 = R_2 = R$，则得

$$U_0 = \frac{C_1 - C_2}{C_1 + C_2} U_t \tag{2-14}$$

因此，输出的直流电压与传感器两电容差值成正比。

设电容 C_1 和 C_2 的极间距离和面积分别为 δ_1、δ_2 和 S_1、S_2，将平行板电容公式代入上式对差动式变极距型和变面积型电容式传感器可得

$$U_0 = \frac{\delta_1 - \delta_2}{\delta_1 + \delta_2} U_E \tag{2-15}$$

$$U_0 = \frac{S_1 - S_2}{S_1 + S_2} U_E \tag{2-16}$$

可见差动脉冲调宽电路能适用于任何差动式电容式传感器，并具有理论上的线性特性。在此指出，具有这个特性的电容测量电路还有差动变压器式电容电桥和由二极管 T 形电路经改进得到的二极管环形检波电路等。另外，差动脉冲调宽电路采用直流电源，其电压稳定度高，不存在稳频、波形纯度的要求，也不需要相敏检波与解调等；对元件无线性要求；经低通滤波器可输出较大的直流电压，对输出矩形波的纯度要求也不高。

4. 运算放大器式电路

如图 2.7 所示,其中 C 为固定电容,C_x 为传感器电容。U_i 为交流电源电压,U_o 为输出电压信号。

运算器的放大倍数 K 很大,且输入阻抗 Z_i 很高,所以是作为电容式传感器比较理想的测量电路。该电路最大的优点是能克服变极距型电容式传感器的非线性,使输出信号和输入信号呈线性关系。

根据运算放大器的工作原理得

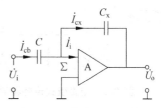

图 2.7 运算放大器式电路

$$\dot{U}_o = -\frac{C}{C_x}\dot{U}_i$$

如果传感器是一平板电容,则 $C_x = \varepsilon S/d$,代入上式可得

$$\dot{U}_o = -\dot{U}_i \frac{C}{\varepsilon S}d$$

其中,上式中一号表示输出电压 U_o 的相位与电源电压反相。运算放大器的输出电压与极板间距离 d 成线性关系,即理论上保证了变极距型电容式传感器的线性。

2.2.5 电容式传感器的应用

电容式传感器可以用来测量直线位移、角位移、振动振幅(可测至 $0.05\mu m$ 的微小振幅),尤其适合测量高频振动振幅、精密轴回转精度、加速度等机械量,还可以用来测量压力、差压力、液位、料面、成分含量(如油、粮食中的含水量)、非金属材料的涂层、油膜等的厚度,测量电解质的湿度、密度、厚度等。在自动检测和控制系统中也常常用来作为位置信号发生器。

2.3 电感式传感器

电感式传感器的主要特点是:结构简单、可靠、寿命长、灵敏度高,可分辨 $0.1\mu m$ 的机械位移,能感受 0.1 角秒的微小角度变化;精度高,线性度可达 $0.05\% \sim 0.1\%$;性能稳定,重复性好;输出信号强,不经放大。也可具有 $0.1 \sim 5V/mm$ 的输出值。常用来检测位移、振动、力、变形、密度、流量等物理量。由于通用范围宽广,能在较恶劣的环境中工作,因而在计量技术、工业生产和科学研究领域中得到了广泛应用,其主要缺点是:频率响应低,不适于调频动态信号测量;存在交流零位误差;由于线圈的存在,体积和重量都比较大,也不适合集成制造。

电感式传感器种类很多,本章主要介绍基于变磁阻原理的自感式和互感式传感器以及电涡流式传感器。

2.3.1 电感式传感器的原理

如图 2.8 所示,定义 $R_M = l/(\mu S)$ 为均匀铁芯的闭合磁路中的磁阻。式中 l 为磁路长度,μ 为磁路的磁导率,S 为铁芯面积。

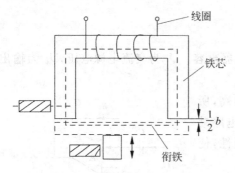

图 2.8 变磁阻式传感器原理

磁通量 ϕ 与线圈参数有以下关系：

$$\phi R_{\mathrm{M}} = WI \qquad (2\text{-}17)$$

式中，W 为线圈的匝数；I 为线圈的电流；WI 称为磁通势。对于不均匀磁路，如存在铁芯(固定铁芯)、衔铁(活动铁芯)和气隙(或其他介质)的磁路中，则总磁阻分段叠加计算如下：

$$R_{\mathrm{M}} = \sum l_i / (\mu_i S_i) \qquad (2\text{-}18)$$

由于 R_{M} 是与结构有关的参量，改变传感器的结构参数会引起磁路磁阻的变化，从而引起磁路磁通量的变化，因此，改变磁路的长度 l_i、通磁面积 S 均可改变磁阻大小，从而改变磁通量 ϕ 的大小。

$$\phi = WI / R_{\mathrm{M}} \qquad (2\text{-}19)$$

磁通量 ϕ 是磁与电之间的桥梁，根据法拉第定理，磁通量 ϕ 与感应电动势的关系 $e = \mathrm{d}\phi / \mathrm{d}t$，可见，磁路结构参数的变化最终要引起测量电路中感应电动势的变化，这是变磁阻式传感器的基本原理。由式(2-19)知，磁通量 ϕ 实质上描述了线圈的电磁感应特性(线圈的匝数及铁芯的导磁性质)和线圈中电流的大小，其中线圈的特性决定了传感器的特性，而电流表明了传感器的输出信号大小与所加的电源有关。根据传感器中线圈间的耦合关系将变磁阻式传感器分为自感式传感器、互感式传感器(差动变压器)和电涡流式传感器。

2.3.2 自感式传感器的原理与结构

自感式传感器实质是一个带气隙的铁芯线圈。按磁路几何参数变化形式的不同，可分为变间隙式、变面积式与螺管式三种。

1. 变间隙型电感传感器

变间隙型电感传感器的结构示意图如图 2.9 所示。

传感器由线圈、铁芯和衔铁组成：工作时衔铁与被测物体连接，被测物体的位移将引起空气隙的长度发生变化。由于气隙磁阻的变化，导致了线圈电感的变化。线圈的电感可用下式表示：

$$L = \frac{N^2}{R_{\mathrm{m}}} \qquad (2\text{-}20)$$

式中，N 为线圈匝数；R_{m} 为磁路总磁阻。

对于变间隙式电感传感器，如果忽略磁路磁损，则磁路总磁阻为

$$R_{\mathrm{m}} = \frac{l_1}{\mu_1 A} + \frac{l_2}{\mu_2 A} + \frac{2\delta}{\mu_0 A} \qquad (2\text{-}21)$$

图 2.9 变隙型电感传感器
结构原理图
1—线圈；2—铁芯；3—衔铁

式中，l_1 为铁芯磁路长；l_2 为衔铁磁路长，A 为截面积；μ_1 为铁芯磁导率；μ_2 为衔铁磁导率；μ_0 为空气磁导率；δ 为空气隙厚度。因此有

$$L = \frac{N^2}{R_{\mathrm{m}}} = \frac{N^2}{\dfrac{l_1}{\mu_1 A} + \dfrac{l_2}{\mu_2 A} + \dfrac{2\delta}{\mu_0 A}} \tag{2-22}$$

当铁芯、衔铁的结构和材料确定后,式(2-22)分母中第一、第二项为常数,在截面积一定的情况下,电感 L 是气隙长度 δ 的函数。

一般情况下,导磁体的磁阻与空气隙磁阻相比是很小的,因此线圈的电感可近似地表示为

$$L = \frac{N^2 \mu_0 A}{2\delta} \tag{2-23}$$

由式(2-23)可以看出传感器的灵敏度随气隙的增大而减小。为了改善非线性,气隙的相对变化量要很小,但过小又将影响测量范围,所以要兼顾考虑两个方面。

2. 变面积型电感传感器

由变气隙型电感传感器可知,气隙长度不变,铁芯与衔铁之间相对覆盖面积随被测量的变化而改变,从而导致线圈的电感发生变化,这种形式称为变面积型电感传感器。

3. 螺管型电感式传感器

图 2.10 为螺管型电感式传感器的结构图。螺管型电感传感器的衔铁随被测对象移动,线圈磁力线路径上的磁阻发生变化,线圈电感量也因此而变化。线圈电感量的大小与衔铁插入线圈的深度有关。

设线圈长度为 l、线圈的平均半径为 f、线圈的匝数为 N、衔铁进入线圈的长度为 l_a、衔铁的半径为 r_a、铁芯的有效磁导率为 μ_{m},则线圈的电感 L 与衔铁进入线圈的长度 l_a 的关系可表示为

$$L = \frac{4\pi^2 N^2}{l_2}\left[lr^2 + (\mu_{\mathrm{m}} - 1)l_a r_a^2\right] \tag{2-24}$$

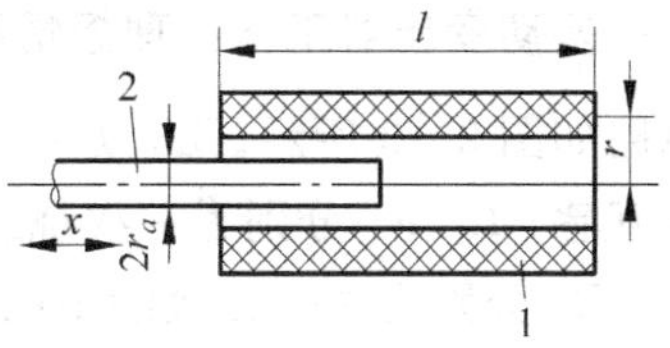

图 2.10 螺管式传感器
1—线圈;2—衔铁

通过对以上三种形式的电感式传感器的分析,可以得出以下几点结论:

(1) 变间隙型灵敏度较高,但非线性误差较大,且制作装配比较困难。

(2) 变面积型灵敏度较前者小,但线性较好,量程较大,使用比例比较广泛。

(3) 螺管型灵敏度较低,但量程大且结构简单易于制作和批量生产,使用最广泛的一种电感式传感器。

4. 差动电感传感器

在实际使用中,常采用两个相同的传感器线圈共用一个衔铁,构成差动式电感传感器,这样可以提高传感器的灵敏度,减小测量误差。

图 2.11 是变间隙型、变面积型及螺管型三种类型的差动式电感传感器。

差动式电感传感器的结构要求两个导磁体的几何尺寸及材料完全相同,两个线圈的电器参数和几何尺寸完全相同。

差动式结构除了可以改善线性、提高灵敏度外,对温度变化、电源频率变化等影响也可

以进行补偿,从而减小了外界影响造成的误差。

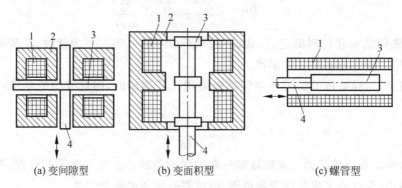

(a) 变间隙型　　　　　(b) 变面积型　　　　　(c) 螺管型

图 2.11　差动式电感传感器

1—线圈；2—铁芯；3—衔铁；4—导杆

2.3.3　差动变压器的工作原理

差动变压器的工作原理类似变压器的作用原理。这种类型的传感器主要包括衔铁、一次绕组和二次绕组等。一次、二次绕组间的耦合能随衔铁的移动而变化,即绕组间的互感随被测位移改变而变化。由于在使用时采用两个二次绕组反向串接,以差动方式输出,所以把这种传感器称为差动变压器式电感传感器,通常简称差动变压器。图 2.12 为差动变压器的结构示意图。

差动变压器工作在理想情况下(忽略涡流损耗、滋滞损耗和分布电容等影响),它的等效电路如图 2.13 所示。$\dot{U}_1$ 为一次绕组激励电压；M_1、M_2 分别为一次绕组与两个二次绕组间的互感；L_1、R_1 分别为一次绕组的电感和有效电阻；L_{21}、L_{22} 分别为两个二次绕组的电感；R_{21}、R_{22} 分别为两个二次绕组的有效电阻。

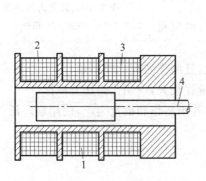

图 2.12　差动变压器的结构示意图

1——次绕组；2、3——、二次绕组；4—衔铁

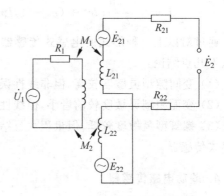

图 2.13　差动变压器等效电路

对于差动变压器,当衔铁处于中间位置时,两个二次绕组互感相同,因而由一次侧激励引起的感应电动势相同。由于两个二次绕组反向串接,所以差动输出电动势为零。

当衔铁移向二次绕组 L_{21} 一边时,互感 M_1 大,M_2 小,因而二次绕组 L_{21} 内的感应电动势大于二次绕组 L_{22} 内的感应电动势.这时差动输出电动势不为零,在传感器的量程内,衔铁移动越大,差动输出电动势就越大。

同样的道理,当衔铁向二次绕组 L_{21} 移动时,差动输出电动势仍不为零。但移动方向改变,所以输出电动势反相。

因此通过差动变压器输出电动势的大小和相位可以知道衔铁位移量的大小和方向。

由图 2.13 可以看出一次绕组的电流为

$$\dot{I}_1 = \frac{\dot{U}_1}{R_1 + j\omega L_1}$$

二次绕组的电动势为

$$\dot{E}_{21} = -j\omega M_1 \dot{I}_1$$

$$\dot{E}_{22} = -j\omega M_2 \dot{I}_1$$

由于二次绕组反向串接,所以输出总电动势为

$$\dot{E}_2 = -j\omega(M_1 - M_2)\frac{\dot{U}_1}{R_1 + j\omega L_1}$$

其有效值为

$$E_2 = \frac{\omega(M_1 - M_2)U_1}{\sqrt{R_1^2 + (\omega L_1)^2}}$$

差动变压器的输出特性曲线如图 2.14 所示。图中 $\dot{E}_{21}$、$\dot{E}_{22}$ 分别为两个二次绕组的输出感应电动势,$\dot{E}_2$ 为差动输出电动势,x 为衔铁偏离中心位置的距离。其中 $\dot{E}_2$ 实线部分表示不理想的输出特性,而虚线部分表示实际的输出特性。$\dot{E}_0$ 为零点残余电动势,这是由于差动变压器制作上的不对称以及铁芯位置等因素所造成的。

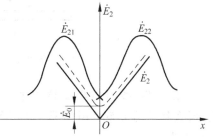

图 2.14　差动变压器的输出特性曲线

零点残余电动势的存在,使得传感器的输出特性在零点附近不灵敏,给测量带来误差,此值的大小是衡量差动变压器性能好坏的重要指标。

为了减小零点残余电动势可采取以下方法:

(1) 尽可能保证传感器几何尺寸、线圈电气参数和磁路的对称。磁性材料要经过处理,消除内部的残余应力,使其性能均匀稳定。

(2) 选用合适的测量电路,如采用相敏整流电路,既可判别衔铁移动方向又可改善输出特性,减小零点残余电动势。

(3) 采用补偿线路减小零点残余电动势。图 2.15 是几种减小零点残余电动势的补偿电路;在差动变压器二次侧串联、并联适当数值的电阻电容元件,当调整这些元件时,可使零点残余电动势减小。

2.3.4　涡流式传感器

金属导体置于变化着的磁场中,导体内就会产生感应电流,称为电涡流或涡流,这种现象称为涡流效应,涡流式传感器就是在这种涡流效应的基础上建立起来的。

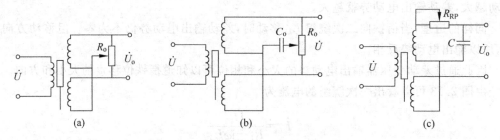

图 2.15　减小零点残余电动势的补偿电路

如图 2.16(a)所示,一个通有交变电流 $\dot{I}_1$ 的传感器线圈,由于电流的变化,在线圈周围会产生一个交变磁场 H_1,当被测金属置于该磁场范围内时,金属导体内便产生涡流 $\dot{I}_2$,涡流也将产生一个新磁场 H_2,H_2 与 H_1 方向相反,因而抵消部分原磁场,从而导致线圈的电感量、阻抗和品质因数发生变化。

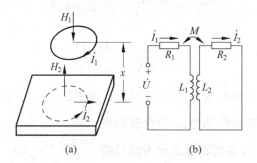

图 2.16　涡流式传感器基本原理图

可以看出,线圈与金属导体之间存在磁性联系。若把导体形象地看作一个短路线圈,那么其间的关系可用如图 2.16 所示的电路来表示。根据基尔霍夫定律,可列出电路方程组为

$$\begin{cases} R_1 I_1 + \mathrm{j}\omega L_1 I_1 - \mathrm{j}\omega M I_2 = \dot{U} \\ R_2 I_2 + \mathrm{j}\omega L_2 I_2 - \mathrm{j}\omega M I_1 = 0 \end{cases} \tag{2-25}$$

式中,R_1、L_1——线圈的电阻和电感;

$\quad R_2$、L_2——金属导体的电阻和电感;

$\quad \dot{U}$——线圈激励电压。

解方程组(2-25),可知传感器工作时的等效阻抗为

$$Z = \frac{\dot{U}}{\dot{I}} = R_1 + R_2\frac{\omega^2 M_2}{R_2^2 + \omega^2 L_2^2} + \mathrm{j}\omega\left[L_1 - L_2\frac{\omega^2 M_2}{R_2^2 + \omega^2 L_2^2}\right]$$

等效电阻、等效电感分别为

$$R = R_1 + R_2\omega^2 M_2/(R_2^2 + \omega^2 L_2^2)$$
$$L = L_1 - L_2\omega^2 M_2/(R_2^2 + \omega^2 L_2^2)$$

线圈的品质因数为

$$Q = \frac{\omega L}{R} = \frac{\omega L_1}{R_1} \cdot \frac{1 - \dfrac{L_2}{L_1} \cdot \dfrac{\omega^2 M_2}{R_2^2 + \omega^2 L_2^2}}{1 + \dfrac{R_2}{R_1} \cdot \dfrac{\omega^2 M_2}{R_2^2 + \omega^2 L_2^2}}$$

由上可知,被测参数变化,既能引起线圈阻抗 Z 变化,又能引起线圈电感 L 和线圈品质因数 Q 值变化。所以涡流传感器所用的转换电路可以选用 Z、L、Q 中的任一个参数,并将其转换成电量,即可达到测量的目的。

这样,金属导体的电阻率 P、磁导率 μ、线圈与金属导体的距离 x 以及线圈激励电流的角频率 ω 等参数,都将通过涡流效应和磁效应与线圈阻抗发生联系。或者说,线圈阻抗是这些参数的函数,可写成

$$Z = f(p、\mu、x、\omega)$$

若能控制其中大部分参数恒定不变,只改变其中一个参数,这样阻抗就能成为这个参数的单值函数。例如被测材料的情况不变,激励电流的角频率不变,则阻抗 Z 就成为距离 x 的单值函数,便可制成涡流位移传感器。

习题 2

1. 除了以上提到的电传感器,还可以找到哪些电传感器?依据是什么?
2. 如何提高电容式传感器的性能?讲讲你的措施和针对性。
3. 电传感器检测电路的特点是什么?为什么?

参考文献

[1]　冯凯蛟.工程测试技术[M].陕西:西北工业大学出版社,1994-03.
[2]　刘爱华,满宝元.传感器原理与应用技术[M].北京:人民邮电出版社,2010-11.
[3]　张建平.传感器原理及应用[M].北京:机械工业出版社,2009-01.
[4]　俞阿龙.传感器原理及其应用[M].南京:南京大学出版社,2010-02.
[5]　陈建元.传感器技术[M].北京:机械工业出版社,2008-10.
[6]　马西秦.自动检测技术[M].北京:机械工业出版社,2009-01.
[7]　陈杰.传感器与检测技术[M].北京:高等教育出版社,2002.

第 3 章 力传感器

通常把压力测量仪表中的电测式仪表称为压力传感器。压力传感器一般由弹性敏感元件和位移敏感元件(或应变计)组成。弹性敏感元件的作用是使被测压力作用于某个面积上并转换为位移或应变,然后由位移敏感元件(见位移传感器)或应变计(见电阻应变计、半导体应变计)转换为与压力成一定关系的电信号。有时把这两种元件的功能集于一体,如压阻式传感器中的固态压力传感器。压力是生产过程和航天、航空、国防工业中的重要过程参数,不仅需要对它进行快速动态测量,而且还要将测量结果做数字化显示和记录。大型炼油厂、化工厂、发电厂和钢铁厂等的自动化还需要将压力参数远距离传送(见遥测),并要求把压力和其他参数,如温度、流量、黏度等一起转换为数字信号送入计算机。因此压力传感器是极受重视和发展迅速的一种传感器。压力传感器的发展趋势是进一步提高动态响应速度、精度和可靠性以及实现数字化和智能化等。常用的压力传感器有电容式压力传感器、变磁阻式压力传感器(见变磁阻式传感器、差动变压器式压力传感器)、霍耳式压力传感器、光纤式压力传感器(见光纤传感器)、谐振式压力传感器等。

3.1 力传感器的工作原理

力传感器是一种能将力物理量转变为可测量的电信号(电压电流)的器件或装置,其转换的基本原理见图 3.1 所示的框图。

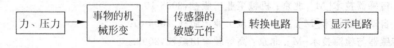

图 3.1 力传感器原理框图

针对要测量的力、压力加速度等力学量,敏感元件一般不可能直接对其进行测量。把敏感元件与刚性试件通过特定的工艺结合在一起,力学量的变化先引起试件在弹性范围内的几何形变,进而引起敏感元件相应的参数发生变化(如应变片的电阻值、压电元件表面产生电荷的多少等),并且这种变化与待测的力、压力应呈线性关系,此时敏感元件参数的变化或者是不能直接进行测量,或者是其值太小。因此,需经过转换电路的转换,使其转换为标准的电压或电流信号,经过模数转换电路,送入下一级嵌入式系统或单片机电路做进一步控制处理,或者经转换电路处理后,直接驱动显示电路显示出待测的力学量。

3.2 力传感器的分类

力传感器的分类方法很多,现列出几种分类方法。

1. 按转换的原理进行分类

按转换的原理来进行划分,可分为应变式、电容式、压电式、电感式、压磁式、共振式。

应变式传感器所测的力为 $5 \times 10 \sim 5 \times 10^7 N$,不仅测力的范围宽,而且动态、静态的力都能测量,因而应用领域非常广泛。

电容式测力传感器在恶劣的环境下对测量静态或低频变化的力有较好的优势。

压电式力传感器的刚度好、灵敏度高、稳定性好、频响宽,但一般不用于静态测量,适用于瞬态力与交变力的测量,如测机床、刀具的动态力,火箭发动的推力等。

共振式传感器主要用于压强力的测量,也用于力和力矩的测量。其优点是灵敏度高,容易采用数字显示,体积小、重量轻,便于遥测,缺点是对材料和工艺的要求较高。

电感式测力传感器主要是把被测力的变化转换为差动变压器中活动铁芯位移的变化,从而使差动变压器的输出交流电压与被测力的大小成正比。

压磁式传感器是利用铁磁材料的压磁效应而工作的。当被测力作用于铁磁材料时,铁磁材料的磁导率发生变化。若铁磁材料上绕有线圈,将引起铁芯中的磁阻发生变化,从而导致自感或互感的变化,相应的输出电势也随被测力的大小而变化。压磁式传感器的优点是输出功率大,能在较差的环境下工作,过载能力强,缺点是长期稳定性和线性差。

2. 按被测量进行分类

可分为力传感器(包括荷重传感器、拉力传感器、扭矩传感器)、压力传感器(表压传感器、绝对压力传感器、密封压力传感器)、差压传感器、加速度传感器。每种传感器中,由于工作原理不同,又分成许多品种,如压力传感器有力平衡式、应变式、压阻式、压电式、电容式、电感式等。每一种还可细分,如电容式又分为金属膜片型、陶瓷型、极片位移型、硅电容型等,而液位传感器也可分为力平衡式、应变式、压阻式、压电式、电容式、电感式等不同的类型,每一类型也可细分成类似的类型,所以这样分类交叉很多,很繁杂。

3.2.1 悬臂梁式力传感器

悬臂梁式传感器是一种高精度、性能优良、结构简单的秤重测力传感器,最小可以测量几十克,最大可以测量几十吨的质量,精度可达 0.02% FS。悬臂梁式传感器采用弹性梁和应变片做转换元件,当力作用在弹性元件(梁)上时,弹性元件(梁)与应变片一起形变使应变片的电阻值变化,应变电桥输出的电压信号与力成正比。

悬臂梁主要有两种形式:等截面梁和等强度梁。结构特征为弹性元件一端固定,力作用在自由端,所以称悬臂梁。

1. 等截面梁

等截面梁的特点是,悬臂梁的横截面积处处相等,所以称为等截面梁,其结构如图 3.2(a)

所示。当外力 F 作用在梁的自由端时,固定端产生的应变最大,粘贴在应变片处的应变为

$$\varepsilon=\frac{6Fl_0}{bh^2E}$$

式中,l_0 是梁上应变片至自由端的距离,b 和 h 分别是梁的宽度和梁的厚度。

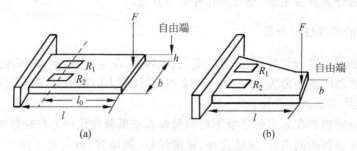

图 3.2   悬臂梁式传感器

因为应变片的应变大小与力作用的距离有关,所以应变片应粘贴在离固定端较近的表面,顺着梁的长度方向上下各粘贴两个应变片,4 个应变片组成全桥。上面两个受压时下面两个受拉,应变大小相等,极性相反。这种秤重传感器适用于测量 500kg 以下的荷重。

2. 等强度梁

等强度梁结构如图 3.2(b)所示,悬臂梁长度方向的截面积按一定规律变化,是一种特殊形式的悬臂梁。当力 F 作用在自由端时,距作用点任何位置横截面上的应力处处相等。片处的应变大小为

$$\varepsilon=\frac{6Fl}{bh^2E}$$

有力作用下梁表面整个长度上产生大小相等的应变,所以等强度梁对应变片粘贴在什么位置要求不高。另外除等截面梁、等强度梁外,梁的形式较多,如平行双梁、工字梁、S 形拉力梁等。图 3.3 分别为环式梁、双孔梁和 S 形拉力梁。

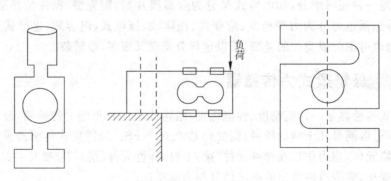

图 3.3   梁式传感器

3.2.2   膜片式传感器

膜片式传感器主要用于测量管道内部的压力,内燃机燃气的压力、压差、喷射力,发动机和导弹试验中脉动压力以及各种领域中的流体压力。这类传感器的弹性敏感元件是一个圆

形的金属膜片,结构如图 3.4(a)所示,金属弹性元件的膜片周边被固定,当膜片一面受压力 P 作用时,膜片的另一面有径向应变 ε_r 和切向应变 ε_t,应力在金属膜片上的分布如图 3.4(b)所示,径向应变和切向应变的应变值分别为

$$\varepsilon_r = \frac{3P}{8Eh^2}(1-\mu^2)(r^2-3x^2) \tag{3-1}$$

$$\varepsilon_t = \frac{3P}{8Eh^2}(1-\mu^2)(r^2-x^2) \tag{3-2}$$

式中,r 和 h 分别为膜片的半径和膜片厚度;x 为任意点离圆心的距离;E 为膜片弹性模量;μ 为泊松比。

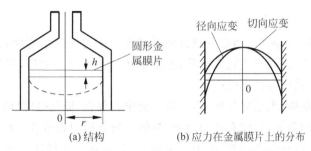

(a) 结构   (b) 应力在金属膜片上的分布

图 3.4 膜片式压力传感器的结构原理及特性

由膜片式传感器的应变变化特性可知,在膜片中心(即 $x=0$ 处),ε_λ,ε_t 都达到正的最大值,这时切向应变和径向应变大小相等,即

$$\varepsilon_{r\max} = \frac{3P(1-\mu^2)}{8Eh^2}r^2$$

在膜片边缘 $x=r$ 处,切向应变占 $\varepsilon_t=0$,径向应变 ε_r 达到负的最大值为

$$\varepsilon_{r\min} = -\frac{3P(1-\mu^2)}{4Eh^2}r^2 = -2\varepsilon_{r\max}$$

由此可找到径向应变为零,即 $\varepsilon_\lambda=0$ 的位置,用式(3-2)计算得到在距圆心 $x=r/\sqrt{3}\approx0.58r$ 的圆环附近,径向应变为零。

实际传感器则根据应力分布区域粘贴 4 个应变片,如图 3.5 所示,两个粘贴在切向应变(正)的最大区域(R_2、R_3),两个贴在径向应变(负)的最大区域(R_1、R_4),应变片粘贴位置在径向应变占 $\varepsilon_\lambda=0$ 的内外两侧。R_1、R_4 测量径向应变 ε_r(负),R_2、R_3 测量切向应变 ε_t(正),4 个应变片组成全桥。这类传感器一般可测量 $10^5 \sim 10^6$ Pa 的气体压力。

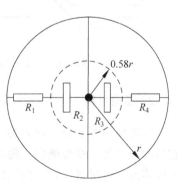

图 3.5 应变片粘贴位置

3.3 压电式传感器

压电式传感器是一种有源传感器,因为它能将机械能转换成电能。压电式传感器体积小、质量轻、结构简单、安全可靠,适合测量动态力学的物理量,但不适合测量静态量。压电

式传感器可以对各种动态力、机械冲击和振动进行测量,在声学、医学、力学、导航方面都得到了广泛的应用。目前压电式传感器多用于加速度和动态力或振动压力测量。除此之外,由于压电式传感器是一个典型的机电转换元件,已普遍应用在超声波、水声换能器、拾音器传声器、滤波器、压电引信、煤气点火具等方面。

压电式传感器主要用于动态作用力,压力和加速度的测量。它是一种能量转换型传感器。它可以将电能转换为机械能,也可以将机械能转换为电能。

3.3.1　压电效应与压电材料

1. 压电效应

某些晶体,如图 3.6 所示,当沿一定方向对其施加压力使其形变时,其内部就产生了极化现象,在晶体的上下表面产生正负电荷,形成电场。当外力撤销后,其又恢复到原来不带电的状态,这种现象被称为压电效应。

对中心对称的晶体,无论如何施力,正负电荷中心重合,极化强度(电矩矢量)等于零,不显极性。对非对称的晶体,当没有作用力时,晶体正负电荷中心重合,对外不显极性,但在外力作用改变时,正负电荷中心分离,电矩不再为零,晶体表现出极性。因此压电现象是晶体缺乏中心对称引起的。

压电效应是可逆的,当在介质极化的方向施加电场时,电介质会产生形变,这种现象称"逆压电效应",这里是将其电能转化成机械能。压电效应的相互转换作用示意图如图 3.7 所示,既可以将机械能转化成电能,也可以将电能转化成机械能。

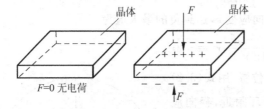
图 3.6　压电效应原理

图 3.7　压电效应的相互转换

2. 压电材料

压电材料可以分成两大类:压电晶体和压电陶瓷。自然界许多晶体具有压电效应,但它们的压电效应都很微弱。随着对压电材料的研究,人们发现石英晶体、钛酸钡、锆钛酸铅是优等的压电材料,压电材料又可以分为多种类型:压电晶体、压电陶瓷、高分子乙烯、半导体等。

压电材料的主要性能参数有以下几个。

(1)压电常数。压电常数是衡量材料压电效应强弱的参数,它直接关系到压电输出灵敏度。

(2)弹性常数。压电材料的弹性常数决定着压电元件的固有频率和动态特性。

(3)介电常数。对于一定形状、尺寸的压电元件而言,其固有电容与介电常数有关;而固有电容又影响着压电传感器的频率下限。

（4）机械耦合系数。在压电效应中，机械耦合系数是指转换输出能量（如电能）与输入能量（如机械能）之比的平方根，这是衡量压电材料机械能和电能量转换效率的一个重要参数。

（5）电阻。压电材料的绝缘电阻将减少电荷的泄漏，从而改善压电传感器的低频特性。

（6）居里点温度。它是指压电材料开始丧失压电特性的温度。

3.3.2　压电式传感器的测量电路与等效电路

1. 压电传感器等效电路

压电传感器的压电元件在受到外力作用时，会在一个电极表面聚集正电荷，在另一个表面聚集负电荷，因此压电式传感器可以看成一个电荷发生器或者一个电容器。若已知压电片面积为 S，压电片厚度为 b，压电材料的相对介电常数为 ε，等效电容器的电容值应写为

$$C_a = \frac{\varepsilon S}{b}$$

压电元件两侧电荷的开路电压可等效为一电压源与电容串联，或等效为一电荷源和电容并联。电容上的电压 U、电荷 Q 与等效电容 C_a。三者的关系为

$$U = \frac{Q}{C_a}$$

压电元件作为压力传感器使用时，有两种等效电路形式，如图 3.8 所示。图 3.8(a) 为电压源等效电路，图 3.8(b) 是电荷源等效电路。从等效电路可知，只有在外电路负载无穷大，且内部无漏电时，受力产生的电荷或电压才能长期保存下来，如果负载不是无穷大（$R_L \neq \infty$），电路将以 $R_L C_a = \tau$ 时间按指数规律放电，若输出电路的响应时间过长，必然带来测量误差。实际上传感器内部不可能没有泄漏，负载也不可能无穷大，只有在工作频率较高时，传感器电荷才能得以补充。从这个意义上说，压电式传感器不适宜做静态信号测量。

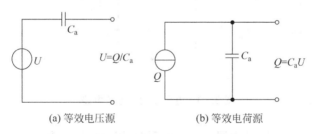

(a) 等效电压源　　　　　　　　(b) 等效电荷源

图 3.8　压电传感器等效电路

实际应用中，压电式传感器在连接测量电路时，还要考虑连接电缆的等效电容 C_c、前置放大器输入电阻 R_i、输入电容 C_i 以及传感器泄漏电阻 R_a 的影响。压电传感器泄漏电阻 R_a 与前置放大器输入电阻 R_i 并联，为保证传感器具有一定的低频响应，要求传感器的泄漏电阻在 $10^{12}\Omega$ 以上，使 R_L 和 C_a 足够大。测试系统应有较大的时间常数，要求前置放大器有相当高的输入阻抗。图 3.9 为压电式传感器电压源与电荷源的实际等效电路。

既然压电传感器可以等效为电压源或电荷源，那么传感器的灵敏度也应该有两种表示方式。电压灵敏度为单位外力作用下压电元件产生的电压，即 $K_a = U/F$；电荷灵敏度为单位外力作用下压电元件产生的电荷，即 $K_q = Q/F$。电压灵敏度与电荷灵敏度之间的关系可写为 $K_a = K_q/C_a$ 或 $K_q = K_a C_a$。

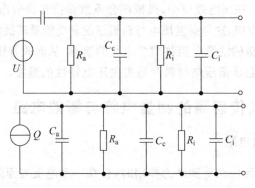

图 3.9　压电传感器实际等效电路

2. 压电传感器测量电路

　　压电传感器的输出信号很弱且内阻很高,需要低噪声电缆传输,要求前置放大器有相当高的输入阻抗。前置放大电路有两个作用,一是放大微弱的信号,二是阻抗变换(将传感器高阻输出变换为低阻输出)。根据等效电路,压电元件输出可以是电压源,也可以是电荷源,因此,前置放大器也有两种形式,即电压放大器(阻抗变换器)和电荷放大器。

　　压电传感器与电压放大器连接的等效电路如图 3.10 所示。如果压电元件受到正弦作用力,即 $F=F_m\sin wt$(F_m 为作用力幅值,w 为工作频率),所产生的电荷与电压也按正弦规律变化为

$$u=\frac{\mathrm{d}F_m}{C_a}\sin wt$$

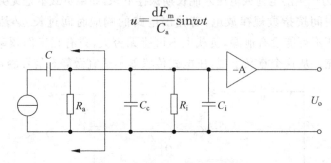

图 3.10　电压放大器等效电路

　　其电压幅值为 $U_m=\mathrm{d}F_m/C_a$,放大器输入端电压 U_i 用向量形式表示为

$$U_m=\mathrm{d}F_m\frac{\mathrm{j}\omega R}{1+\mathrm{j}\omega R(C_a+C_c+C_i)}$$

输入信号电压的幅值为

$$U_{im}(\omega)=\frac{\mathrm{d}F_m\omega R}{\sqrt{1+\mathrm{j}\omega^2 R^2(C_a+C_c+C_i)^2}}$$

输入信号电压与作用力之间的相位差为

$$\alpha(\omega)=\frac{\pi}{2}-\arctan\omega(C_a+C_c+C_i)R$$

式中 $R=R_a//R_i$,当在 $\omega R(C_a+C_c+C_i)\gg1$ 或 $\omega\to\infty$ 时的理想情况条件下,输入电压幅值可写为

$$U_{im}(\infty) \approx \frac{dF_m}{C_a + C_c + C_i}$$

传感器的电压灵敏度可表示为

$$K_v = \frac{U_{im}}{F_m} = \frac{d}{C_a + C_c + C_i}$$

电压放大器实际输入的电压与理想的输入电压的比值称为相对幅频特性,由此来表征传感器输出对输入的相应特性,即

$$\frac{U_{im}(\omega)}{U_{im}(\infty)} = \frac{\omega R(C_a + C_c + C_i)}{\sqrt{1 + \omega^2 R^2 (C_a + C_c + C_i)^2}}$$

令 τ 为电压放大器输入回路的时间常数,则

$$\tau = (C_a + C_c + C_i)R$$

相对幅频特性为

$$\frac{U_{im}(\omega)}{U_{im}(\infty)} = \frac{\omega\tau}{\sqrt{1 + (\omega\tau)^2}}$$

$$\phi = \frac{\pi}{2} - \tan^{-1}(\omega\tau)$$

对上述结果讨论如下:

(1) 当输入信号频率 $w = 0$ 时,电压放大器输入信号为零,即 $U_i = 0$;所以压电传感器不能测量静态物理量;

(2) 当 $wR(C_a + C_c + C_i) \gg 1$ 时,放大器的输入信号幅值逐渐接近理想条件,一般认为当 $wR > 3$ 时,可近似看作输入信号 U_i 与作用力 F 的频率无关,说明电压的放大器高频响应好,动态特性好,这是电压放大器的突出优点;

(3) 若下限工作频率已确定,设下限工作频率 $f_L = 3/(2\pi R_i C_i)$,时间常数应满足 $\tau \geqslant 3$,提高低频响应的办法是增大 τ,但传感器的电压灵敏度与电容成反比,所以不能单靠增加输入电容解决问题。实际办法是增大前置输入回路电阻 R_i,R_i 增大后可改善低频响应,所以电压放大器要求具有高输入阻抗;

(4) 从式 $K_a = d/(C_a + C_c + C_i)$ 可见,连接电缆的分布电容 C_e 影响传感器灵敏度,仪器使用时只要更换电缆就要重新标定传感器,测量系统对电缆长度的变化很敏感,这是电压放大器的缺点。

电压放大器实例如图 3.11 所示,图中是用场效应管实现高阻抗匹配放大自举反馈电路,实质是一个阻抗变换电路。VT 场效应管构成了跟随器,R_1,R_2:分压经输入电阻 R_g 耦

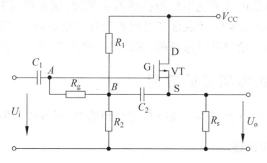

图 3.11 电压放大器自举电路

合作场效应管偏置。观察 R_g 两端的电压,信号经 C_1 耦合到 R_g 的 A 端,由于场效应管的跟随作用,使 S(源)G(栅)间的电压大小近似相等并相位相同,输入信号经 C_2 耦合到 R_g 的 B 端,这时 R_g 两端电压相等,R_g 上的电流很小,意味着场效应管的输入阻抗没有因为分压电路而降低。

3. 电荷放大器

为解决压电式传感器电缆分布电容对传感器灵敏度的影响和低频响应差的缺点,可采用电荷放大器与传感器连接。压电式传感器与电荷放大器连接的等效电路如图 3.12 所示。

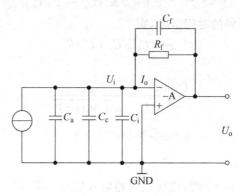

图 3.12　电荷放大器等效电路

电荷放大器实际上是一个具有深度负反馈的高增益运算放大器。图中 C_f 和 R_f 分别为电荷放大器的反馈电容和反馈电阻。理想情况下,放大器的输入电阻和反馈电阻都等于无穷大。因此可以忽略 R_a,R_i,R_f,电荷放大器输出电压近似为反馈电容上电压,即

$$U_o = -U_i A \approx U_{ef}$$

C_f 的作用相当于改变了输入阻抗,根据米勒定理也可将放大器反馈电容折合到输入端,即可等效为 $C_f(1+A)$,该电容与 $(C_a + C_c + C_i)$ 并联,求得电荷放大器输出电压为

$$U_o \approx -\frac{-AQ}{C_a + C_c + C_i + (1+A)C_f}$$

通常放大器增益 $A = 10^4 \sim 10^8$,满足 $(1+A)C_f > 10(C_a + C_c + C_i)$,因此可认为电荷放大器输出电压近似为反馈电容上的电压,即 $U_o \approx -\dfrac{Q}{C_f}$。

上式说明,电荷放大器的输出电压直接与传感器电荷量 Q 成正比,与电容 C_f 成反比,与电缆电容 C_c 无关,电缆电容变化不影响传感器灵敏度,这是电荷放大器的优点。为了获得高测量精度,要求反馈电容 C_f 的温度和时间稳定性都很好,在时间电路中,需要考虑不同的因素,所以把 C_f 的容量做成可以选择的,其范围一般为 $100 \sim 10^4 \, \text{pF}$。

3.3.3　压电式传感器的应用

目前应用较多的压电式传感器主要有加速度传感器、压电式力传感器和压力传感器。

1. 压电加速度计传感器

各种压电式加速度计传感器的原理结构如图 3.13 所示。压电加速度计传感器主要由

压电元件、质量块、基座及外壳等组成。传感器固定安装在壳内,当传感器和被测物体一起受到振动时,压电元件会受到质量块惯性的作用,根据牛顿第二定律,惯性力是加速度的函数。惯性力作用在压电元件上,产生正比于加速度的电荷,当传感器选定后,质量 m 为常数,输出电荷为 $q=dF=dma$(其中 d 为压电常数),电荷大小与加速度成正比。根据电荷或电压就可以知道加速度的大小。

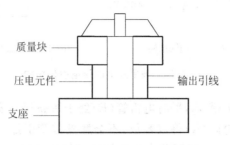

图 3.13 压电加速度计原理结构

2. 压电式玻璃破碎报警器

BS-D2 压电式玻璃破碎传感器的外形及内部电路如图 3.14(a)所示。BS-D2 压电式传感器是专门用于检测玻璃破碎的一种传感器,它利用压电元件对振动敏感的特性来感知玻璃受撞击和破碎时产生的振动波。传感器的最小输出电压为 100mV,最大输出电压为 10V,内阻抗为 15~20kΩ。压电式玻璃破碎报警器电路原理框图如图 3.14(b)所示,传感器把振动波转换为电压输出,输出电压经放大、滤波、比较等处理后提供给报警系统。

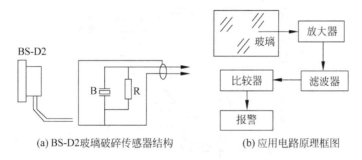

(a) BS-D2玻璃破碎传感器结构   (b) 应用电路原理框图

图 3.14 BS-D2 压电式玻璃破碎传感器

使用时传感器安装在玻璃上,然后通过电缆和报警电路相连。为了提高报警器的灵敏度,信号经放大后需带通滤波器进行滤波,要求它对选定频带的衰减要小,而频带外衰减要尽量大。由于玻璃振动的波长在音频和超声波的范围内,这就使滤波器成为电路的关键。只有当传感器输出信号高于设定的阈值时,才会输出报警信号驱动报警执行机构工作。玻璃破碎报警器可广泛用于文物保管、贵重商品保管及智能楼宇中的防盗报警装置。

3. 压电引信

压电引信是利用压电元件制成的弹丸起爆装置,它的特点是:触发度高、安全可靠、不需要安装电源系统,常用于破甲弹电路装置上。压电引信对弹丸的破甲能力起着极重要的作用。破甲弹上的引信结构如图 3.15(a)所示,引信由压电元件和起爆装置两部分组成,压电元件安装在弹丸的头部,起爆装置在弹丸的尾部,通过引线连接。

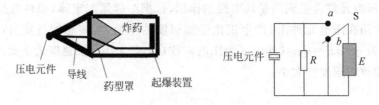

(a)压电引线结构   (b)压电引线工作原理图

图 3.15   破甲弹上的压电引信结构

工作原理如图 3.15(b)所示,平时电雷管(E)处于短路保险安全状态,压电元件即使受压,产生的电荷也会通过电阻(R)得以释放,不会触发雷管引爆。而弹丸一旦发射,起爆装置将解除保险状态,开关(S)从断开状态 b 处转换至接通状态 a,处于待发状态。当弹丸与装甲目标相遇时,碰撞力使压电元件产生电荷,通过导线将电信号传给电雷管使其引爆,并引起弹丸爆炸,能量使药型罩融化形成高温高速的金属流,将钢甲穿透。

4. 煤气灶电子点火装置

煤气灶电子点火装置如图 3.16 所示,它是利用高压跳火来点燃煤气的。当使用者将开关往里压时,把气阀打开;将开关旋转,则使弹簧压缩,此时,弹簧有一很大的力撞击压电晶体,进而产生高压放电,使燃烧盘点火。

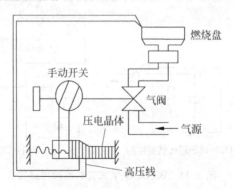

图 3.16   煤气灶电子点火装置

在工程和机械加工中,压电式传感器可以用于测量各种机械设备及部件所受的冲击力,应用很广泛。

习题 3

1. 力传感器芯片设计从哪几方面思考?
2. 如何克服传感器的迟滞环?
3. 弹性元件的功与过,如何调整?

参考文献

[1] 周四春.传感器技术与工程应用[M].北京：原子能出版社,2007-09.

[2] 吴建平.传感器原理及应用[M].北京：机械工业出版社,2009-01.

[3] 王化祥.传感器原理及应用[M].天津：天津大学出版社,1988-09.

[4] 郁省文,常健,程继红.传感器原理及工程应用[M].西安：西安电子科技大学出版社,2004.

[5] 唐贤远,刘歧川.传感器原理及应用[M].成都：电子科技大学出版社,2000.

[6] 彭军.传感器与检测技术[M].西安：西安电子科技大学出版社,2003.

[7] 赵巧娥.自动检测与传感器技术[M].北京：中国电力出版社,2005.

[8] 刘迎春.传感器原理设计与应用[M].北京：国防科技大学出版社,1992.

[9] 曾光宇,杨湖.现代传感器技术与应用基础.北京：北京理工大学出版社,2006.

[10] 俞云强.传感器与检测技术.北京：高等教育出版社,2008.

[11] 高燕.传感器原理及应用.西安：西安电子科技大学出版社,2009.

第4章

磁传感器

4.1 磁传感器概述

磁传感器是把磁场、电流、应力应变、温度、光等外界因素引起敏感元件磁性能变化转换成电信号,以这种方式来检测相应物理量的器件。磁传感器分为三类:指南针、磁场感应器、位置传感器。指南针:地球会产生磁场,如果能测地球表面磁场就可以做指南针。磁场传感器:电流传感器也是磁场传感器。电流传感器可以用在家用电器、智能电网、电动车、风力发电等。位置传感器:如果一个磁体和磁传感器相互之间有位置变化,这个位置变化是线性的就是线性传感器,如果转动的就是转动传感器。磁传感器的工作原理及测量方法多种多样,最常见的有磁-力法、电磁感应法、磁饱和法、电磁效应法、磁共振法、超导相应法及磁光效应法等。

4.1.1 磁传感器的基本原理

几种类型的磁传感器(磁场测量仪)的测量方法及其工作原理简介如下:

磁-力法是利用在被测磁场中的磁化物体(如磁针)或载流线圈与被测磁场之间相互作用的机械力(或力矩)来测量磁场的方法。所用仪器主要为定向磁强计、无定向磁强计和磁变仪等。

电磁感应法是以电磁感应定律为基础的磁场测量方法。利用电磁感应方法测量恒定磁场时,可以通过探测线圈的移功、转动和振动等方式,使探测线圈中的磁通发生变化。所采用的主要检测仪器为固定线圈磁强计、抛移线磁强计、旋转线圈磁强计和振动线圈磁强计等。

磁饱和法。磁饱和法是利用被测磁场中、磁芯在交变磁场的激励下,其磁感应强度与磁场强度的非线性关系来测量磁场的方法。它主要用于测量恒定的或缓慢变化的磁场,所用仪器主要为二次谐波磁通门磁强计和时间编码磁通门磁强计等。

电磁效应法是利用金属或半导体中通过的电流和外磁场的共同作用而产生的电磁效应来测量磁场的一种方法。所用仪器主要为霍尔效应磁强计、磁阻效应磁强计和电磁复合效应磁强计等。

磁共振法是利用物质量子状态的变化来测量磁场的一种方法,其测量对象一般是均匀的恒定磁场。所用仪器主要为核磁共振磁强计、顺磁共振磁强计和光泵磁强计等。

超导效应法。超导效应法是利用弱耦合超导体中超导的约瑟夫逊效应原理来测量磁场的一种方法。可以用于测量 0.1T(特斯拉)以下的恒定磁场和交变磁场。具有极高的灵敏度和分辨率。所用仪器主要为直流超导量子磁强计和射频超导量子磁强计等。

磁光效应法是利用磁场对光和介质的相互作用而产生的磁光效应来测量磁场的一种方法。它可以用于测量恒定磁场、交变磁场和脉冲磁场,所采用的主要仪器为法拉第效应磁强计和克尔效应磁强计,常用于测量低温下的超导强磁场。

4.1.2 磁传感器的类型

目前,从 $10\sim11T$ 的人体弱磁场到高达 25T 以上的强磁场,都可以找到相应的磁传感器进行检测。磁传感器的种类繁多,其中最主要的是半导体磁敏传感器(霍尔传感器)、磁阻传感器、磁敏二极管和磁敏三极管等。其他材料制成的磁传感器有强磁性金属磁阻传感器、威根德磁敏传感器和约瑟夫逊超导量子干涉仪等。

4.2 磁阻传感器

磁阻的含义与电阻相仿,表示磁路对磁通所起的阻碍作用,用符号 R_m 表示,单位为 $1/H$,磁阻传感器是基于磁阻效应的磁敏元件。它的应用范围较广,可以利用它制作成磁场探测仪、位移和角度检测器、安培计以及磁敏交流放大器等。

4.2.1 磁阻传感器的基本原理

在两端设置电流电极的元件中,由于外界磁场的存在,改变了电流的分布,电流所流经的途径变长,导致电极间的电阻值增加,这就是磁阻效应,如图 4.1 所示。

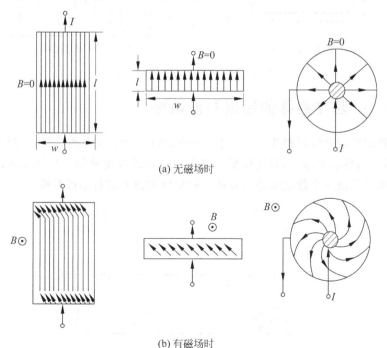

(a) 无磁场时

(b) 有磁场时

图 4.1 磁阻元件原理示意图

在温度恒定的情况下,在器件只有电子参与导电的简单情况下,理论推导出来的磁场内的磁阻与磁感应强度 B 具有以下关系:

$$\rho_B = \rho_0(1 + 0.273\mu^2 B^2) \tag{4-1}$$

式中,ρ_B 为磁感应强度为 B 时的电阻率,单位为 $\Omega \cdot m$;ρ_0 为零磁场下的电阻率,单位为 $\Omega \cdot m$;μ 为电子迁移率,单位为 $m^2/(V \cdot s)$,表示每秒钟每伏特电压下电子的运动范围大小;B 为磁感应强度,单位为 T。

当电阻率变化 $\Delta\rho = \rho_B - \rho_0$ 时,电阻率的相对变化为

$$\frac{\Delta\rho}{\rho_0} = 0.273\mu^2 B^2 = K\mu^2 B^2 \tag{4-2}$$

可见,在利用磁阻效应的元件中,半导体材料的电子迁移率必须很高才行。

4.2.2 磁阻传感器的结构

磁阻传感器主要有长方形磁阻元件、栅格型磁阻元件、科宾诺元件以及 Insb-Nisb 共晶磁阻元件。

如图 4.2(a)所示为长方形磁阻元件的结构图,长度 l 大于宽度 b,在两端制作电极,构成两端器件。如图 4.2(b)所示为栅格型磁敏电阻。为了提高磁阻效应,在一个长方形磁敏电阻的长度方向上放置许多金属短路条,将它分割成宽度为 b、长度为 l 且满足 $b/l \gg l$ 的许多子元件。

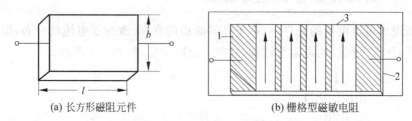

(a) 长方形磁阻元件   (b) 栅格型磁敏电阻

图 4.2 长方形磁阻元器件结构

4.2.3 磁阻传感器的温度补偿电路

目前常用的磁阻元件材料为 Insb,它是一种受温度影响极大的材料。材料的磁场灵敏度越高,受温度的影响也越大,必须根据用途进行有效的温度补偿。如图 4.3 所示,为采用两个磁敏电阻串联或一个热敏电阻与磁敏电阻串联的方式进行温度补偿。

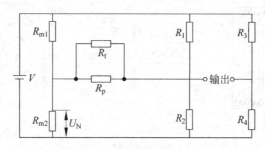

图 4.3 磁电阻传感器的电桥型温度补偿电路

图 4.3 中 U_N 为基准电位; R_t 为热敏电阻。

如图 4.4(a)所示为单个磁敏电阻应用时的接法,磁敏电阻 R_M 与普通电阻 R_P 串联再接到电源 E 上。普通电阻 R_P 用于取出变化的磁阻信号。流经磁敏电阻 R_M 的电流 I_M 经过普通电阻 R_P 变为电压。

$$I_M = \frac{E}{R_M + R_P} \qquad\qquad (4\text{-}3)$$

$$U_M = I_M R_P \frac{E R_P}{R_M + R_P} \qquad\qquad (4\text{-}4)$$

如图 4.4(b)所示是两个磁敏电阻 R_{M1} 和 R_{M2} 串联的电路结构,从串联磁敏电阻的中点得到输出信号。这种接法具有一定的温度补偿作用,广泛应用于与机电有关的机构中或作为非接触式磁性分压器。

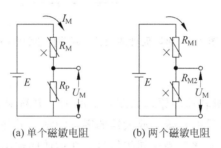

(a) 单个磁敏电阻   (b) 两个磁敏电阻

图 4.4 磁敏电阻的基本测量电路

4.2.4 磁阻传感器的应用举例

1. 位移测量

如图 4.5 所示为磁阻式位移传感器的工作原理。磁敏电阻与被测物体连接在一起,当待测物体移动时,将带动磁敏电阻在磁场中移动。由于磁阻效应,磁敏电阻的阻值将发生变化,据此可以求得待测物体的位移大小。该传感器的优点是:结构简单、体积小、精度高、可以实现非接触式测量;缺点是:量程小,仅适用于 5mm 以下位移的测量。

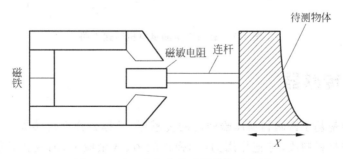

图 4.5 磁阻式位移传感器结构示意图

2. 磁阻式无触点开关

如图 4.6 所示为使用磁阻元件的无触点开关传感器电路。当磁阻元件接近永久磁铁时,会使元件的阻值增大,由于磁阻元件的输出信号大,无须再将信号放大就可以直接驱动功率三极管,实现元触点开关的功能。

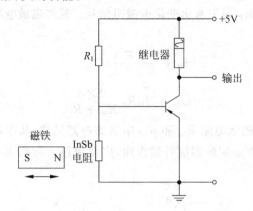

图 4.6   磁阻元件的无触点开关传感器电路

3.电机转速测量

采用磁敏电阻测量电机转速的原理如图 4.7 所示。电路中 a 点电压随转速而改变,用运放放大 a 点的变化电压,目的是减小放大器的零点漂移。另外,因磁敏电阻工作时加有偏磁,可以获得与转速随时间变化趋势相同的信号。在运放的输出端接入示波器或者计数器,就可以测量电机的转速。

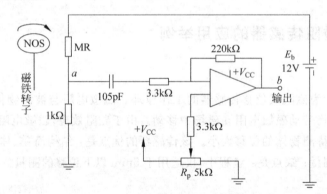

图 4.7   磁敏电阻测量电机转速电路

4.3   压磁传感器

压磁传感器是基于铁磁材料压磁效应的传感器,又称磁弹性传感器。压磁式传感器的敏感元件由铁磁材料制成,它把作用力(如弹性应力、残余应力)的变化转换成导磁率的变化,并引起绕于其上的线圈的阻抗或电动势的变化,从而感应出电信号。

压磁式传感器是一种新型传感器,它的优点是输出功率大、信号强、结构简单、牢固可靠、抗干扰性好、过载能力强、价格便宜。缺点是测量精度不高、频响较低。

压磁效应在铁磁性材料的微观结构中,小范围内电子自旋元磁矩之间的相互作用力使相邻电子元磁矩的方向一致而形成磁畴。磁畴之间相互作用很小。从宏观上看,在没有外磁场作用时,各磁畴相互平衡,总磁化强度为零。在有外磁场作用时,各磁畴的磁化强度矢量都转向外磁场方向,使总磁化强度不为零,直至达到饱和。在磁化过程中各磁畴的界限发生移动,因而使材料产生机械变形,这种现象称为磁致伸缩效应。反之,在外力的作用下材料内部产生应力,使各磁畴间的界限移动,从而使磁畴的磁化强度矢量转动,引起材料的总磁化强度发生相应变化,这种现象称为压磁效应。如果产生压磁效应的作用力是拉力,那么沿作用力方向的导磁率就提高,而在其垂直方向上,导磁率略有降低。反之,该作用力为压力时,其效果相反。常用的铁磁材料有硅钢片、坡莫合金等。大多数情况下采用硅钢片。把同样形状的硅钢片叠起来就形成一个压磁元件。

压磁式传感器是电感式传感器的一种,也称为磁弹性传感器,是一种新型传感器。它的工作原理是建立在磁弹性效应基础之上的,即利用这种传感器将作用力(如弹性应力、残余应力等)的变化转化成传感器导磁体的导磁率变化并输出电信号。压磁式传感器的优点很多,如输出功率大、信号强、结构简单、牢固可靠、抗干扰性能好、过载能力强、便于制造、经济实用,可用在给定参数的自动控制电路中,但测量精度一般,频响较低。近年来,压磁式传感器不仅在自动控制上得到越来越多的应用,而且在对机械力(弹性应力、残余应力)的无损测量方面,也为人们所重视,并得到成功的应用。在生物医学领域对骨科及运动医学测试也正在应用该类传感器。压磁式传感器是一种有发展前途的传感器。

若某一铁磁材料上绕有线圈,在外力的作用下,铁磁材料的导磁率发生变化,则会引起线圈的电感和阻抗变化。当铁磁材料上同时绕有激磁绕组和测量绕组时,导磁率的变化将导致绕组间耦合系数的变化,从而使输出电势发生变化。通过相应的测量电路,就可以根据输出的量值来衡量外力的作用。

4.3.1 压磁效应

压磁式传感器是一种有源传感器,它的工作原理是基于材料的压磁效应。所谓压磁效应就是在外力作用下,铁磁材料内部发生应变,产生应力,使各磁畴之间的界限发生移动,从而使磁畴磁化强度矢量转动,因而铁磁材料的磁化强度也发生相应的变化,这种由于应力使铁磁材料磁化强度变化的现象,称为压磁效应。

4.3.2 压磁元件

压磁式传感器的核心是压磁元件,它实际上是一个力-电转换元件。压磁元件常用的材料有硅钢片、坡莫合金和一些铁氧体。最常用的材料是硅钢片。为了减小涡流损耗,压磁元件的铁芯大都采用薄片的铁磁材料叠合而成。

4.3.3 压磁传感器的工作原理

压磁式传感器是一种无源传感器。它是利用铁磁材料的压磁效应,在受外力作用时,铁磁材料内部产生应力或应力变化,引起铁磁磁导率的变化而制成的传感器。当铁磁材料上同时绕有激磁绕组的测量绕组时,磁导率的变化就转换为绕组间耦合系数的变化,从而使输出电势发生变化,通过相应的测量电路,就可以根据输出电势的变化来衡量外力作用。

压磁元件是压磁式传感器的外部作用力的敏感元件,它是压磁式传感器的核心部分,基本原理如图 4.8 所示。

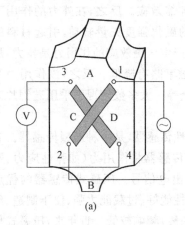
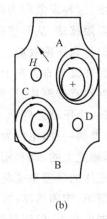
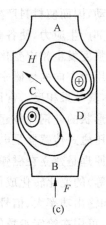

(a)　　　　　　　　　　(b)　　　　　　　　　　(c)

图 4.8　压磁传感器的基本原理

在压磁材料的中间部分有 4 个对称的小孔 1、2、3 和 4,在孔 1、2 间绕有激励绕组 N12,孔 3、4 间绕有输出绕组 N34。当激励绕组中通过交流电流时,铁芯中就会产生磁场。若把孔间分成 A、B、C 和 D 4 个区域,在无外力作用下,A、B、C、D 4 个区域的磁导率是相同的。这时合成磁场强度 H 平行于输出绕组的平面,磁力线不与输出绕组铰链,N34 不产生感应电动势。在压力 F 的作用下,如图 4.8(c)所示。A、B 区域将受到一定的应力,而 C、D 区域基本处于自由状态,于是 A、B 区域的磁导率下降、磁阻增大,C、D 区域的磁导率基本不变。这样激磁绕组所产生的磁力线将重新分布,部分磁力线绕过 C、D 区域闭合,于是合成磁场 H 不再与 N34 平面平行,一部分磁力线与 N34 平面平行,一部分磁力线与 N34 铰链而产生感应电动势 e。F 值越大,与 N34 铰链的磁通越多,e 值越大。通过测量电路可以用电流表或电压表测出力 F 的大小。

4.3.4　压磁传感器的主要特性

1. 激磁绕组的安匝特性

压磁传感器输出电压的灵敏度和线性度很大程度上取决于铁磁材料的磁场强度,而磁场强度又取决于激磁的安匝数。激励过小或过大都会产生严重的非线性和灵敏度降低,这是因为在压磁式传感器中,铁磁材料的磁化现象不仅与外磁场的作用有关,还与各个磁畴内部磁矩的总和以及外作用力在材料内部引起的应力有关。最佳条件是外加作用力所产生的磁能与外磁场及磁畴磁能之和接近相等,而且工作在磁化曲线（B-H 曲线）的线性段,这样可以获得较好的灵敏度和线性度。

当所需要的磁场强度 H 确定后,激磁绕组的安匝数可以由下式得出:

$$NL = Hl \tag{4-5}$$

$$U = IZ_{\mathrm{H}} = I\sqrt{(2\pi fL)^2 + R^2} \tag{4-6}$$

$$L = \frac{N^2 \mu S}{l} \tag{4-7}$$

当激磁绕组的电阻 R 远小于线圈感抗 $(2\pi fl)$ 时，由式(4-5)、式(4-6)和式(4-7)可得

$$N = \frac{U}{2\pi f\mu HS} \tag{4-8}$$

式中，N 为激磁绕组的匝数；I 为激磁电流，单位为 A；U 为激磁绕组的输入电压，单位为 V；f 为激磁电源频率，单位为 Hz；μ 为铁磁材料的磁导率，单位为 H/m；L 为激磁绕组的电感量，单位为 H；R 为激磁绕组的电阻，单位为 Q；Z_H 为回路阻抗，单位为 Q；S 为铁磁材料的截面积，单位为 m²；l 为磁路的平均长度，单位为 m。

2. 输出特性

压磁传感器的输出电压 U 与作用力 F 之间的关系称为压磁传感器的输出特性。通常在额定压力下，磁导率的变化为 10%～20%，一般对测力范围为 10～50kN 的压磁传感器，激磁绕组在 8 匝左右，测量绕组在 1 匝左右；对测力范围在 50～500kN 的压磁传感器，激磁和测量绕组均在 10 匝左右。

3. 频率响应

力在压磁元件(可以认为是一块铁芯柱)中的传播速度为声速，约 5000m/s，铁磁芯柱的高度一般不超过 10cm，其传播时间约为 0.2ms。大多数铁磁芯柱可以看作整块矩形金属柱，其固有频率可以由下式决定：

$$f_0 = \frac{nc}{2l} \tag{4-9}$$

式中，n 为谐波次数；l 为铁磁芯高度；c 为机械应力在磁芯柱中的传播速度。

如 $l=6$cm，$C=5000$m/s，则传感器的固有频率(基波 $n=1$)约为 40Hz。因此，传感器测的动态负荷的最大频率不应超过 10kHz。

4. 测量误差

压磁传感器的测量精度不高，这是由以下一些测量误差影响所致的：

(1) 温度误差。这是压磁传感器的一项主要误差，主要原因是压磁材料的磁化特性受温度影响较大，使用时需加温度补偿。

(2) 磁弹性滞环。这是压磁材料的磁弹性后效和磁滞作用所引起的。对于压磁材料需选用软磁性材料并经老化处理来消除这种误差。

(3) 电源影响。激励电源的电压幅值、频率波形以及电源的内阻均是直接影响磁化特性的因素，因而对传感器的精度亦有影响。对要求较高的场合应选择稳频、稳压、恒流的电源。

4.3.5 压磁传感器的应用举例

压磁式传感器常用于冶金、矿山、运输等工业部门作为测力和称重传感器。例如，用于起重运输的过载保护系统，轧钢压力及钢板厚度的控制系统、铁路货车连续称量系统。构件内应力的无损测量采用压磁式传感器比用 X 射线方法、开槽法、钻孔法和电阻应变法优越，还可以用于实现转轴扭矩的非接触测量。压磁式传感器不仅用于自动控制和机械力的无损

测量,而且还用于骨科和运动医学测试。对于压磁式压力传感器,为了保证传感器的长期稳定性和良好的重复性,必须有合理的机械结构。

4.4 磁电式传感器

磁电式传感器利用电磁感应原理,将运动速度转换成电势输出。它通过磁铁与线圈之间的相对运动、磁阻变化、磁场中线圈面积的变化等方法,使其线圈中的磁通量发生变化,而产生感应电动势,工作时不需要外加电源,直接将被测物体机械能量转换成电能,是一种典型的发电型传感器。它具有电路简单、性能稳定、输出信号强、输出阻抗小和一定的频率响应范围等优点,适于振动、转速、扭矩等测量,但该传感器的尺寸和质量都较大。

4.4.1 磁电式传感器的工作原理

根据法拉第电磁感应定律,N 匝线圈在磁场中运动切割磁力线或线圈所在磁场的磁通变化时,线圈中所产生的感应电动势 e 的大小取决于穿过线圈的磁通量 ϕ 的变化率,即

$$e = -N \frac{\mathrm{d}\phi}{\mathrm{d}t} \qquad (4\text{-}10)$$

磁通变化率与磁场强度、磁路磁阻和线圈的运动速度有关,故改变其中一个因素,都会改变线圈的感应电动势,如磁铁与线圈之间做切割磁力线运动、磁路中磁阻变化及恒定磁场中线圈面积变化等。因此可制造出不同类型的传感器,用于测量速度和扭矩等物理量。

按工作原理不同,磁电感应式传感器可分为恒定磁通式和变磁通式,即动圈式传感器和磁阻式传感器。

4.4.2 磁电式传感器测量电路

1. 测量电路原理

磁电感应式传感器直接输出感应电动势,对于一般具有一定工作频带的电压表或示波器都可采用。该传感器通常具有较高的灵敏度,所以一般不需要增益放大器。磁电感应式传感器输出的是速度测量的信号,如用于测量位移或加速度,就需采用积分电路或微分电路,对于速度的信号进行处理。如图 4.9 所示为位移、速度或加速度测量电路的方框图。选择开关置于下端测量的是速度量,置于中端测量的是位移量,置于上端测量的是加速度量。将微分或积分电路置于两级放大器的中间,以利于级间的阻抗匹配。

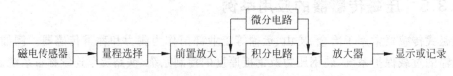

图 4.9　磁电感应式传感器测量电路框图

2. 测量电路对测量结果的影响

1) 积分电路

① 无源积分电路。图 4.10 为测量位移量实际使用的无源积分电路,电路的传递函数为

$$G(s) = \frac{1}{\tau_C s + 1} \tag{4-11}$$

复频特性为

$$G(j\omega) = \frac{1}{j(\omega/\omega_C) + 1} \tag{4-12}$$

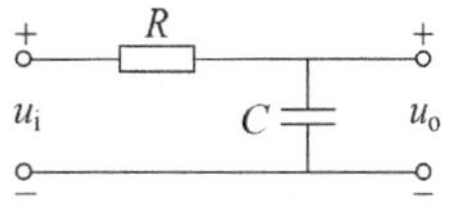

式中,$\tau_C = 1/RC$;$\omega_C = 1/\tau_C$。

理想的积分特性为

图 4.10 无源积分电路

$$G'(j\omega) = \frac{1}{j(\omega/\omega_C) + 1} \tag{4-13}$$

从式(4-12)和式(4-13)可以看出,实际使用电路与理想电路之间存在误差。幅值误差 r 为

$$r = \frac{|G_1(j\omega)| - |G_1'(j\omega)|}{|G_1'(j\omega)|} = \frac{1}{\sqrt{1 + (\omega_C/\omega)^2}} = -1 \tag{4-14}$$

当 $\omega_C/\omega \ll 1$ 时,式(4-15)近似等于

$$r \approx -\frac{1}{2}(\omega_C/\omega)^2 = -\frac{1}{2(\omega RC)^2} \tag{4-15}$$

相角误差 φ 为

$$\varphi = \angle G_1(j\omega) - \angle G_1'(j\omega) = \pi - \arctan(\omega RC) \tag{4-16}$$

从式(4-15)和式(4-16)可以看出,ω 越大,幅值误差和相角误差越小,最大误差出现在低频端。可以通过增大 RC,减小误差,但是增大 RC,会造成输出信号衰减。为解决这一问题,有些仪器采用分频段积分的办法,即把全部工作频带分成几段,对每个频段使用不同的积分电路。

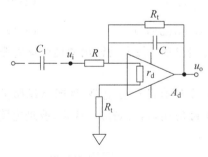

图 4.11 有源积分电路

② 有源积分电路。图 4.11 是有源积分电路,不难推出有源积分电路的复频特性。

$$G(j\omega) = \frac{-A_d(j\omega)}{\left(1 + \dfrac{A_d R}{R_f C}\right) + j\omega(\tau_0 + A_d RC)} \tag{4-17}$$

式中,$\tau_0 = 1/\omega_0$ 为运算放大器开环渐近幅频特性的转角频率 ω_0 所代表的时间常数。

一般 $\tau_0 \ll A_d RC$、$A_d R/R_t \gg 1$,式(4-17)可以简化为

$$G(j\omega) = \frac{R_t/R}{j\omega R_t C + 1} \tag{4-18}$$

参照无源积分电路推导方法,有源积分电路的幅值误差和相角误差为

$$r \approx -\frac{1}{2(\omega R_t C)^2} \tag{4-19}$$

$$\varphi = \angle G_1(j\omega) - \angle G_1'(j\omega) = \pi - \arctan(\omega R_t C) \tag{4-20}$$

为了比较无源和有源积分电路,选择相同时间常数 RC,画出两个电路的对数渐近幅频

特性图 4.12。图中 $\omega_0=1/RC,\omega_f=1/R_tC=\dfrac{1}{10}\omega_0$。当 $R_f/R=10$ 时，无源和有源积分电路的对数渐近幅频特性。允许信号衰减 20dB 时，有源积分电路的工作频段将较无源电路高一个数量级左右。但有源电路同时存在着在低频非工作频段内具有较高增益的特点，这使得电路的低频 $1/f$ 噪声毫无抑制能力。在电路输入端加接一个输入电容 C_1，可以解决这一问题。

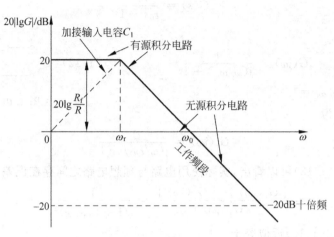

图 4.12　无源和有源积分电路对数渐进幅频特性

2) 微分电路

① 无源微分电路。无源微分电路如图 4.13 所示，电路的复频特性为

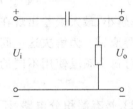

图 4.13　无源微分电路

$$D(\mathrm{j}\omega)=\frac{\mathrm{j}\omega RC}{\mathrm{j}\omega RC+1} \tag{4-21}$$

理想的微分特性为 $D'(\mathrm{j}w)=\mathrm{j}wRC$，可以推出，电路的幅值误差和相角误差为

$$r\approx-\frac{1}{2}(\omega RC)^2 \tag{4-22}$$

$$\varphi\approx-\arctan(\omega RC) \tag{4-23}$$

与积分电路相反，最大微分误差将在工作频段的高端出现；最大的输出幅度衰减将限制工作频段的下限值。

② 有源微分电路。为了克服无源微分电路的缺陷，采用有源微分电路，理想有源微分电路存在着输入阻抗低、噪声大、稳定性差等缺点。在实际应用时，总是加以改进，改进电路如图 4.14 所示。

在输入端增加输入端电阻，可以提高输入阻抗和增加阻尼比。选择合适的 R_1 值可以使电路的阻尼比近似为 0.7，电路幅频特性将不产生大的峰值，电路趋于稳定。在反馈电阻 R 两端，并联 C_1、R_1 则可以有效地抑制高频噪声。改进电路的幅频特性可近似表示为

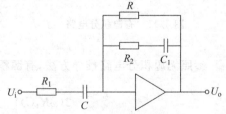

图 4.14　实用有源微分电路

$$D(\mathrm{j}\omega) = \frac{\mathrm{j}\omega\tau}{\left(1 + \mathrm{j}\omega\,\dfrac{\tau_0}{A_\mathrm{d}}\right)\left(1 + \mathrm{j}\,\dfrac{\omega}{\omega_\pi}\right)^2} \tag{4-24}$$

式中,$\tau = RC$ 为微分电路的时间常数;$\tau = 1/\omega_0$ 为运算放大器开环渐近幅频特性的转角频率 ω_0 所代表的时间常数;A_d/τ_0 为运算放大器的增益带宽;$\omega_\mathrm{n} \approx 1/R_1 C = 1/RC_1$ 为电路的谐振频率。电路的渐近幅频特性如图 4.15 所示。

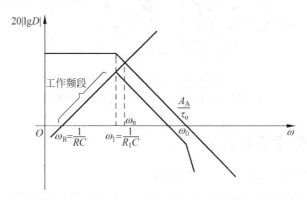

图 4.15 有源微分电路渐近幅频特性

从图中可以看出,在 $\omega < \omega_0$ 的工作频率段,接近于理想的微分特性,即 $D'(\mathrm{j}\omega) \approx \mathrm{j}\omega RC$。

4.5 霍尔传感器

霍尔传感器是根据霍尔效应制作的一种磁场传感器。霍尔效应是磁电效应的一种,这一现象是霍尔于 1879 年在研究金属的导电机构时发现的。后来发现半导体、导流体等也有这种效应,而半导体的霍尔效应比金属强得多,利用这一现象制成的各种霍尔元件,广泛地应用于工业自动化技术、检测技术及信息处理等方面。霍尔效应是研究半导体材料性能的基本方法。通过霍尔效应实验测定的霍尔系数,能够判断半导体材料的导电类型、载流子浓度及载流子迁移率等重要参数。

4.5.1 霍尔传感器工作原理

磁场中有一个霍尔半导体片,恒定电流 I 从 A 到 B 通过该片。在洛伦兹力的作用下,I 的电子流在通过霍尔半导体时向一侧偏移,使该片在 CD 方向产生电位差,这就是所谓的霍尔电压。

霍尔电压随磁场强度的变化而变化,磁场越强,电压越高,磁场越弱,电压越低。霍尔电压值很小,通常只有几个毫伏,但经集成电路中的放大器放大,就能使该电压放大到足以输出较强的信号。若使霍尔集成电路起传感作用,需要用机械的方法来改变磁场强度。如图 4.16 所示的方法是用一个转动的叶轮作为控制磁通量的开关,当叶轮叶片处于磁铁和霍尔集成电路之间的空隙中时,磁场偏离集成片,霍尔电压消失。这样,霍尔集成电路的输出低电压的变化,就能表示出叶轮驱动轴的某一位置,利用这一工作原理,可将霍尔集成电路片用于点火时传感器。霍尔效应传感器属于被动型传感器,它要有外加电源才能工作,这一特点使它能检测转速低的运转情况。霍尔效应传感器如图 4.16 所示。

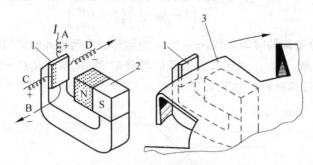

图 4.16   霍尔效应传感器

1—霍尔效应传感器片；2—永久磁铁；3—叶轮片

4.5.2   霍尔传感器分类

霍尔传感器分为开关型和线型传感器两种。

开关型传感器由稳压器、霍尔元件、差分放大电路，施密特触发器、输出器组成，它输出数字量。开关型霍尔传感器还有一种特殊形式，称为锁键型霍尔传感器。

线型传感器由霍尔元件、线型放大器和射极跟随器组成，输出模拟量。

线型霍尔传感器又可分为开环式和闭环式。闭环式霍尔传感器又称零磁通传感器，线型传感器主要用于电流、电压测量。

习题 4

1. 磁传感器的电桥结构是必需的吗？它主要用来完成什么？如果剔除它，要采用哪些措施补偿它的作用？

2. 磁传感器的共同特点有哪些？优势和劣势各是什么？如何利用？

3. 如何在一个小的空间范围内使用霍尔传感器，需要注意哪些问题？

4. 利用磁传感器原理设计一个称重传感器，量程为 5～50kg。

参考文献

［1］ 孙运旺，李林功.传感器技术与应用.杭州：浙江大学出版社，2006-9.

［2］ 杨思乾.材料加工工艺过程的检测与控制.西安：西北工业大学出版社，2006-02.

［3］ 俞阿龙.传感器原理及其应用.南京：南京大学出版社，2010-02.

［4］ 强锡官.传感器［M］.北京：机械工业出版社，1989.

［5］ 赵继文.传感器与应用电路设计［M］.北京：科学出版社，2002.

［6］ 沈术农.传感器及应用技术［M］.北京：化学工业出版社，2001.

［7］ 周乐挺.传感器与检测技术［M］.北京：机械工业出版社，2005.

［8］ 范晶彦.传感器与检测技术应用［M］.北京：机械工业出版社，2005.

［9］ anyway 中国.开式式及闭环式霍尔电流传感器工作原理及磁饱和问题.2013.

[10] 张谭.开关型集成霍尔传感器的研究与设计[J].物理实验,2013-3.

[11] 韦浩群.汽车电控发电机曲轴与凸轮轴位置传感器的应用原理与故障分析[J].广西轻工业,2011 (153):82-84.

[12] 孟庆浩.节气门位置传感器的功能与检测[M].使用与维修,2003.

[13] 周振.基于霍尔和磁阻效应的地下位移三维测量方法[D].杭州:中国计量学院,2013.

第5章

热传感器

从理论上讲,凡随温度变化,其物理性质也发生变化的物质皆能作为测温传感器。在工农业生产和科学研究中温度测量的范围极宽,从零下几百度到零上几千度,而各种材料做成的温度传感器只能在一定的温度范围内使用。常用的温度传感器分类如下所示。

温度传感器可以分为接触式和非接触式两大类。所谓接触式就是传感器直接与被测物体接触,这是测温的基本形式。这种形式是通过接触方式把被测物体的热能量发送给温敏传感器,这就降低了被测物体的温度。特别是被测物较小,热能量较弱时,不能正确地测得物体的真实温度。因此,采用接触方式时,测得物体真实温度的前提条件是,被测物体的热容量必须远大于温度传感器。非接触式是测量被测物体的辐射热的一种方式,它可以测量远距离物体的温度,这是接触方式得不到的。

5.1 热电阻传感器

利用热电阻和热敏电阻的温度系数制成的温度传感器,均称为热电阻温度传感器。工业上广泛利用热电阻来测量-200~500℃范围内的温度。热电偶由电阻体、保护套管和接线盒等部分组成。作为测量用的热电阻应具有下述要求:电阻温度系数要尽可能大和稳定,电阻率大,电阻与温度的变化关系最好呈线性,在整个测温范围内应具有稳定的物理和化学性质。

5.1.1 金属热电阻

1. 工作原理

大多数金属导体的电阻都具有随温度变化的特性,其特性方程为

$$R_t = R_0 \left[1 + \alpha(t - t_0) \right] \tag{5-1}$$

式中,R_t 为热电阻在 t℃的电阻值;R_0 为热电阻在 0℃时的电阻值;α 为热电阻的电阻温度系数。对于大多数金属导体。α 并不是一个常数,而是温度的函数。不同的金属导体,α 保持常数所对应的温度范围不同。

2. 材料

① 铂热电阻。铂的物理、化学性能稳定,是目前制造热电阻最好的材料。铂电阻主要

作为标准电阻温度计,广泛应用于温度的基准、标准的传递。它的长时间稳定的复现性可达 8～4K,是目前测温复现性最好的一种温度计。

铂丝的电阻值与温度之间的关系为

在 0～630.755℃ 的范围内为

$$R_t = R_0(1 + At + Bt^2) \tag{5-2}$$

在 -190～0℃ 的范围内为

$$R_t = R_0\left[1 + At + Bt^2 + C(t-100)t^3\right] \tag{5-3}$$

式中,R_t 为温度在 t℃时的电阻值;R_0 为温度在 0℃时的电阻值;t 表示任意温度值;A、B、C 均为分度系数。

由式(5-2)和式(5-3)可见 0℃时的阻值 R_0 十分重要,它与材质纯度和制造工艺水平有关,另一个对测温有直接作用的因素是电阻温度系数,即温度每变化 1℃时阻值的相对变化量,它本身也随温度变化。为便于比较,常选共同的温度范围 0～100℃ 的阻值变化的倍数,即 R_{100}/R_0 的比值来比较,这个比值相当于 0～100℃ 范围内,平均电阻系数的 100 倍,此值越大越灵敏。

② 铜热电阻。铂电阻虽然优点多,但价格昂贵,在测量精度要求不高且温度较低的场合,铜电阻得到了广泛应用。在 -50～150℃ 的温度范围内,铜电阻与温度近似呈现线性关系,可用下式表示,即

$$R_t = R_0\left[1 + \alpha_0(t - t_0)\right] \tag{5-4}$$

式中,R_t 表示温度为 t℃时的电阻值;R_0 表示温度为 0℃时的电阻值;α_0 表示初始温度为 t_0℃时的温度系数。

铜电阻的缺点是电阻率较低,电阻体的体积较大,热惯性较大,在 100℃ 以上时容易氧化,因此只用于低温及没有侵蚀性的介质中。

③ 其他热阻。近年来,在低温和超低温测量方面,采用了新型热电阻。

铟电阻:用 98.999％ 高纯度的铟绕成电阻,可在 4.2～273K 的温度范围内使用,在 15～277.2K 的温度范围内,灵敏度比铂高 10 倍;缺点是材料软、复制性差。

锰电阻:在 2～336K 的温度范围内,电阻随温度变化大,灵敏度高;缺点是材料脆,难拉成丝。

碳电阻:适合作液氦温域的温度计,价廉,对磁场很敏感;但热稳定性较差。

5.1.2　热电阻的测量电路

电阻温度计的测量电路最常用的是电桥电路,精度较高的是自动电桥。为消除由于连接导线电阻随环境温度变化而造成的测量误差,常采用三线和四线连接法。

三线制电桥电路。在实际的温度测量中,常用电桥作为热电阻的测量电路。由于热电阻的阻值很小、所以导线的电阻值不能忽视。为了解决导线电阻的影响、工业热电阻多半采用电桥的三线制接法,如图 5.1 所示,其中 R_t 为热电阻,R_t 的三根引出导线粗细相同,阻值都是 r,其中两根分别与电桥的相邻

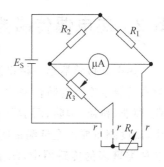

图 5.1　热电阻测温电桥的
　　　　三线制接法

两臂串联,当电桥平衡时,可得下列关系,即

$$(R_1 + r)R_2 = (R_3 + r)R_1$$

$$R_t = \frac{(R_3 + r)R_1 - rR_2}{R_2} = \frac{R_3 R_1}{R_2} + \frac{rR_1}{R_2} - r$$

若使 $R_t = R_2$,则上式就与 $r = 0$ 时的电桥平衡公式完全相同,即说明此种接法导线电阻 r 对热电阻的测量毫无影响。

四续制电析。调零电位计 R_a 的接触电阻和检流计串联,这样接触电阻的不稳定就不会破坏电桥的平衡状态和正常工作。

热电阻式温度计性能稳定,测量范围广,精度也高,特别是在低温测量中得到广泛应用。其缺点是需要辅助电源,热容量大,限制了它在动态测量中的应用。在设计电桥时,要使流过热电阻的电流尽量小。

为避免热电阻中流过电流的加热效应,在设计电桥时,要使流过热电阻的电流尽量小,一般要求小于 10mA。

5.1.3　半导体热敏电阻

热敏电阻是利用半导体材料制成的热敏元件。半导体热敏电阻与金属热电阻相比,具有灵敏度高、体积小、热惯性小、响应速度快等优点,但它主要的缺点是互换性和稳定性差,非线性严重,且不能在高温下使用,共应用领域受到限制。

半导体热敏电阻包括正温度系数(PTC)、负温度系数(NTC)、临界温度系数(CTR)热敏电阻等几类。

PTC 热敏电阻主要采用 $BaTO_3$ 系列的材料,当温度超过一定数值时,其电阻值朝正的方向快速变化。其用途主要是彩电消磁,各种电器设备的过热保护,发热源的定温控制,也可以作为限流元件使用。

NTC 热敏电阻具备很高的负电阻温度系数,特别适用于在 $-100 \sim 300℃$ 测温。在点温、表面温度、温差、温场等测量中得到广泛的应用,同时也广泛应用于自动控制及电子线路的热补偿线路中。

CTR 热敏电阻采用 VO_2(二氧化钒)系列等材料,在某个温度值上电阻值急剧变化,其用途主要是温度开关。

5.2　热电偶传感器

热电式传感器是一种将温度的变化转换为电量变化的装置。它利用传感器元件的电磁参数随温度变化的特性来达到测量的目的。温度是与人类生活息息相关的物理量,工业、农业、商业、科研、国防、医学及环保等部门都与温度有着密切的关系。在工业生产自动化流程中,温度测量要占全部测量的一半左右。热电式传感器是实现温度检测和控制的重要器件。在种类繁多的传感器中,测量温度用的热电式传感器是应用最广泛、发展最快的传感器之一。热电式传感器所基于的物理原理主要有热电效应、热阻效应、热辐射、介电常数和磁导率随温度变化等。其中利用热电效应将温度转换为电势变化的热电式传感器称为热电偶。

热电偶也是一种感温元件，是一种仪表。它直接测量温度，并把温度信号转换成热电动势信号，通过电气仪表(二次仪表)转换成被测介质的温度。热电偶测温的基本原理是两种不同成分的材质导体组成闭合回路，当两端存在温度梯度时，回路中就会有电流通过，此时两端之间就存在电动势——热电动势，这就是所谓的塞贝克效应(Seebeck Effect)。两种不同成分的均质导体为热电极，温度较高的一端为工作端，温度较低的一端为自由端，自由端通常处于某个恒定的温度下。根据热电动势与温度的函数关系，制成热电偶分度表；分度表是自由端温度在 0℃ 的条件下得到的，不同的热电偶具有不同的分度表。

在热电偶回路中接入第三种金属材料时，只要该材料两个接点的温度相同，热电偶所产生的热电势将保持不变，即不受第三种金属接入回路中的影响。因此，在热电偶测温时，可接入测量仪表，测得热电动势后，即可知道被测介质的温度。热电偶测量温度时要求其冷端(测量端为热端，通过引线与测量电路连接的端称为冷端)的温度保持不变，其热电势大小才与测量温度呈一定的比例关系。若测量时，冷端的(环境)温度变化，将严重影响测量的准确性。在冷端采取一定的措施补偿由于冷端温度变化造成的影响称为热电偶的冷端补偿。

热电偶传感器还是一种将温度转换为电势的电能量传感器，是目前接触式温度测量中应用最广泛的传感器之一，在工业用温度传感器中占有极其重要的地位。其具有结构简单、制造方便、测温范围宽、热惯性小、准确度高、输出信号便于远距离传输等特点，而且自身能产生电压，不需要外加驱动电源。热电偶传感器主要应用在化工、冶金、石油、机械等部门测量液体、气体等介质温度。它与其他温度传感器相比具有以下突出优点：

(1) 能测量较高的温度，常用的热电偶传感器能长期测量 180～2800℃ 的温度。

(2) 热电偶传感器可以将温度信号转换成电压信号，测量方便，且便于远距离信号传递和自动记录，有利于集中监测、报警和控制。

(3) 结构简单、准确可靠、性能稳定、维护方便。

(4) 热容量和热惯性都很小，适合温度的快速测量。

热电偶传感器的主要缺点是它的输出信号和温度示值呈非线性关系，并且测量的下限范围的灵敏度较低。

5.2.1 热电效应

将两根性质不同的金属丝或合金丝 A 与 B 的两个端头焊接在一起，就构成了热电偶，如图 5.2 所示。A、B 叫做热偶丝，也叫热电极。在闭合回路旁放置一个小磁针，当热电偶两端的温度 $T=T_0$ 时，磁针不动；当 $T \neq T_0$ 时，磁针就发生偏转，其偏转方向和热电偶两端温度的高低及两极的性质有关。上述现象说明，当热电偶两端温度 $T \neq T_0$ 时，回路中产生电流，这种电流称为热电流，其电动势称为热电动势，这种物理现象称为热电效应。

放置在被测介质中的热电偶的一端，称为工作端，或称测量端。热电偶一般用于测量高温，所以工作端一般置于高温介质中，因而工作端也称热端；另一端则称为参考端，也称自由端。热电偶测温时，参考端用来接测量仪表，其温度 T_0 通常是

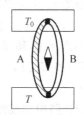

图 5.2 热偶的热电现象

环境温度,或某个恒定的温度(如 50℃、0℃等),它一般低于工作端温度,所以常称为冷端。

当自由端的温度 T_0 保持一定时,热电动势的方向及大小仅与热电极的材料和工作端的温度有关,即热电动势是工作端温度 T 的函数。这就是热电偶测温度的物理基础。热电动势由接触电动势和温差电动势两部分组成。

1. 接触电动势

导体中都存在自由电子,材料不同,自由电子的浓度不同。设导体 A、B 的自由电子浓度分别为 n_A 和 n_B,并且 $n_A > n_B$,如图 5.3 所示。

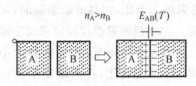

$n_A > n_B$　　$E_{AB}(T)$

图 5.3　接触电子示意图

当两导体接触后,自由电子便从浓度高的一方向浓度低的一方扩散,结果界面附近导体 A 失去电子带正电,导体 B 得到电子带负电而形成电位差,当电子扩散达到动态平衡时,界面的接触电动势为

$$E_{AB}(T) = \frac{kT}{e} \ln \frac{n_A}{n_B} \tag{5-5}$$

式中,k 为玻尔兹曼常数,$k = 1.38 \times 10^{-23}$ J/K;T 为接触点处的绝对温度(K);e 为电子电荷,$e = 1.6 \times 10^{-19}$ C。由式(5-5)可以看出,当 A、B 材料相同($n_A = n_B$)时,$E_{AB} = 0$。

2. 温差电动势

在一根金属体上,如果存在温度梯度,也会产生电动势。因为温度不同,自由电子的运动速度不同。温度梯度的存在必然形成自由电子运动速度的梯度,电子从速度大的区域向速度小的区域扩散,造成电子分布不均,形成电势差,称为温差电动势。

当 A、B 两种导体两端的温度分别为 T、T_0 时,其温差电动势分别为

$$\begin{cases} E_B(T) = \displaystyle\int_{T_0}^{T} \delta_B dT \\ E_A(T) = \displaystyle\int_{T_0}^{T} \delta_A dT \end{cases}$$

式中,T、T_0 分别为高温、低温端的绝对温度;δ 为温差系数,它表示温差为 1℃时所产生的电动势值,与材料性质及导体两端的平均温度有关。

通常规定,当电流方向与导体温度降低的方向一致时,σ 取正值;当电流方向与导体温度升高的方向一致时,σ 取负值。如图 5.4 所示的回路中,如果接点温度 $T > T_0$,回路的温差电动势等于导体温差电动势的代数和,即

$$E_A(T, T_0) - E_B(T, T_0) = \int_{T_0}^{T} \delta_A dT - \int_{T_0}^{T} \delta_B dT = \int_{T_0}^{T} (\delta_A - \delta_B) dT$$

从热电现象的讨论中知道,在如图 5.4 所示的热电偶回路中,两电极接触处有接触电动势 $E_{AB}(T)$ 和 $E_{AB}(T_0)$,A 导体和 B 导体两端之间有温差电动势 $E_A(T, T_0)$ 和 $E_B(T, T_0)$,如果 $T > T_0$,各电动势方向如图 5.4 所示。

由于回路中的接触电动势 $E_{AB}(T)$ 和 $E_{AB}(T_0)$ 的方向相反,故回路的接触电动势为

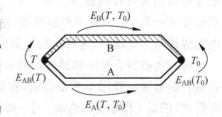

图 5.4　热电偶的热分类

$$E_{AB}(T) - E_{AB}(T_0) = \frac{kT}{e}\ln\frac{n_A}{n_B} - \frac{kT_0}{e}\ln\frac{n_A}{n_B} = \frac{k}{e}(T-T_0)\ln\frac{n_A}{n_B}$$

综上所述，当接点温度 $T > T_0$ 时，由热电极 A、B 组成的热电偶（图5.4）的总电动势等于回路中各电动势的代数和，用符号 $E_{AB}(T, T_0)$ 来表示，即

$$E_{AB}(T, T_0) = \int_{T_0}^{T}\delta_A dT - \int_{T_0}^{T}\delta_B dT + \frac{kT}{e}\ln\frac{n_A}{n_B} - \frac{kT_0}{e}\ln\frac{n_A}{n_B}$$

$$= \left[\int_0^T(\delta_A - \delta_B)dT + \frac{kT}{e}\ln\frac{n_A}{n_B}\right] - \left[\int_0^{T_0}(\delta_A - \delta_B)dT + \frac{kT_0}{e}\ln\frac{n_A}{n_B}\right]$$

$$= E(T) - E(T_0) \tag{5-6}$$

式中，$E(T)$ 为热端的分热电动势；$E(T_0)$ 为冷端的分热电动势。

根据式（5-2）可以得出以下结论：

（1）如果热电偶两个电极的材料相同，则 $\sigma_A = \sigma_B, n_A = n_B$，由此，无论两端温差多大，热电偶回路中也不会产生热电动势。

（2）如果热电偶两电极的材料不同，而热电偶两端的温度相同，即 $T = T_0$，热电偶的闭合回路中也不产生热电动势。

（3）如果热电偶两电极材料不同（材料分别为 A、B），且如果 T_0 保持不变即 $E(T_0)$ 为常数，则回路热电动势只是热电偶热端温度 T 的函数，即

$$E_{AB}(T, T_0) = E(T) - C$$

这表明，热电偶回路的总热电动势 $E_{AB}(T, T_0)$ 与热端温度 T 有单值对应关系，这是热电偶测温的基本公式。

5.2.2　热电偶的基本定律

热电偶的工作定律是通过对热电偶的电阻、电流和电动势关系的反复试验，在理论上深入研究论证得出的使用规律。

1. 均匀导体定律

由单一的均匀金属构成的热电偶闭合回路（即满足 $\sigma_A = \sigma_B, n_A = n_B$），无论冷热端的温差多大，也不会产生热电动势。

此定律可用于对热电偶电极丝材质的均匀性检验，即将热电偶电极首尾相接，如图5.5所示，在任意位置加温，观测检流计的指针是否摆动。指针摆动，说明回路中有热电动势，该电极丝材质不均匀。

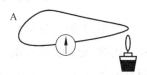

图 5.5　均匀导体定律

2. 中间导体定律

用热电偶测量温度时，回路中总要接入仪表和连接导线，即插入第三种材料 C，如图5.6所示。假设三个节点的温度均为 T_0，回路的总热电动势为

$$E_{ABC}(T_0) = E_{AB}(T_0) + E_{BC}(T_0) + E_{CA}(T_0) = 0 \tag{5-7}$$

若 A、B 节点的温度为 T，其余节点的温度为 T_0，且 $T > T_0$，则回路的总热电动势为

$$E_{ABC}(T, T_0) = E_{AB}(T_0) + E_{BC}(T_0) + E_{CA}(T_0) = 0 \tag{5-8}$$

由式(5-7)可得

$$E_{AB}(T, T_0) = -\left[E_{BC}(T_0) + E_{CA}(T_0)\right] \tag{5-9}$$

将式(5-9)代入式(5-8)可得

$$E_{ABC}(T, T_0) = E_{AB}(T) - E_{AB}(T_0) = E_{AB}(T, T_0) \tag{5-10}$$

由此证明,在热电偶回路中插入测量仪表或第三种材料,只要插入的材料两端的温度相同,则插入后对回路热电动势没有影响。利用中间导体定律可以用第三种廉价导体将测量时的仪表和观测点延长至远离热端的位置,而不影响热电偶的热电动势值。

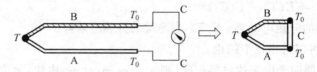

图 5.6　中间导体定律

3. 中间温度定律

任何两种均匀材料构成的热电偶,节点温度为 T、T_0 时的热电动势等于此热电偶在节点温度为 T、T_n 和 T_n、T_0 的热电动势的代数和,如图 5.7 所示,即

$$E_{AB}(T, T_0) = E_{AB}(T, T_n) + E_{AB}(T_n, T_0)$$

式中,T_n 称为中间温度。

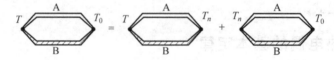

图 5.7　中间温度定律

中间温度定律是制定热电偶的分度表的理论基础。热电偶的分度表都是以冷端为 0℃ 时做出的。而在工程测试中,冷端往往不是摄氏零度,这时就需要利用中间温度定律修正测量的结果。

5.2.3　热电偶的冷度温度补偿

热电偶输出的热电动势是两节点温度差的函数。为了使输出的热电动势是被测温度的单一函数,通常要求冷端 T_0 保持恒定。而热电偶分度表是以冷端等于 0℃ 为条件的,因此,只有满足 $T_0=0$ 的条件,才能直接应用分度表。所以使用热电偶测温时,冷端若不是 0℃,测温结果必然会有误差。一般情况下,只有在实验室才可能有保证 0℃ 的条件。而通常的工程测试中,冷端温度大都处在室温或一个波动的温度区,这时要测出实际的温度,就必须采取修正或补偿措施。

1. 冰点法

这种方法是把热电偶的冷端直接放置在恒为 0℃ 的恒温湿容器中,不需要考虑冷端温度补偿或修正。为了获得 0℃ 的温度条件,需专门设置冰点容器。一般是将纯净的水与冰混合,在一个大气压下冰水共存时,其温度即为 0℃。

冰点法是一种准确度较高的冷端处理法,但使用起来比较麻烦,需要保持冰水两相共存,故仅适用于实验室。工业生产过程和现场测温时使用极为不便。

2. 温度修正法

在实际使用中,热电偶冷端保持 0℃ 很不方便,但总可以保持在某一不变的温度下,此时可以采用冷端温度修正方法。根据中间温度定律,有

$$E_{AB}(T,T_0) = E_{AB}(T,T_n) + E_{AB}(T_n,T_0)$$

由上式可知,当冷端温度不是 0℃,而是 T_n 时,热电偶输出的热电动势为 $E_{AB}(T,T_n)$,而不是 $E_{AB}(T,T_0)$,故不能直接查分度表。还须加上 $E_{AB}(T,T_0)$,才可以用分度表由 $E_{AB}(T,T_0)$ 查得被测对象温度 T 的正确值。

3. 补偿导线法

实际应用时,为保持热电偶冷端温度 T_0 的稳定,减小冷端温度变化产生的误差,需要将热电偶的冷端延伸到数十米外的仪器或控制器中。根据中间导体定律,可以用第三种廉价导体将测量时的仪表和观测点延长至远离热端的位置,而不影响热电偶的热电动势值。这种补偿导线应选用直径大、导热系数大的材料制作,以减小热电偶回路的电阻,节省电机材料,同时,补偿导线的热电性能还应与电极丝相匹配。表 5-1 所示为补偿导线的分类型号和分度号。

表 5-1 补偿导线的分类型号和分度号

补偿导线型号	配用热电偶的分度号	补偿导线合金丝		补偿导线颜色	
		正极	负极	正极	负极
SC	S 型	SPC	SNC	红	绿
KC	K 型	KPC	KNC	红	蓝
KX	K 型	KPX	KNX	红	黑
EX	E 型	EPX	ENX	红	棕
JX	J 型	JPX	JNX	红	紫
TX	T 型	TPX	TNX	红	白

4. 补偿系数修正法

利用中间温度定律可以求出 $T_0 \neq 0$ 时的热电动势。该法较精确,但烦琐。因此,工程常用补偿系数修正法实现补偿。设冷端温度为 T_0,此时测得温度为 T_1,其实际温度应为

$$T = T_1 + kT_0$$

式中 k 为修正系数。几种常用热电偶的修正系数 k 值如表 5-2 所示。

5. 补偿电桥法

补偿电桥法是指利用不平衡电桥产生的电动势来补偿热电偶因冷端温度变化而引起的热电动势变化值,补偿原理如图 5.8 所示。

表 5-2　几种常用热电偶的修正系数 k 值

工作端温度 $T/℃$	热电偶种类				
	铜-康铜	镍铬-康铜	铁-康铜	镍铬-镍硅	铂铑-铂
0	1.00	1.00	1.00	1.00	1.00
20	1.00	1.00	1.00	1.00	1.00
100	0.86	0.90	1.00	1.00	0.82
200	0.77	0.83	0.99	1.00	0.72

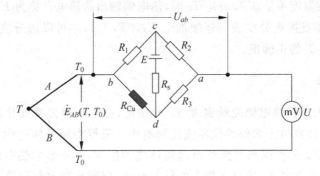

图 5.8　补偿电桥法

补偿电桥桥臂电阻 R_1、R_2、R_3 和 R_{Cu} 与热电偶冷端处于相同的环境温度下,其中 $R_1 = R_2 = R_3$,都是锰铜线绕电阻,电阻温度系数很小。R_{Cu} 是铜导线绕制的补偿电阻。E 为桥路电源,R_s 是阻流电阻,其阻值取决于热电偶材料。

使用时,选择 R_{Cu} 的阻值使桥路在某一温度时处于平衡状态,此时电桥输出 $U_{ab} = 0$。当冷端温度升高时,R_{Cu} 随着增大,电桥失去平衡,U_{ab} 也随着增大,而热电偶的热电势 E_{AB} 随着冷端温度的升高而减小。如果 U_{ab} 的增加量等于 E_{AB} 的减少量,那么 $U(U = E_{AB} + U_{ab})$ 的大小就不随冷端温度而变化。

设计时,在 0℃下使补偿电桥平衡($R_1 = R_2 = R_{Cu}$),此时 $U_{ab} = 0$,电桥对仪表读数无影响,并在 0～40℃或 -20～20℃ 的范围起补偿作用。

5.2.4　热电偶传感器的应用

我国火电厂主蒸汽温度的测量大都采用 K 型热电偶作为一次元件,目前存在着测温精度不高的问题。为了提高主蒸汽温度测量的准确性,用 N 型热电偶替换 K 型热电偶是一个有效的技术措施。目前 N 型热电偶已在火电厂主蒸汽温度测量中应用。N 型热电偶具有热电特性稳定,使用寿命长和非线性误差小等优点,提高主蒸汽温度测量的精度,满足了火电机组运行规程的要求。在用 N 型热电偶测量主蒸汽温度成功应用的基础上,也可以用 N 型热电偶测量过热器和汽缸等金属壁的温度。

大量的实践表明,N 型热电偶在测量主蒸汽温度上具有以下优点:

(1) N 型热电偶在 250～550℃ 范围内的热循环稳定性明显高于 K 型热电偶,因此,用 N 型热电偶测主蒸汽温度可提高监控系统的准确性和可靠性,从而保证了火力发电机组的安全和经济运行。

（2）N 型热电偶的高温稳定性和寿命较 K 型热电偶有成倍的提高。因此，在用 N 型热电偶测量主蒸汽温度成功应用的基础上，可进行用 N 型热电偶测过热器和汽缸等金属壁温的试验研究，这对保证仪表的完好率，降低仪表的故障率有着十分重要的意义。

（3）用 N 型热电偶替换 K、E、J、T 型热电偶和部分 S 型热电偶的技术措施是可行的，这不但可以大大简化测温元件和仪表的品种，而且给测温元件和仪表的生产、使用和管理带来极大的方便和明显的经济效益。

（4）随着 N 型热电偶生产量的增加，其价格还会明显下降，预计不会高于 K 型热电偶的价格。用 N 型热电偶替换 K 型热电偶测量主蒸汽温度的应用实践表明，N 型热电偶具有热电特性稳定，使用寿命长和非线性误差小等优点。因此，N 型热电偶有全面替换金属（K、E、J、T）和部分贵金属热电偶（S）的趋势，它在火电厂有广阔的应用前景。

5.3 热释电红外传感器

5.3.1 热释电红外传感器工作原理

热释电红外传感器是一种检测物体辐射能量的传感器，它是 PZT 等晶体结构的表面电荷极化随其温度变化而变化的传感器。

自然界的任何物体，只要其温度高于绝对零度（$-273℃$），就会不断地向外辐射红外线，并以光的速度传播能量。物体向外辐射的红外能量与物体的温度和红外辐射的波长有关。假定物体发射红外辐射的峰值波长为 r，它的温度为 T，则辐射能量等于红外辐射的峰值波长 r 与物体温度 T 的乘积。这一乘积为一常数，即约为 $3000(\mu m \cdot K)$。物体的温度越高，发出红外辐射的能量也越大，而红外辐射的峰值波长越小。

图 5.9 为热电传感器的原理图，这里示出表面电荷随温度变化的移动情况。图 5.9（a）是电荷固定不动的情况，图 5.9（b）表示在红外能量照射下电荷移动的情况。当红外线照射热释电元件时，其内部极化作用有很大的变化，其变化部分有电荷释放出来，从外部取出该电荷就变成传感器的输出电压。

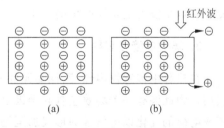

图 5.9 热式电红外传感器的原理图

自发极化的铁电体平时靠捕捉大气中的浮游电荷保持平衡状态。当受到红外辐射后，其内部温度将会升高，介质内部的极化状态便随之降低，它的表面电荷浓度也相应降低。这也就相当于"释放"了一部分电荷，这种现象称为电介质的热释电效应。将释放出的电荷通过放大器放大后就成为一种控制信号，利用这一原理制成的红外传感器称为热释电红外传感器。

需要指出的是，如果红外辐射持续下去，电介质的温度就会升到新的平衡状态，表面电荷也同时达到平衡。这时它就不再释放电荷，也就不再有信号输出了。因此，对于这类热释电红外传感器，只有在红外辐射强度不断变化，它的内部温度随之不断升降的过程中，感器才有信号输出,而在稳定状态下,输出信号则为零。因此在应用这类传感器时,应设法使红外辐射不断变化,这样才能使传感器不断有信号输出。为了满足这一要求,通常在热释电传感器的使用中,总要在它前面加装一个菲涅尔透境。

5.3.2 热释电红外传感器的结构

热释电传感器的封装形式分金属封装和塑料封装两种,其内部结构如图 5.10 所示。从内部结构分,有单探测元、双远近、四元件等。从波长分,1~20μm,用于温度测量;4~35μm,用于火焰测量;7~14μm,用于遥控。

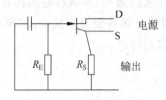

图 5.10 热释电红外传感器的封装形式

1. 滤光片

滤光片是在硅基板上镀膜制成的,为了抑制太阳光、灯光等对传感器的干扰,传感器采用滤光器片做窗口。人体辐射的红外线波长在 9.4μm 处最强,红外滤光片选取 7.5~14μm 波段。能有效地选取人体的红外线辐射,而对其他波长的红外辐射进行抑制,最后留下对人体敏感的热释红外线光谱。

2. 探测元件

热电探测元件是由高热电系数的锆钛酸铝(PZT)系陶瓷等材料构成的。这种强电介质的热电元件能够遥感人体发出的微量红外线,并明显地觉察到其相对温度的变化过程,使探测元件的自发极化值发生变化,即产生热电效应。热释电器件内装两个极性相反的陶瓷电容元件,串联在同一晶片上,当环境温度变化引起晶片温度变化时,两个探测元件产生的热释电信号相互抵消,起到补偿的作用。在实际使用过程中,通过透镜将外来红外辐射汇聚在一个探测元件上,它产生的信号被保存。有的器件内装一个陶瓷元件,其目的在于抑制因探测元件自身温度变化而产生的干扰。

3. 场效应管匹配器

在热释电传感器内部,因探测元件材料阻值很高,必须用场效应管进行阻抗匹配,才能使用。为此装有一个场效应管和栅极电阻 R_E,R_E 与探测元并接,它能将探测元表面的极化值或电荷的变化以电信号的形式加至场效应管的栅极。场效应管起阻抗变换作用。场效应管具有输入阻抗极高,而输出阻抗低的特点。通过场效应管的匹配和放大,在它的源极输出反映外来红外线能量变化的相应幅度的电脉冲,其脉冲频率一般为 0.3~5Hz。场效应管的输出阻抗为 10~47kΩ。

使用热释电传感器需要注意两个问题:一是环境温度变化引起的误动作;二是使用光调制器时的误动作。由于热释元件对温度变化非常敏感,当环境温度急剧变化时,输出的信号是无用的,为此,应当用保温装置,使热容量恒定不变。被测物体的位置不能改变,一般在被测物体的附近设置光调制器,这时,热释电传感器的输出信号是地面与被测物体的红外能量的差值。若光调制器放在元件的前面,则要考虑光调制器发出的红外线的影响,这时,热释电元件的输出信号是光调制器与被测物体的红外能量的差值。由于被测物体的红外能量非常少,当光调制器的温度较高时,输出信号远远超过正常范围,所以这种信号是不真实的。

5.3.3 热释电红外传感器的应用

非接触红外测温仪是利用热辐射体在红外波段的辐射通量来测量温度的。

当物体的温度低于1000℃时,它向外辐射的不再是可见光而是红外光了,可用红外探测器检测温度。并且,如果采用滤光片分离出所需波段的滤光片,就可以使红外测温仪工作在任意红外波段。

目前常见的红外测温仪如图5.11所示,是一个光、机、电一体化的红外测温系统。图中的光学系统是一个固定焦距的透射系统。滤光片一般采用只允许8~14/2m的红外辐射能通过的材料。步进电机带动调制盘转动,将被测的红外辐射调制成交变的红外辐射线。红外探测器为单元(钽酸锂)热释电探测器,透镜的焦点落在其光敏面上。这样被测目标的红外辐射就通过透镜聚焦,经调制落在红外探测器上,红外探测器将红外辐射变换为电信号输出,之后,该电信号经前置放大、选频放大、同步检波、温度修正、线性化处理,最后经A/D转换,由数码管显示系统所测到的温度。

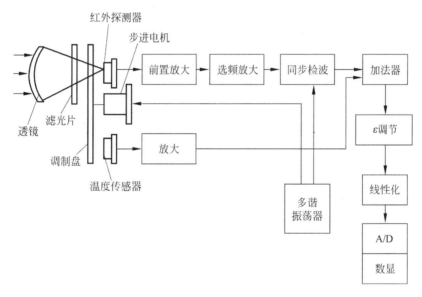

图 5.11 红外测温仪框图

习题 5

1. 如何扩大热电偶的工作范围?
2. 温度补偿在何种场合会用到?
3. 各种温度传感器的器件不一样,有统一的必要和共同关注的特性吗?

参考文献

[1] 何勇,王生泽.光电传感器及其应用.北京:化学工业出版社,2004-6.

[2] 程德福,王君,凌振宝,等.传感器原理及应用.北京:机械工业出版社,2007.

[3] 刘迎春,叶湘滨.传感器原理设计与应用.长沙:国防科技大学出版社,2002.

[4] 黄素逸.动力工程现代测试技术.武汉:华中科技大学出版社,2001.

[5] 黄贤武,郑校霞.传感器原理与应用.成都:电子科技大学出版社,1995.

[6] 韩裕生,乔治花,张金.传感器技术及应用.北京:电子工业出版社,2013-1.

[7] 樊尚春.传感器技术新发展[J].世界电子元器件,2002(12):26-27.

第6章

声传感器

机械振动在空气中的传播称为声波,更广泛地将物体振动发出的并能通过听觉产生印象的波都称为声波,因此,声波是一种机械波。传播声波的连续媒质可以看作由许多紧密相连的微小体积元 dV 组成的物质系统,体积元内的媒质可以当作集中在一点、质量等于 ρdV 的质点(ρ 为媒质的密度,是随时间和坐标变化的)。在平衡状态时系统可以用体积 V_0(或密度 ρ_0)、压强 P_0 和温度 T_0 等状态参数来描述,此时组成媒质的分子在不停地运动着,在时间 t 内体积元中流入的质量相同,即质量不变。

声传感器的种类很多,下面主要介绍声敏传感器、声电传感器、超声波传感器。

6.1 声敏传感器

6.1.1 声敏传感器简述

声敏传感器是一种将在气体、液体或固体中传播的机械振动转换成电信号的器件或装置,它采用接触或非接触的方法检测信号。

声敏传感器的种类很多,详细分类列于表 6-1 中。

表 6-1 声敏传感器分类

分 类	原 理	传 感 器	构 成
电磁变换	动电型	动圈式麦克风 扁型麦克风 动圈式拾音器	线圈和磁铁
	电磁型	电磁型麦克风(助听器) 电磁型拾音器 磁记录再生磁头	磁铁和线圈 高导磁率合金 或铁氧体和线圈
	磁致伸缩型	水中受波器 特殊麦克风	镍和线圈 铁氧体和线圈
静电变换	静电型	电容式麦克风 驻极体麦克风 静电型拾音器	电容器和电源 驻极体
	压电型	麦克风 石英水声换能器	罗息盐,石英,压电 高分子(PVDF)
	电致伸缩型	麦克风 水声换能器 压电双晶片型拾音器	钛酸钡($BaTiO_3$) 锆钛酸铅(PZT)

续表

分　类	原　理	传　感　器	构　成
电阻变换	接触阻抗型	电话用碳粒送话器	炭粉和电源
	阻抗变换型	电阻丝应变型麦克风	电阻丝应变计和电源
		半导体应变变换器	半导体应变计和电源
光电变换	相位变化型	干涉型声传感器	光源,光纤和光检测器
		DAD 再生用传感器	激光光源和光检测器
	光量变化型	光量变化型声传感器	光源,光纤和光检测器

6.1.2　声敏元件

常用敏感元件的分类有:

物理类:基于力、热、光、电、磁和声等物理效应。

化学类:基于化学反应的原理。

生物类:基于酶、抗体和激素等分子识别功能。

根据基本感知功能可分为热敏元件、光敏元件、气敏元件、力敏元件、磁敏元件、湿敏元件、声敏元件、放射线敏感元件、色敏元件和味敏元件十大类。

根据传感器工作原理不同,可分为物理传感器和化学传感器两大类:物理传感器应用的是物理效应,诸如压电效应,磁致伸缩现象,离化、极化、热电、光电、磁电等效应。被测信号量的微小变化都将转换成电信号;化学传感器包括那些以化学吸附、电化学反应等现象为因果关系的传感器,被测信号量的微小变化也将转换成电信号。

目前大多数传感器是以物理原理为基础运作的。而化学传感器由于牵涉到的技术问题较多,例如:可靠性问题,规模生产的可能性,价格问题等,如果解决了这类难题,化学传感器的应用将会飞速增长。

6.1.3　声敏传感器应用

1. 电阻变换型声敏传感器

按照转换原理将这类传感器分为接触阻抗型和阻抗变换型两种。接触阻抗型声敏传感器的一个典型实例是碳粒式送话器。图 6.1 为其工作原理图。

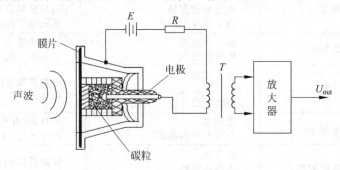

图 6.1　碳粒式送话器工作原理图

　　当声波经空气传播至膜片时,膜片产生振动,使膜片和电极之间碳粒的接触电阻发生变化,从而调制通过送话器的电流,调制后的电流经变压器耦合至放大器经放大后输出。

　　阻抗变换型声敏传感器由电阻丝应变片或半导体粘贴在膜片上构成。当声压作用在膜片上时,膜片产生变形,使应变片的阻抗发生变化,检测电路将这种变化转换为电压信号输出。

2. 压电声敏传感器

　　压电声敏传感器是利用压电晶体的压电效应制成的。如图6.2所示为压电传感器的结构图。压电晶体的一个极面和膜片相连,当声压作用在膜片上使其振动时,膜片带动压电晶体产生机械振动,压电晶体在机械应力的作用下产生随所受压力大小变化而变化的电压,从而实现声-电转换。压电声敏传感器可广泛应用于水声器件、微音器和噪声计等方面。图6.3为压电微音器结构图。如图6.4所示为压电声敏传感器在噪声计上的应用电路。

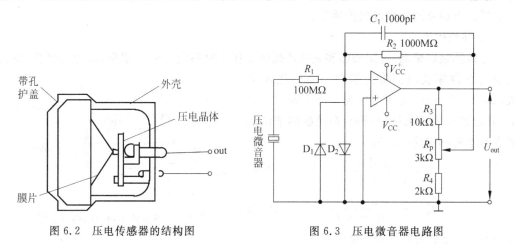

图 6.2　压电传感器的结构图　　　　　图 6.3　压电微音器电路图

3. 电容式声敏传感器

　　如图6.5所示为电容式送话器的结构示意图。它由膜片、外壳及固定电极等组成,膜片为一片质轻而弹性好的金属薄片,它与固定电极组成一个间距很小的可变电容器。

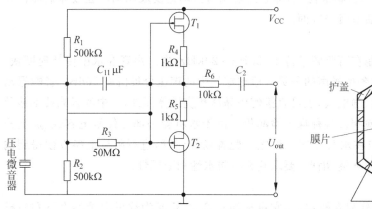
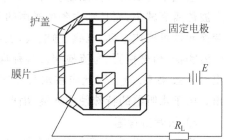

图 6.4　压电微音器的噪声计应用　　　　图 6.5　电容式送话器的结构示意图

当膜片在声波作用下振动时，膜片与固定电极之间的距离发生变化，从而引起电容量的变化。如果在传感器的两极间串接负载电阻 R_L 和直流电流极化电压 E，则在电容量随声波的振动变化时，R_L 的两端会输出交变电压。

电容式声敏传感器的输出阻抗为容性，由于其容量小，因此在低频情况下其容抗很大，为保证其在低频时的灵敏度，必须有一个输入阻抗很大的变换器与其相连，经阻抗变换后，再由放大器对灵敏度进行放大。

4. 音响传感器

音响传感器包括：将声音载于通信网的电话话筒；将可听频带范围(20Hz～20kHz)的声音真实地进行电变换的放音、录音话筒；从媒质所记录的信号还原成声音的各种传感器等。根据不同的工作原理(有电磁变换、静电变换、电阻变换、光电变换等)，可制成多种音响传感器。下面介绍几种音响传感器。

1) 驻极体话筒

驻极体是以聚酯、聚碳酸酯和氟化乙烯树脂作为材料的电介质薄膜，其内部极化，电荷被固定在薄膜表面。将薄膜的一个面做成电极，如图 6.6 所示，与固定电极保持一定的间隙 d_0，并配置与固定电极的对面，在薄膜的单位电极表面上所感应的电荷为

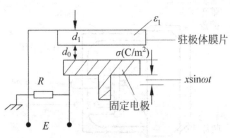

图 6.6　驻极体话筒的结构示意图

$$Q = \frac{\varepsilon_1 d_0 \sigma}{\varepsilon_1 d_0 + \varepsilon_0 d_1} \qquad (6\text{-}1)$$

$$Q = -\frac{\varepsilon_0 d_1 \sigma}{\varepsilon_1 d_0 + \varepsilon_0 d_1} \qquad (6\text{-}2)$$

式中，ε_0、ε_1 分别为各部分的电介质系数。

设图 6.6 中系统的合成电容为 $C(F)$ 时，驻极体膜片(或固定电极)以角频率 ω 振动，若 $R \gg \omega C$，则来自外部的电荷不能移动，从而在电极间产生电位差，即

$$E = \frac{d}{\varepsilon_0} \times \sin\omega t = -\frac{d_1 \sigma}{\varepsilon_1 d_0 + \varepsilon_0 d_1} \times \sin\omega t \qquad (6\text{-}3)$$

式(6-3)表明输出电压与位移成比例，即短路电流与振动速度成比例。驻极体话筒体积小，质量轻，多用于电视讲话节目等方面。

2) 水听器

空气中的话筒大多限制在可听频带范围(20Hz～20kHz)内。声音在水中传播速度快，声波传播衰减小，而且水中各种噪声的分贝一般比空气中的声压分贝值高 20dB。音响振动变换元件可换成电动、电磁、静式，也可直接使用晶体和烧结体元件，水中的音响技术涉及深海测探、鱼群探测、海流检测及各种噪声检测等。由于水听器头部元件呈电容性，加上输出电压效果不理想，因此应在水听器的元件之后配置场效应管，进行阻抗变换以便得到输出。由于水听器的特殊使用环境，因此，要求其具有防水性和耐压性。

3) 录音拾音笔

拾音笔由机-电变换部分和支架构成，它可检测录音机 V 形沟纹里记录的上下左右振动，其芯子大致可分为速度比例式(分为电动式和电磁式)与位移比例式(分为静电式、压电

式和半导体式)。大多数电动芯子的线圈中都包含磁芯,由振动线圈本身交链磁通的变化($\mathrm{d}\Phi/\mathrm{d}t$)产生输出电压,其磁性材料广泛使用坡莫合金。电磁式有动磁式(MM 型)、动铁式(MI 型)、磁感式(IM 型)和可变磁阻式等。

4) 动圈式话筒

动圈式话筒的结构是由磁铁和软铁组成磁路,磁场集中在磁铁芯柱与软铁形成的气隙中。在软铁的前部装有振动膜片,它的上面带有线圈,线圈套在磁铁芯柱上,位于强磁场中。当振动膜片收到声波作用时,带动线圈切割磁力线,产生感应电动势,从而将声信号转变为电信号输出。由于线圈圈数很少,因而在输出端连接有升压变压器,以提高输出电压。

5) 医用音响传感器

为了诊断疾病,常检测体内诸器官所发出的声音,如心脏的跳动声、心杂音、胎儿心脏的跳动声等。用于检测身体内所发出的各种声音的传感器有以下几种。

① 心音计。

检测向胸腔壁传播的心脏跳动声、心脏杂音的信号,并通过放大器和滤波器加以组合,就可获得胸部的特定部位随时间变化的波形,根据波形就可进行诊断。

② 心音导管尖端式传感器。

它是将压力检测元件配置在心音导管端部的、小型的探头形的传感器,用于测定血压、检测心音,并可检测心杂音的发生部位。

6.2 声电传感器

声电传感器是一种把声能转换成电能的器件。利用电磁感应、静电感应或压电效应等来完成声能与电能的转换,主要有话筒、压电陶瓷、超声波接发器等。声电传感器有逆变功能器件,就是电声器件。

6.2.1 声电传感器工作原理

声电和振动类传感器电路是以声电和振动类传感器为核心的测量、控制及应用电路,正确选择声电和振动类传感器是实现声电和振动类测量和控制的关键。由于声电和振动类传感器已经把声源(振源)能转换为电能信息,所以除了声电和振动类传感器,驱动电路是必需的电路。执行机构是终端,它可以采用不同的执行模式,一般是光、电、声、机械模式。

无论是声音还是振动,它只是作为传感器的能源,而能量由能源物体(声源或振源)转换成机械能,再由传感器转换成电能。所以声电和振动类传感器电路是由声源或振源、能量(机械能)转换器件和控制电路组成的。声电传感器电路图如图 6.7 所示。

图 6.7 声电传感器电路图

声电效应是指声音传输到物体上,能够产生电流效应的作用。一般来说声音强度越强产生的电流越大。除利用一些电磁现象外,压电陶瓷和特殊半导体材料也是产生声电效应最好的器件。同样振动传输到物体上,一些物体同样能够产生电流效应,如压电陶瓷等。

压电陶瓷换能器的原理是:当对这种陶瓷片施加压力或拉力时,它的两端会产生极性相反的电荷,通过回路而形成电流。这种效应称为压电效应。如果把用这种压电陶瓷做成的换能器放在水中,那么在声波的作用下,在其两端便会感应出电荷来,这就是声波接收器。而且,压电效应是可逆的,假如在压电陶瓷片上施加一个交变电场,陶瓷片就会时而变薄时而变厚,同时产生振动,发射声波。这样超声波发射器的问题也就解决了。

压电效应是指某些电介质在沿一定方向上受到外力的作用而变形时,其内部会产生极化现象。同时在它的两个相对表面上出现正负相反的电荷。当外力去掉后,它又会恢复到不带电的状态,这种现象称为正压电效应。当作用力的方向改变时,电荷的极性也随之改变。相反,当在电介质的极化方向上施加电场时,这些电介质也会发生变形。电场去掉后,电介质的变形随之消失,这种现象称为逆压电效应,或称为电致伸缩现象。

正压电效应是指,当晶体受到某种固定方向外力的作用时,内部就产生电极化现象,同时在某两个表面上产生符号相反的电荷。当外力撤去后,晶体又恢复到不带电的状态。当外力作用方向改变时,电荷的极性也随之改变。晶体受力所产生的电荷量与外力的大小成正比。

逆压电效应是指对晶体施加交变电场引起晶体机械变形的现象。用逆压电效应制造的变送器可用于电声和超声工程。压电敏感元件的受力变形有厚度变形型、长度变形型、体积变形型、厚度切变型、平面切变型5种基本形式。压电晶体是各向异性的。并非所有晶体都能在这5种状态下产生压电效应。例如石英晶体就没有体积变形压电效应,但它具有良好的厚度变形和长度变形压电效应。

6.2.2　声电传感器应用举例

1. 话筒

拾音器又称换能器,它是将声音转换成要输送至传声器前置放大器的电压的过程中最基本的设备。传声器把声能转换为电能,而扬声器则恰恰相反。话筒按换能原理的不同分为4类:碳粒式、陶瓷式、动圈式以及电容式。

碳粒式话筒:是最早的传声器之一,它主要利用碳粒对声音信号振动的反应,然后改变与其相连的电能元件的电压,最后产生和声压成比例的电压。这种原理产生于电话的发明,百年来一直被用于电话工业,在人们日常生活中是很常见的。它的缺点是接收声音频率范围小,人耳的听力范围是20Hz~20kHz,而这类话筒接收不了这么宽广范围的频率。

陶瓷式话筒:某种结晶质或玻璃材料在受到振动的冲击时,会直接产生电压。这样就形成了陶瓷式话筒。它的缺点也是很难接收到宽广的频率范围,但是在电影录音中常被用于水下录音,被称为水听器。

动圈式话筒:一般的演出或者KTV场所多用的是此类话筒,它以结实著称。它利用电磁变换原理。导体是安置在一个线圈中并与振膜相连的被绝缘的电线。振膜运动会引起线圈的运动,当导体切割磁力线时在其终端产生一个电压。动圈话筒多为心形指向。设计精良的动圈话筒常用于电影和音乐录音中。

电容式话筒:它是电影和音乐录音中的主角。录音师通过利用不同品牌和设计理念的电容话筒去捕捉不同音色的声音。电容式话筒只有一个可移动部分即振膜。振膜和固定极板之间形成一个电容,声压对振膜的作用会挤压它,然后形成输出端电压的变化。这样的设计非常适合捕捉细微的声音,这也就是为什么电容式话筒灵敏度既高而又能收录宽广的频率范围。按照振膜的大小不同,电容式话筒又分为大振膜和小振膜两种。大振膜话筒声音有张力,而小振膜话筒更加灵敏,且高频声音的反应好。

声音经过话筒之后还要通过放大才能进入载体或者录音机器,这期间要通过调音台,话筒将声音转化为电信号输入调音台,但是这个信号相对很微弱,这就需要放大。所以话筒放大器就必不可少。而且电容话筒还需要提供48V或者130V的换向供电,这就是话放。话放的电阻要比话筒的电阻高很多,这样就使得从话筒传来的信号得到放大。话放要保证经过放大的信号不会失真,那么话放的动态范围要能容纳话筒的信号。

2. 压电陶瓷的应用

压电陶瓷对外力的敏感性强,它甚至可以感应到十几米外飞虫拍打翅膀对空气的扰动,并将极其微弱的机械振动转换成电信号。利用压电陶瓷的这一特性,可应用于声纳系统、气象探测、遥测环境保护、家用电器等方面。

在潜艇上都装有声纳系统。它是水下导航、通信、侦察敌舰、清扫水雷等不可缺少的设备。它可以用于开发海底资源如探测鱼群、勘查海底地形地貌等。压电陶瓷水声换能器发射出的声音信号碰到一个目标后就会产生反射信号,这个反射信号被另一个接收型水声换能器所接收,于是就可以发现目标。

在医学上,医生将压电陶瓷探头放在人体的检查部位,超声波发出信号传到人体内部,当碰到人体的组织后会产生回波,然后把这回波接收下来,显示在荧光屏上,医生便能了解人体内部状况;在工业上,超声波可用于对金属进行无损探伤,以及超声清洗。在地质探测中可以帮助判断地层的地质状况,查明地下矿藏。

6.3 超声波传感器

在超声波检测技术中,通过超声波仪器首先将超声波发射出去,再将接收回来的超声波变换成电信号,完成这些工作的装置称为超声波传感器。习惯上把发射部分和接收部分均称为超声波换能器,有时也称为超声波探头。利用超声波传感器可进行液位、流量、速度、浓度、厚度等测量,还可以进行材料的无损探伤。

6.3.1 超声波传感器的工作原理

超声波传感器利用压电效应的原理,压电效应有逆效应和顺效应,超声传感器是可逆元件,超声波发送器就是利用压电逆效应的原理,在压电元件上施加电压,元件产生变形即称应变。若在如图6.8(a)所示的已极化的压电陶瓷上施加如图6.8(b)所示极性的电压,外部正电荷与压电陶瓷的极化正电荷相斥,同时,外部负电荷与极化负电荷相斥。由于相斥的作用,压电陶瓷在厚度方向上缩短,在长度方向上伸长。若外部施加电压的极性变反,如图6.8(c)所示,压电陶瓷在厚度方向上伸长,在长度方向上缩短。

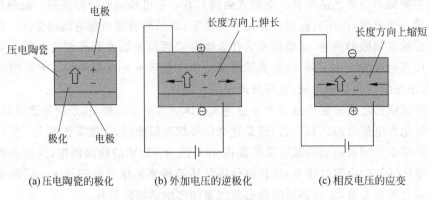

(a)压电陶瓷的极化　　(b)外加电压的逆极化　　(c)相反电压的应变

图 6.8　压电逆效应

图 6.9 是采用双晶振子的超声波传感器的工作原理示意图。若在发送器的双晶振子（谐振频率为 40kHz）上施加 40kHz 的高频电压，压电陶瓷片就根据所加的高频电压极性伸长或缩短，于是就能发送 40kHz 的超声波。超声波以疏密波的形式传播给超声波接收器。超声波接收器利用压电效应原理制成，它在压电元件的特定方向上施加压力使元件产生应变，产生一面为正极，另一面为负极的电压。

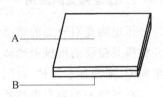

图 6.9　双压电晶片示意图

6.3.2　超声波的基本特性

1. 超声波及其物理性质

根据声波频率的范围，声波可分为声波、次声波和超声波。

（1）可闻声波：声波频率为 20Hz～20kHz、能为人耳所闻的机械波。

（2）次声波：频率低于 20Hz 的机械波。

（3）超声波：频率高于 20kHz 的机械波。

（4）频率为 $3 \times 10^8 \sim 3 \times 10^{11}$ Hz 的称为微波。超声波的频率越高，就越接近光学的反射、折射等特性。声波频率界限图如图 6.10 所示。

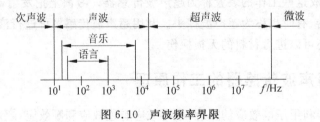

图 6.10　声波频率界限

超声波波长、频率与速度的关系为

$$c = \lambda f \tag{6-4}$$

式中，λ 为超声波的波长；f 为超声波的频率。

超声波的特性是频率高、波长短、绕射现象小。它最显著的特性是方向性好，且在液体、固体中衰减很小,穿透本领大,碰到介质分界面会产生明显的发射与折射,因而广泛应用于工业检测中。

2. 超声波的波形

由于声源在介质中的施力方向与波在介质中的传播方向不同,声波的波形也有所不同,通常有:

纵波,质点的振动方向和波的传播方向一致的波。它能在固体、液体和气体中传播。

横波,质点的振动方向和波的传播方向垂直,它只能在固体中传播。

表面波,质点的振动介于横波和纵波之间,沿着表面传播,振幅随着深度的增加而迅速衰减的波。表面波随深度的增加衰减很快,只能沿着固体的表面传播。因此,为了测量各种状态下的物理量,多采用纵波。

3. 超声波的传播速度

纵波、横波及表面波的传播速度,取决于介质的弹性常数及介质密度。气体和液体中只能传播纵波,气体中声速为344m/s,液体中声速为900～1900m/s。在固体中,纵波、横波和表面波三者的声速成一定关系。通常可认为横波声速为纵波声速的一半,表面波声速约为横波声速的90%。

4. 超声波的反射和折射

当超声波在传播过程中,遇到两种不同介质的分界面时,一部分将被反射,另一部分将透射过界面,产生折射,并在另一介质中继续传播,如图 6.11 所示。同样遵循反射定律和折射定律,即入射角的正弦与反射角的正弦之比等于入射波速与反射波速之比;入射角的正弦与折射角的正弦之比等于入射波速与折射波速之比。

反射: $$\frac{\sin\alpha}{\sin\alpha'} = \frac{C}{C'} \qquad (6\text{-}5)$$

折射: $$\frac{\sin\alpha}{\sin\beta} = \frac{C_1}{C_2} \qquad (6\text{-}6)$$

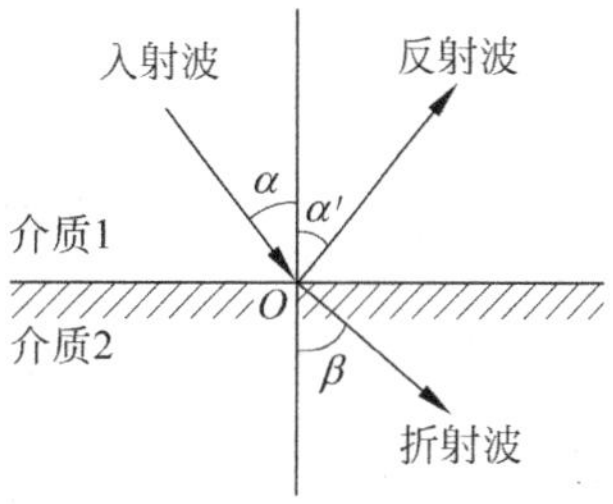

5. 超声波的衰减

超声波在介质中传播时,随着传播距离的增加,能量逐渐衰减。其声压和声强的衰减规律满足以下函数关系:

$$I_x = I_0 e^{-2\alpha x} \qquad (6\text{-}7)$$

图 6.11 超声波的反射和折射

式中,I_0 为声源处的声强;I_x 为距声源 x 处的声强;α 为衰减系数(单位为 $1 \times 10^{-3}\,\text{dB/mm}$),水和一般低衰减材料的 α 取值为 1～4。

6. 频率特性

图 6.12 为 MA40S2R/S 传感器的频率特性,它反映传感器的灵敏度与频率的关系。由图可见,发送与接收的灵敏度都是以标称频率为中心(波形的最高点)向两边逐渐降低的。为此,产生超声波时要充分考虑到偏离中心频率。在发射器的中心频率处,发射器所产生的

超声波最强,也就是超声波输出声压能达到最高;而在中心频率两侧,声压能迅速地减小。在使用中,一定要用接近中心频率的交流电压来驱动超声波发生器。

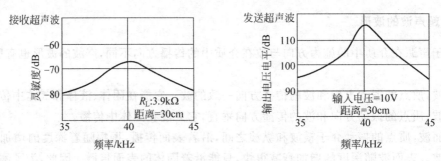

图 6.12　超声波传感器的频率特性

7. 指向性的特性

图 6.13 表示传感器指向性的特性,这种传感器在较宽范围内具有较高的检测灵敏度,因此,适用于物体检测与防范报警装置等。另外,对于这种传感器,一般来说温度越高,中心频率越低,为此,在宽范围环境温度下使用时,不仅在外部进行温度补偿,在传感器内部也要进行温度补偿。

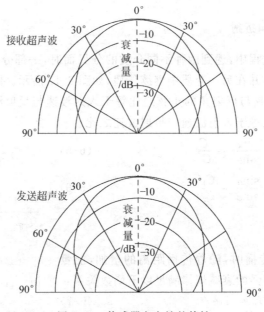

图 6.13　传感器方向性的特性

8. 阻频特性

阻频特性是指传感器的阻抗与频率之间的非线性关系。如果负载阻抗很大,频率特性是尖锐谐振的,并且在这个频率点上灵敏度最高。如果阻抗过小,频率特性变得较缓,通带较宽,灵敏度也随之降低。超声波在使用时,应与输入阻抗较高的前置放大器配合使用。

6.3.3　超声波传感器系统的构成

超声波传感器系统由发送器、接收器、控制部分以及电源部分构成,如图6.14所示。发送器常使用直径为15mm左右的陶瓷振子,将陶瓷振子的电振动能量转换为超声波能量并向空中辐射。除穿透式超声波传感器外,用作发送器的陶瓷振子也可用作接收器,陶瓷振子接收到超声波并产生机械振动,将其变换为电能量,作为传感器接收器的输出,从而对发送的超声波进行检测。

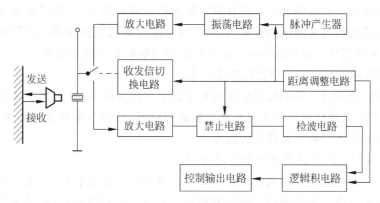

图 6.14　超声波传感器系统的构成

控制部分判断接收器的接收信号的大小或有无,作为超声波传感器的控制输出。对于限定范围式超声波传感器,通过控制距离调整回路的门信号,可以接收到任意距离的反射波。另外,通过改变门信号的时间或宽度,可以自由改变检测物体的范围。

超声波传感器的电源常由外部供电,一般为直流电压,电压范围为12～24V±10％V,再经传感器内部稳压电路变为稳定电压供传感器工作。

超声波传感器系统中的关键电路是超声波发生电路和超声波接收电路。在实际中采用电路的方法产生超声波,根据使用目的的不同来选用其振荡电路。

6.3.4　超声波传感器的性能指标

超声波传感器的主要性能指标如下:

(1) 工作频率。

工作频率就是压电晶片的共振频率。当加到它两端的交流电压的频率和晶片的共振频率相等时,输出的能量最大,灵敏度也最高。

(2) 工作温度。

由于压电材料的居里点一般比较高,特别是诊断用的超声波探头使用功率较小,所以工作温度比较低,可以长时间的工作而不产生失效。医疗用的超声探头的温度比较高,需要单独的制冷设备。

(3) 灵敏度。

它主要取决于晶片本身。如果机电耦合系数大,则灵敏度高;反之灵敏度低。工业机器人的超声波传感器要求其精确度要达到1mm,并且具有较强的超声波辐射。

检测方式如下：

(1) 穿透式超声波传感器的检测方式。

当物体在发送器与接收器之间通过时，检测超声波束衰减或遮挡的情况从而判断有无物体通过。这种方式的检测距离约为 1m，作为标准被检测物体使用 100mm×100mm 的方形板。与光电传感器不同，它也可以用于检测透明体等。

(2) 限定距离式超声波传感器的检测方式。

当发送超声波束碰到被检测物体时，仅检测电位器设定距离内物体反射波的方式，从而判断在设定距离内有无物体通过。若被检测物体的检测面为平面，则可检测透明体。若被检测物体相对传感器的检测面为倾斜面，则有时不能检测到被测物体。若被检测物体不是平面形状，实际使用超声波传感器时一定要确认是否能检测到被测物体。

(3) 限定范围式超声波传感器的检测方式。

在距离设定范围内放置的反射板碰到发送的超声波束时，则被检测物体遮挡反射板的正常反射波，若检测到反射板的反射波衰减或遮挡情况，就能判断有无物体通过。另外，检测范围也可以是距离切换开关设定的范围。

(4) 回归反射式超声波传感器的检测方式。

回归反射式超声波传感器的检测方式与穿透超声波传感器的相同，主要用于发送器设置与布线困难的场合。若反射面为固定的平面物体，则可用作回归反射式超声波传感器的反射板。另外，光电传感器所用的反射板也可以用于这种超声波传感器。这种超声波传感器可用脉冲式的超声波代替光电传感器的光，因此，可检测透明的物体。利用超声波的传播速度比光速慢的特点，调整用门信号控制被测物体反射的超声波的检测时间，可以构成限定距离式与限定范围式超声波传感器。

6.3.5　超声波传感器的应用举例

超声波测厚常用脉冲回波法，如图 6.15 所示。超声波探头与被测物体表面接触。主控制器产生一定频率的脉冲信号送往发射电路，经电流放大后激励压电式探头，以产生重复的超声波脉冲（输入信号），脉冲波传到被测工件另一面被反射回来（回波，输出信号），被同一探头接收。如果超声波在工件中的声速 c 已知，设工件厚度为 δ，脉冲波从发射到接收的时

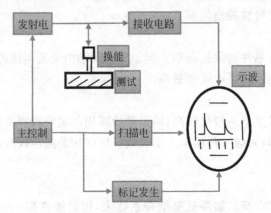

图 6.15　脉冲回波法超声测厚原理

间间隔 t 可以测量,因此可求出工件厚度为

$$\delta = ct/2 \tag{6-8}$$

超声波测厚仪是根据超声波脉冲反射原理来进行厚度测量的,当探头发射的超声波脉冲通过被测物体到达材料分界面时,脉冲被反射回探头,通过精确测量超声波在材料中传播的时间来确定被测材料的厚度。凡能使超声波以一恒定速度在其内部传播的各种材料均可采用此原理测量。按此原理设计的测厚仪可对各种板材和各种加工零件做精确测量,也可以对设备中各种管道和压力容器进行监测,监测它们在使用过程中受腐蚀后的减薄程度,可广泛应用于石油、化工、冶金、造船、航空、航天等各个领域。

习题 6

1. 如何判断某种压电薄膜材料(如 AlN)具有较好的声波传递性?
2. 声音传感器信号处理需要注意哪些问题? 如何处理?
3. 声波传感器具有振荡延迟现象,会影响探测精度,举 10 个例子,如何避免影响?

参考文献

[1] 张福学.传感器电子学.北京:国防工业出版社,1991-06.
[2] 陈宝江,翟勇,等.MCS 单片机应用系统实用指南.北京:机械工业出版社,1997-07.
[3] 何一鸣,等.传感器原理与应用.南京:东南大学出版社,2012-04.
[4] 魏学业.传感器技术与应用.武汉:华中科技大学出版社,2013-07.
[5] 蒋全胜,林其斌.传感器与检测技术.合肥:中国科技大学出版社,2013-01.
[6] 张金,乔志花,韩裕生.传感器技术及应用.北京:电子工业出版社,2013-02.
[7] 栾桂冬,张金铎,金欢阳.传感器及其应用.西安:西安电子科技大学出版社,2012-09.
[8] 王建,崔书华,邱鹏.传感器实用技术.北京:机械工业出版社,2012-06.
[9] 张培仁.传感器原理、检测及应用.北京:清华大学出版社,2012-09.
[10] 孟立凡.传感器原理与应用.北京:电子工业出版社,2011-04.
[11] 张洪润,张亚凡,邓洪敏.传感器原理与应用.北京:清华大学出版社,2008-09.

第7章

光传感器

光传感器,亦称光敏传感器,或称光电式传感器及光电探测器。它是一种能量转换器件,是利用各种手段将光能量变换成相应的电信号的器件,即把入射的电磁辐射能量(或称光能)转换成电能,通过对电能的精密测量,了解到该入射辐射能量的大小和性质,从中达到探测辐射(或光)能量的存在和所携带的信息的目的。

在自然界中,有许多物质,当被辐射后,它会使本身的电学性质发生变化。实践表明,这种变化的数量和入射辐射的强度具有严格的对应关系。现在对电学和电子学的测量并不是一件困难的事,准确地测量电流、电压、频率等都很容易。因此通过对电学量的简单测量,可把辐射量的存在,以及它所携带的信息探测出来。具有这种性质的材料称为光敏材料。用光敏材料制作成的探测器件并通过它可间接检测到光辐射所载的原始信息,就称为光传感器件。

光电式传感器是以光电器件作为转换元件的传感器的。它可用于检测直接引起光量变化的非电量,如光强、光照度、辐射测温、气体成分分析等;也可用来检测能转换成光量变化的其他非电量,如零件直径、表面粗糙度、应变、位移、振动、速度、加速度,以及物体的形状、工作状态的识别等。光电式传感器具有非接触、响应快、性能可靠等特点,因此在工业自动化装置和机器人中获得广泛应用。近年来,新的光电器件不断涌现,特别是 CCD 图像传感器的诞生,为光电传感器的进一步应用开创了新的一页。

7.1 光电效应与光电元件

光电传感器是通过光电转换元件将光能转换成电能的器件。早期的光电转换元件主要是利用光电效应原理制成的,有外光电效应的光电管和光电倍增管;内光电效应的光敏电阻、光导管;阻挡层光电效应的光敏二极管、光敏晶体管及光电池等。

7.1.1 外光电效应及器件

在光线作用下能使电子进出物体表面的现象称为外光电效应,如光电管和光电倍增管等就属于此类光电元件。

1. 光电管及其特径

真空光电管的结构如图 7.1 所示。在一个真空泡内装有两个电极:光电阴极和光电阳极。光电阴极通常是用逸出功率小的光敏材料(如铂)涂在玻璃泡内壁上做成的,其感光面对准光的入射孔。当光线照射到光敏材料上时,便有电子逸出,这些电子被具有正电位的阳极所吸引;在光电管内形成空间电子流,这时若外电路闭合就产生电流,在外电路串入一适当阻值的电阻,则在该电阻的电压降或电路中的电流大小都与光强成函数关系,从而实现了光电转换。

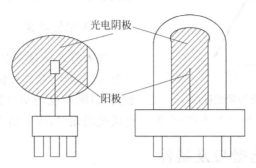

图 7.1 真空光电管的结构

1)光电管的伏安特性

光电流的大小是由射到光电阴极上的光通量(可简单理解为光强)决定的。当入射光的频谱及光通量一定时,阳极电流与阳极电压之间的关系称为伏安特性,如图 7.2 所示。当阳极电压比较低时,阴极所发射的电子只有一部分到达阳极,其余部分受光电子在真空中运动时所形成的负电场作用,回到光电阴极。随着阳极电压的增高,光电流随之增大。当阴极发射的电子全部到达阳极时,阳极电流便很稳定,称为饱和状态。

2)光电管的光电特性

光电特性表示当光电管的阳极和阴极之间所加电压一定时,光通量与光电流之间的关系,其特性曲线如图 7.3 所示。光电特性曲线的斜率(光电流与入射光光通量之比)称为光电管的灵敏度。

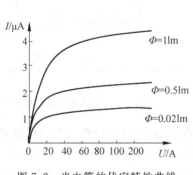

图 7.2 光电管的伏安特性曲线

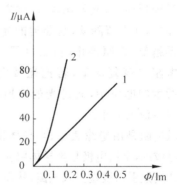

图 7.3 光电管的光电特性

1—氧铯阴极;2—锑铯阴极

3)光电管的光谱特性

由于光电阴极材料不同的光电管有不同的红限 γ_0,因此光电管对光谱也有选择性,如图 7.4 所示,保持光通量和阳极电压不变。阳极电流与光波长之间的关系称为光电管的光谱特性。可见,对各种不同波长区域的光,应选用不同材料的光电阴极。例如:国产 GD-4

型的光电管,阴极是用锑铯材料制成的,其红限 $\gamma_0=0.7\mu m$,它对可见光范围的入射灵敏度比较高,转换效率可达 $25\%\sim30\%$。这种管子适用于白光光源。因而被广泛地应用于各种光电式自动检测仪表中。

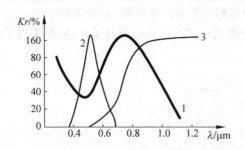

图 7.4　氧铯光电管的频谱特性
1—氧铯光电管;2—人类正常视觉;3—红色滤光器

2. 光电倍增管

当入射光很微弱时,一般光电管能产生的光电流就很小,在这种情况下,即使光电流能被放大,但噪声也与信号同时被放大了。因此在使用微弱光时,应采用光电倍增管。

7.1.2　内光电效应及器件

在光线作用下,能使物体的电阻率发生改变的现象称为内光电效应。基于内光电效应的光电元件有光敏电阻以及由光敏电阻制成的光导管等。

光敏电阻具有很高的灵敏度,很好的光谱特性,很长的使用寿命。高度的稳定性,同时还具有体积小,成本低,重量轻,机械强度高,耐冲击和振动等特点,被广泛地应用于自动化检测技术中。

1. 光敏电阻的工作原理及结构

光敏电阻是利用光电效应的原理制成的,图 7.5 为光敏电阻的原理结构。光敏电阻几乎都是由半导体材料制成的。有些半导体在黑暗的环境下,它的电阻是很高的,但当它受到光线照射时,若光子能量 $h\gamma$ 本征半导体材料的禁带宽度为 E_g,则禁带中的电子吸收一个光子后就足以跃迁到导带,激发出电子-空穴对,从而加强导电性能,使阻值降低,且照射的光线越强,阻值也变得越低,光照停止,自由电子与空穴逐渐复合。电阻又恢复原值,若把光敏电阻接到如图 7.5 所示的电路中,通过光的照射,就可以改变电路中电流的大小。

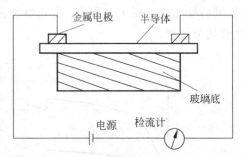

图 7.5　光敏电阻的原理结构

光敏电阻是由绝缘底座、半导体薄膜和电极三部分组成的,金属电极与半导体层应保持很好的电接触,再将金属电极与引出线端相连,光敏电阻就通过引出线端接入电路,从而实现光电转换。为了防止周围介质的影响,在半导体光敏层上覆盖了一层漆膜,漆膜的成分选择应该使它在光敏层最敏感的波长范围内透射率最大。

光敏电阻的种类繁多,一般由金属的硫化物、硒化物等组成(如硫化镉、硫化铅、硫化铊、硒化铅等)。所用材料不同,工艺过程的不同,它的光电性能也相差很大。

2. 光敏电阻的主要参数

光敏电阻的主要参数有暗电流、亮电流、光电流等。

1）暗电阻和暗电流

光敏电阻在不受光照射时的阻值称为暗电阻,此时流过的电流为暗电流。

2）亮电阻和亮电流

光敏电阻受光照射时的电阻称为亮电阻,此时流过的电流为亮电流。

3）光电流

亮电流与暗电流之差称为光电流。

一般希望暗电阻越大越好,而亮电阻越小越好,也即光电流要尽可能大,这样光敏电阻的灵敏度就高,实际上光敏电阻的暗电阻的阻值一般在兆欧数量级,亮电阻在几千欧以下。暗电阻与亮电阻之比一般为 $10^2 \sim 10^6$。

3. 光敏电阻的基本特性

光敏电阻的基本特性有伏安特性、光照特性、光谱特性、频率特性、温度特性等。这里仅介绍伏安特性、光照特性和光谱特性。

1）光敏电阻的伏安特性

在光敏电阻电压的两端所加和电流的关系曲线,称为光敏电阻的伏安特性,如图 7.6 所示。

由曲线可知,

（1）当光照一定时,其阻值与外加电压无关;光电流随外加电压线性增大,所加电压越高,光电流越大,而且没有饱和现象。

（2）在外加电压一定时,光电流的数值随光照的增强而增大。

2）光敏电阻的光照特性

光敏电阻的光电流和光强的关系曲线称为光敏电阻的光照特性。不同的光敏电阻的光照特性是不同的。但在大多数情况下,曲线的形状如图 7.7 所示。

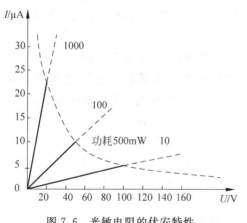

图 7.6 光敏电阻的伏安特性

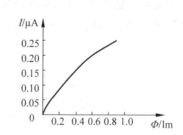

图 7.7 光敏电阻的光照特性曲线

由图可知,光敏电阻的光照特性是非线性的,因此不适宜做线性敏感元件,只能用作开关式的光电转换器。

4. 光敏电阻的光谱特性

光敏电阻对于不同波长的入射光,其相对灵敏度也是不同的。各种不同材料的光谱特性曲线如图 7.8 所示。从图中可以看出,硫化镉的峰值在可见光区域,而硫化铅的峰值在红外区域,因此,在选用光敏电阻时,就应当把元件和光源结合起来考虑,才能获得满态的结果。

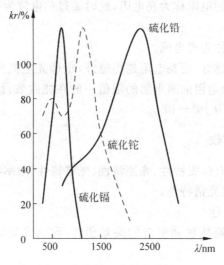

图 7.8　光敏电阻的光谱特性

7.2　光电元件的基本应用电路

7.2.1　光敏二极管的基本应用电路

半导体光敏二极管与普通二极管相比,有许多共同之处,它们都有一个 PN 结,均属单向导电性的非线性元件。光敏二极管一般在负偏压情况下使用,它的光照特性是线性的,所以适合检测等方面的应用。

光敏二极管在没有光照射时,反向电阻很大,反向电流(暗电流)很小(处于截止状态),如图 7.9 所示。受光照射时,结区产生电子-空穴对,在结电场的作用下,电子向 N 区运动、空穴向 P 区运动而形成光电流,光敏二极管的光电流 I 与照度之间呈线性关系。

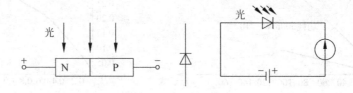

图 7.9　光敏二极管结构图和电路

光敏二极管是最常见的光传感器。光敏二极管的外形与一般二极管一样,当无光照时,它与普通二极管一样,反向电流很小,称为光敏二极管的暗电流;当有光照时,载流子被激发,产生电子-空穴,称为光电传感器载流子。在外电场的作用下,光电载流子参与导电,形成比暗电流大得多的反向电流,该反向电流称为光电流。光电流的大小与光照强度成正比,于是在负载电阻上就能得到随光照强度变化而变化的电信号。

7.2.2 光敏三极管的基本应用电路

光敏三极管是一种相当于在基极和集电极之间接有光电二极管的普通三极管。在正常工作情况下,此二极管应反向偏置。因此,不管是 P-N-P 还是 N-P-N 型光敏三极管,一般用基极-集电极结作为受光结,如图 7.10 所示。当集电极加上相对于发射极为正电压且基极开路时,基极-集电极结处于反向偏压下,它的工作机理完全与反偏压的光敏二极管相同。这里,入射光子在基区及收集区被吸收而产生电子-空穴对,形成光生电压。由此产生的光生电流由基极进入发射极,从而在集电极回路中得到一个放大了的信号电流。因此,从这点可以更明确地说,光敏三极管是一种相当于将基极集电极光敏二极管的电流加以放大的普通晶体管放大器。

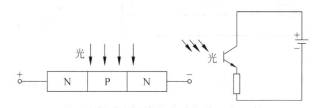

图 7.10　光敏三极管的结构与原理

光敏三极管除了具有光敏二极管能将光信号转换成电信号的功能外,还有对电信号放大的功能。光敏三极管的外形与一般三极管相差不大,一般光敏三极管只引出两个极——发射极和集电极,基极不引出,管壳同样开窗口,以便光线射入。为增大光照,基区面积做得很大,发射区较小,入射光主要被基区吸收。工作时集电结反偏,发射结正偏。在无光照时管子流过的电流为暗电流 $I_{ceo} = (1 + \beta) I_{cbo}$(很小),比一般三极管的穿透电流还小;当有光照时,激发大量的电子-空穴对,使得基极产生的电流 I_b 增大,此刻流过管子的电流称为光电流,集电极电流 $I_c = (1 + \beta) I_b$,可见光电三极管要比光电二极管具有更高的灵敏度。

7.3 新型光电传感器

7.3.1 色彩传感器

色彩传感器起源于机器视觉系统的研究,色彩传感器是由单晶硅及非晶态硅制成的半导体器件。色彩传感器根据人眼视觉的三色原理,利用结深不同的 P-N 结光电二极管对各种波长的光谱灵敏度的差别,实现对光源或物体的颜色测量。由于它具有结构简单、体积小、成本低等特点而被广泛应用于与颜色鉴别有关的各个领域中。例如工业生产上自动检测纸、纸浆、颜料的颜色,医学上对皮肤、内脏、牙齿等颜色的测定,商业上对家电中彩色电视机的彩色调整等,是非常有发展前途的一种新型半导体光电器件。

如图 7.11 所示为色彩传感器的结构示意图和等效电路,它由在同一块硅片上制造两个深浅不同的 P-N 结构成（浅结为 PD，它对波长短的光电灵敏度高，PD 为深结，它对波长长的光电灵敏度高），这种结构又称为双结光电二极管。双结型光电二极管的光谱响应特性如图 7.12 短路电流比入射光波长的关系曲线所示。

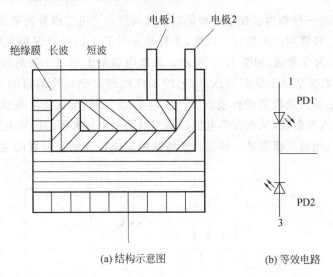

(a) 结构示意图　　　　(b) 等效电路

图 7.11　色彩传感器的结构和等效电路

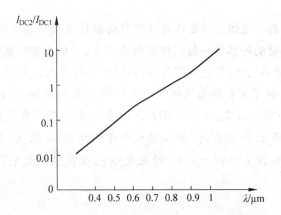

图 7.12　短路电流比入射光波长的关系曲线

双结光电二极管只能通过测量单色光的波长。当用双结光电二极管做颜色测量时，一般是测出此器件中两个硅光电二极管的短路电流比入射光波长的关系（见图 7.12）。由图可知，每一种波长的光都对应于一短路电流比值，再根据短路电流比值的不同来判别入射光的波长以达到识别颜色的目的。

对于多种波长组成的混合色光，即使已知这些混合色光的光谱特性，计算和精确检测的复杂程度也都增加了许多。图 7.13 为可以识别混合色光的具有三基色的硅集成化三色色敏器件结构。在同一块非晶硅基片上制作出三个非晶硅检出部分，并分别配上红、绿、蓝三块滤色片，构成一个整体。根据已知的非晶硅全色色敏器件的光谱特性曲线，如图 7.14 所示，通过比较 R，G，B 的输出，就能够识别物体的衍射。

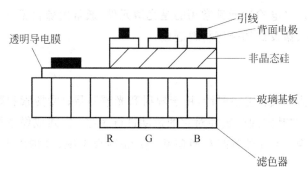

图 7.13 具有三基色的硅集成化三色色敏器件结构

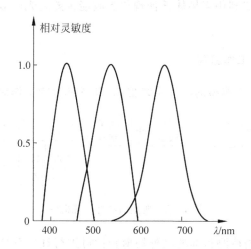

图 7.14 非晶硅全色色敏器件的光谱特性曲线

7.3.2 红外传感器

将红外辐射能转换成电能的光敏元件称为红外传感器,也常称为红外探测器。红外传感器利用红外线的物理性质来进行测量。红外线又称红外光,它具有反射、折射、散射、干涉、吸收等性质。任何物质,只要它本身具有一定的温度(高于绝对零度),都能辐射红外线。红外线传感器测量时不与被测物体直接接触,因而不存在摩擦,并且有灵敏度高、响应快等优点。红外技术是在最近几十年中发展起来的一门新兴技术,它常用于无接触温度测量,气体成分分析和无损探伤,在医学、军事、空间技术和环境工程等领域得到了广泛应用。

红外传感器的组成及分类如下:

1. 组成

红外线传感器由光学系统、检测元件和转换电路组成。光学系统按结构不同可分为透射式和反射式两类。检测元件按工作原理可分为热敏检测元件和光电检测元件。热敏元件应用最多的是热敏电阻。热敏电阻受到红外线辐射时温度升高,电阻发生变化,通过转换电路变成电信号输出。光电检测元件常用的是光敏元件,通常由硫化铅、硒化铅、砷化铟、砷化锑、碲镉汞三元合金、锗及硅掺杂等材料制成。

2.分类

按照功能可分为 5 类:①辐射计,用于辐射和光谱测量;②搜索和跟踪系统,用于搜索和跟踪红外目标,确定其空间位置并对它的运动进行跟踪;③热成像系统,可产生整个目标红外辐射的分布图像;④红外测距和通信系统;⑤混合系统,是指以上各类系统中两个或者多个的组合。

按照工作原理可分为两类:①将红外线一部分变换为热,借热取出电阻值变化及电动势等输出信号之热型。②利用半导体迁徙现象吸收能量差之光电效果及利用因 PN 结合的光电动势效果的量子型。

3.红外传感系统的工作原理

如图 7.15 所示为一个典型的红外系统框图,其各部分的工作原理或作用如下。

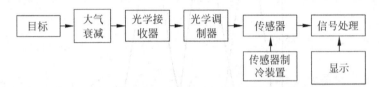

图 7.15　典型的红外系统框图

(1)待测目标。根据待测目标的红外辐射特性可进行红外系统的设定。

(2)大气衰减。待测目标的红外辐射通过地球大气层时,由于气体分子和各种气体以及各种溶胶粒的散射和吸收,将使得红外源发出的红外辐射发生衰减。

(3)光学接收器。它接收目标的部分红外辐射并传输给红外传感器,相当于雷达天线,常用于物镜。

(4)辐射调制器。将来自待测目标的辐射调制成交变的辐射光,提供目标方位信息,并可滤除大面积的干扰信号。又称调制盘和斩波器,它具有多种结构。

(5)红外探测器。这是红外系统的核心。它是利用红外辐射与物质相互作用所呈现出来的物理效应探测红外辐射的传感器,多数情况下是利用这种相互作用所呈现出来的电学效应。此类探测器可分为光子探测器和热敏感探测器两大类型。

(6)探测器制冷器。由于某些探测器必须要在低温下工作,所以相应的系统必须有制冷设备。经过制冷,设备可以缩短响应时间,提高探测灵敏度。

(7)信号处理系统。将探测的信号进行放大、滤波,并从这些信号中提取出信息。然后将此类信息转化成为所需要的格式,最后输送到控制设备或者显示器中。

(8)显示设备。这是红外设备的终端设备。常用的显示器有示波器、显像管、红外感光材料、指示仪器和记录仪等。

7.4　光纤传感器

7.4.1　光纤传感器的定义

　　光纤传感器(Optical Fiber Transducer)的定义：利用光导纤维的传光特性，把被测量转换为光特性(强度、相位、偏振态、频率、波长)改变的传感器。光纤传感器的基本工作原理如图 7.16 所示，将来自光源的光经过光纤送入调制器，使待测参数与进入调制区的光相互作用后，导致光的光学性质(如光的强度、波长、频率、相位、偏正态等)发生变化，称为被调制的信号光，再经过光纤送入光探测器，经解调后，获得被测参数。

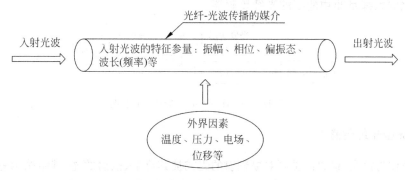

图 7.16　光纤传感器工作原理示意图

7.4.2　光纤传感器的分类与特点

　　光纤传感器是最近几年出现的新技术，可以用来测量多种物理量，如声场、电场、压力、温度、角速度、加速度等，还可以完成现有测量技术难以完成的测量任务。在狭小的空间里，在强电磁干扰和高电压的环境里，光纤传感器都显示出了独特的能力。根据光纤在传感器中的作用，可以将光纤传感器分为功能型(传感型)传感器、非功能型(传光型)传感器和拾光型传感器三大类。

1. 功能型传感器

　　功能型传感器利用光纤本身的特性把光纤作为敏感元件，被测量对光纤内传输的光进行调制，使传输的光的强度、相位、频率或偏振态等特性发生变化，再通过对被调制过的信号进行解调，从而得出被测信号，其结构示意图如图 7.17 所示。光纤在其中不仅是导光媒质，也是敏感元件，光在光纤内受被测量调制，多采用多模光纤。

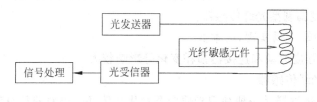

图 7.17　功能型传感器结构示意图

优点：结构紧凑、灵敏度高。

缺点：须用特殊光纤,成本高。

典型例子：光纤陀螺、光纤水听器等。

2. 非功能型传感器

非功能型传感器利用其他敏感元件感受被测量的变化,光纤仅作为信息的传输介质,常采用单模光纤,其结构示意如图 7.18 所示。光纤在其中仅起导光作用,光照在光纤型敏感元件上受被测量调制。

优点：无须特殊光纤及其他特殊技术;比较容易实现,成本低。

缺点：灵敏度较低。

实用化的大都是非功能型的光纤传感器。

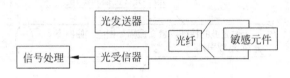

图 7.18　非功能型传感器结构示意图

3. 拾光型光纤传感器

用光纤作为探头,接收由被测对象辐射的光或被其反射、散射的光,其结构示意如图 7.19 所示。典型例子有光纤激光多普勒速度计、辐射式光纤温度传感器等。

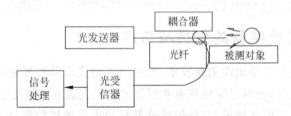

图 7.19　拾光型光纤传感器结构示意图

此外,根据光受被测对象的调制形式,又可以将光纤传感器分为强度调制型光纤传感器、偏振调制型光纤传感器、频率调制型光纤传感器、相位调制型光纤传感器 4 种类型。

1) 强度调制型光纤传感器

强度调制型光纤传感器是一种利用被测对象的变化引起敏感元件的折射率、吸收或反射等参数的变化,而导致光强度变化来实现敏感测量的传感器。有利用光纤的微弯损耗;各物质的吸收特性;振动膜或液晶的反射光强度的变化;物质因各种粒子射线或化学、机械的激励而发光的现象;以及物质的荧光辐射或光路的遮断等来构成压力、振动、温度、位移、气体等各种强度调制型光纤传感器。

优点：结构简单、容易实现,成本低。

缺点：受光源强度波动和连接器损耗变化等影响较大。

2) 偏振调制光纤传感器

偏振调制光纤传感器是一种利用光偏振态变化来传递被测对象信息的传感器。有利用光在磁场的媒质内传播的法拉第效应做成的电流、磁场传感器；利用光在电场中的压电晶体内传播的泡尔效应做成的电场、电压传感器；利用物质的光弹效应构成的压力、振动或声传感器；以及利用光纤的双折射性构成温度、压力、振动等传感器。这类传感器可以避免光源强度变化的影响，因此灵敏度高。

3）频率调制光纤传感器

频率调制光纤传感器是一种利用单色光射到被测物体上反射回来的光的频率发生变化来进行监测的传感器。有利用运动物体反射光和散射光的多普勒效应的光纤速度、流速、振动、压力、加速度传感器；利用物质受强光照射时的拉曼散射构成的测量气体浓度或监测大气污染的气体传感器；以及利用光致发光的温度传感器等。

4）相位调制传感器

相位调制传感器的基本原理是利用被测对象对敏感元件的作用，使敏感元件的折射率或传播常数发生变化，从而导致光的相位变化，使两束单色光所产生的干涉条纹发生变化，通过检测干涉条纹的变化量来确定光的相位变化量，从而得到被测对象的信息。通常有利用光弹效应的声、压力或振动传感器；利用磁致伸缩效应的电流、磁场传感器；利用电致伸缩的电场、电压传感器以及利用光纤赛格纳克(Sagnac)效应的旋转角速度传感器（光纤陀螺）等。这类传感器的灵敏度很高。但由于须用特殊光纤及高精度检测系统，因此成本较高。

近年来，各种传感器都向着精确度高、灵敏度高、适应性强、智能化、小巧的方向发展。在这个快速发展的过程中，光纤传感器这个新成员已经受到了全国各地的青睐。它之所以会受到重用，都因其具有很多独特的优点。例如，它可以在耐腐蚀、耐高温、耐水的环境中无影响地工作；它可以在对人体的健康有害的地方或者人无法到达的地方使用；它有抗原子辐射和抗电磁干扰的独特性能，而且质量很轻、质地柔软精细；它可以绝缘，对其他电器没有感应。它的优异性是很多的，可以抵抗恶劣的环境，可以超越人体的生理限制，接收连人都感知不到的信息。

光纤在传感器中发展较晚，但凭借其独特的能力和优异性，得到了普遍认可，并被广泛应用。表 7-1 为不同类型光纤传感器的分类比较。

表 7-1　不同类型光纤传感器的分类比较

	传 感 器	光 学 现 象	被 测 量	光纤	分类
干涉型	相位调制光线传感器	干涉（磁致伸缩）	电流、磁场	SM、PM	a
		干涉（电致伸缩）	电场、电压	SM、PM	a
		Sagnac 效应	角速度	SM、PM	a
		光弹效应	振动、压力、加速度、位移	SM、PM	a
非干涉型	强度调制光纤温度传感器	遮光板遮断光路	温度、振动、压力、加速度、位移	MM	b
		半导体透射率的变化	温度	MM	b
		荧光辐射、黑体辐射	温度	MM	b
		光纤微弯损耗	振动、压力、加速度、位移	SM	b
		振动膜或液晶的反射	振动、压力、位移	MM	b
	偏振调制光纤温度传感器	法拉第效应		SM	b,a
		泡克尔斯效应	电流、磁场、电场、电压、温度	MM	b
		双折射变化		SM	b
	频率调制光纤温度传感器	多普勒效应		MM	c
		受激喇曼散射	速度、流速、振动、加速度、气体浓度、温度	MM	b
		光致发光		MM	b

注：MM 表示多模；SM 表示单模；PM 表示偏振保持；a、b、c 分别表示功能型、非功能型、拾光型。

习题 7

1. 衡量一个光电器件的指标有哪些？如何分类？
2. 光电器件的非线性关系都是如何利用的？
3. 光电器件主要是半导体器件，为什么？总的分类有哪些，侧重哪方面？

参考文献

[1] 李标荣.电子传感器.北京：国防工业出版社,1993-01.
[2] 宋文绪.传感器与检测技术.北京：高等教育出版社,2004-01.
[3] 何金田.传感器原理与应用.郑州：河南科学技术出版社,1996-08.
[4] 包兴,胡明.电子器件导论[M].北京：北京理工大学出版社,2001-01.
[5] 吴道悌.非电量电测技术[M].西安：西安交通大学出版社,2001-09.
[6] 杨宝清.现代传感器技术基础[M].北京：中国铁道出版社,2001-06.
[7] 杨清梅,孙建民.传感器技术及应用[M].北京：清华大学出版社,2013-10.
[8] 刘迎春,叶湘滨.现代新型传感器原理与应用[M].北京：国防工业出版社,2000.
[9] 张洪润.传感器应用设计300例(上册).北京：北京航空航天大学出版社,2008-10.
[10] 陈书旺,张秀清.传感器应用及电路设计.北京：化学工业出版社,2009.

第8章

化学传感器

化学传感器是通过某种化学反应以选择性方式对待分析物质产生响应,从而对待分析物质进行定性或定量测定的器件或装置。对比于人的感觉器官,化学传感器大体对应于人的嗅觉和味觉器官。但并不是单纯的人体器官的简单模拟,还能感受人的器官不能感受的某些物质,如 H_2、CO。化学传感器必须具有检测化学物质的形状或分子结构进行选择性俘获的功能和将俘获的化学量有效转换为电信号的功能。

化学物质种类繁多,形态和性质各异,而对于一种化学量又可用多种不同类型的传感器测量或由多种传感器组成的阵列来测量,也有的传感器可以同时测量多种化学参数,因而化学传感器的种类极多,分类各不一样,转换原理各不相同且相对复杂,加之多学科的迅速融合,使得人们对化学传感器的认识还远远不够成熟和统一。通常人们按照传感方式、结构形式、检测对象等对其进行分类。

化学传感器在生物、工业、医学、地质、海洋、气象、国防、宇航、环境检测、食品卫生及临床医学等领域有着越来越重要的应用,已成为科研领域一个重要的检测方法和手段。随着计算机技术的广泛使用,化学传感器的应用将更趋于快速和自动化。

8.1 化学传感器的工作原理

化学传感器是一种强有力的、廉价的分析工具,它可以在干扰物质存在的情况下检测目标分子,其传感器原理如图 8.1 所示。

图 8.1 化学传感器原理图

化学传感器一般由识别元件、换能器以及相应的电路组成。当分子识别元件与被识别物发生相互作用时,其物理、化学参数会发生变化,如离子、电子、热、质量和光等的变化,再通过换能器将这些参数转变成与分析物特征有关的可定性或定量处理的电信号或者光电信号,然后经过放大、存储,最后以适当的形式将信号显示出来。传感器的优劣取决于识别元件和换能器的合适程度。通常为了获得最大的响应和最小的干扰,或便于重复使用,将识别元件以膜的形式并通过适当的方式固定在换能器表面。

识别元件也称敏感元件,是各类化学传感器装置的关键部件,能直接感受被测量,并输出与被测量成确定关系的其他量的元件。其具备的选择性让传感器对某种或某类分析物质产生选择性响应,这样就避免了其他物质的干扰。换能器又称转换元件,是可以进行信号转换的物理传感装置,能将识别元件输出的非电量信息转换为可读取的电信号。

8.2　化学传感器的分类

按照传感器中换能器的工作原理可将化学传感器分为电化学传感器、光化学传感器、质量传感器、热量传感器、场效应管传感器等。按检测对象,化学传感器分为气体传感器、湿度传感器、离子传感器和生物传感器。

气体传感器的传感元件多为氧化物半导体,有时在其中加入微量贵金属作为增敏剂,增加对气体的活化作用。

湿度传感器是测定环境中水汽含量的传感器,分为电解质式、高分子式、陶瓷式和半导体式湿度传感器。

离子传感器是对离子具有选择响应的离子选择性电极。它基于对离子选择性响应的膜产生的膜电位。离子传感器的感应膜有玻璃膜、溶有活性物质的液体膜及高分子膜,使用较多的是聚氯乙烯膜。

生物传感器是对生物物质敏感并将其浓度转换为电信号进行检测的仪器。生物传感器的优点是对生物物质具有分子结构的选择功能。

8.3　气体传感器

气体传感器是一种将气体中待定成分检测出来,并将它转换成电信号的器件或装置,以便测量有关待测气体存在及浓度大小的信息。一般认为,气体传感器是一种将某种气体体积分数转化成对应电信号的转换器。探测头通过气体传感器对气体样品进行调理,通常包括滤除杂质和干扰气体、干燥或制冷处理、样品抽取,甚至对样品进行化学处理,以便化学传感器进行更快速的测量。

气体的采样方法直接影响传感器的响应时间。目前,气体的采样方式主要是通过简单扩散法,或是将气体吸入检测器。简单扩散利用气体自然向四处传播的特性,当目标气体穿过探头内的传感器时,产生一个正比于气体体积分数的信号。由于扩散过程渐趋减慢,所以扩散法需要探头的位置非常接近于测量点。扩散法的一个优点是将气体样本直接引入传感器而无须物理和化学变换。样品吸入式探头通常用于采样位置接近处理仪器或排气管道的环境。这种技术可以为传感器提供一种速度可控的稳定气流,所以在气流大小和流速经常变化的情况下,这种方法较值得推荐。将测量点的气体样本引到测量探头可能经过一段距离,距离的长短主要根据传感器的设计,但采样线较长会加大测量滞后时间,该时间是采样线长度和气体从泄漏点到传感器之间流动速度的函数。

8.3.1 气体传感器的分类

气体传感器是化学传感器的一大门类,从工作原理、特性分析到测量技术,从所用材料到制造工艺,从检测对象到应用领域,都可以构成独立的分类标准,衍生出一个个纷繁庞杂的分类体系,尤其在分类标准的问题上目前还没有统一,要对其进行严格的系统分类难度颇大。通常以气敏特性来分类,主要可分为半导体型气体传感器、固体电解质气体传感器、接触燃烧式气体传感器、电化学型气体传感器、高分子气体传感器,集成复合式气体传感器等,如图 8.2 所示。

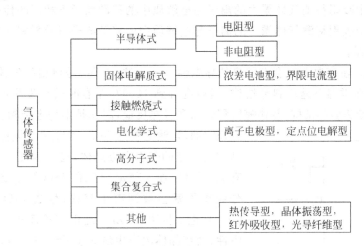

图 8.2 气体传感器的分类

1. 半导体气体传感器

半导体气体传感器是采用金属氧化物或金属半导体氧化物材料做成的元件,与气体相互作用时产生表面吸附或反应,引起以载流子运动为特征的电导率或伏安特性或表面电位变化。这些都是由材料的半导体性质决定的。

自从 1962 年半导体金属氧化物陶瓷气体传感器问世以来,半导体气体传感器已经成为当前应用最普遍、最具有实用价值的一类气体传感器,根据其气敏机制可以分为电阻式和非电阻式两种。

电阻式半导体气体传感器主要是指半导体金属氧化物陶瓷气体传感器,是一种用金属氧化物薄膜(例如:SnO_2,Fe_2O_3,TiO_2 等)制成的阻抗器件,其电阻随着气体含量的不同而变化。它具有成本低廉、制造简单、灵敏度高、响应速度快、寿命长、对湿度敏感低和电路简单等优点。不足之处是必须工作于高温下、对气味或气体的选择性差、元件参数分散、稳定性不够理想、功率要求高。

非电阻式半导体气体传感器是 MOS 二极管式和结型二极管式以及场效应管式(MOSFET)半导体气体传感器。其电流或电压随着气体含量而变化,主要检测氢和硅烷气等可燃性气体。其中,MOSFET 气体传感器的工作原理是挥发性有机化合物(VOC)与催化金属(如铂)接触发生反应,反应产物扩散到 MOSFET 的栅极,改变了器件的性能。通过分析器件性能的变化而识别 VOC。通过改变催化金属的种类和膜厚可优化灵敏度和选择性,并可改变工作温度。MOSFET 气体传感器灵敏度高,但制作工艺比较复杂,成本高。

2. 固体电解质气体传感器

固体电解质气体传感器是一种以离子为电解质的化学电池。20 世纪 70 年代开始,固体电解质气体传感器由于电导率高、灵敏度和选择性好,获得了迅速的发展,现在几乎在环保、节能、矿业、汽车工业等各个领域都得到了广泛的应用,仅次于金属-氧化物-半导体气体传感器。近来国外有些学者把固体电解质气体传感器分为下列三类:

(1) 材料中吸附待测气体派生的离子与电解质中的移动离子相同的传感器。

(2) 材料中吸附待测气体派生的离子与电解质中的移动离子不相同的传感器。

(3) 材料中吸附待测气体派生的离子与电解质中的移动离子以及材料中的固定离子都不相同的传感器。

固体电解质在高温下才会有明显的导电性。氧化锆(ZrO_2)是典型的气体传感器材料。纯正的氧化锆在常温下是单斜晶结构,当温度升到 1000℃ 左右时就会发生同质异晶转变,由单斜晶结构变为多晶结构,并伴随体积收缩和吸热反应,因此是不稳定结构。在 ZrO_2 中掺

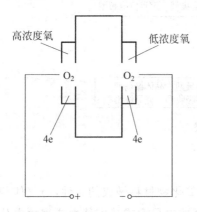

高浓度氧   低浓度氧

图 8.3 氧化锆结构原理图

入稳定剂,如碱土氧化钙(CaO)或稀土氧化钇(Y_2O_3),使其成为稳定的荧石立方晶体,稳定程度与稳定剂的浓度有关。ZrO_2 加入稳定剂后在 1800℃ 下烧结,其中一部分锆离子就会被钙离子替代,生成 $ZrO \cdot CaO$。由于 Ca^{2+} 是正二价离子,Zr^{4+} 是正四价离子,为继续保持电中性,会在晶体内产生氧离子 O^{2-} 空穴,这是 $ZrO \cdot CaO$ 在高温下传递氧离子的原因,结果是 $ZrO \cdot CaO$ 在 300~800℃ 成为氧离子的导体。但要能够真正传递氧离子还必须在固体电解质两边有不同的氧分压(氧位差),形成所谓的浓差电池,其结构原理如图 8.3 所示,两边是多孔的贵金属电极,与中间致密的 $ZrO \cdot CaO$ 材料制成夹层结构。

3. 接触燃烧式气体传感器

接触燃烧式气体传感器可分为直接接触燃烧式和催化接触燃烧式,其工作原理是气敏材料(如 Pt 电热丝等)在通电状态下,可燃性气体氧化燃烧或者在催化剂作用下氧化燃烧,电热丝由于燃烧而生温,从而使其电阻值发生变化。这种传感器对不燃烧气体不敏感,例如在铅丝上涂敷活性催化剂 Rh 和 Pd 等制成的传感器,具有广谱特性,即能检测各种可燃气体。这种传感器有时被称为热导性传感器,普遍适用于石油化工厂、造船厂、矿井隧道和浴室厨房的可燃性气体的监测和报警。该传感器在环境温度下非常稳定,并能对处于爆炸下限的绝大多数可燃性气体进行检测。

8.3.2 气体传感器的应用

气体传感器性价比高,质量优良,是商家的良好选择。气体传感器是一种将某种气体体积分数转化成对应电信号的转换器。现在市面上有各种各样的气体传感器。气体传感器在

民用、工业、环境检测等方面都有着广泛的应用。

在民用方面气体传感器的应用主要是在厨房里检测天然气、液化石油气和城市煤气等民用燃气的泄漏,检测微波炉中食物烹调时产生的气体从而自动控制微波炉烹调食物;住房、大楼、会议室和公共娱乐场所用以监视二氧化碳、烟雾、臭氧和难闻气体,并控制空气净化器或电风扇自动运转;高层建筑物用于检测火灾苗头并报警。目前,民用领域是半导体金属氧化物气体传感器的主要应用领域。这主要是因为半导体金属氧化物气体传感器的价格便宜,性能也能满足家庭报警器的要求。

气体传感器在工业上的主要应用是在石化工业中检测二氧化碳、氮氧化合物、硫氧化物、氨气、硫化氢及氯气等有害气体;半导体和微电子工业检测有机溶剂和磷烷等剧毒气体;电力工业检测电力变压器油变质过程中产生的氢气;食品工业检测肉类等易腐败食物的新鲜度;汽车和窑炉工业检测废气中的氧气,以控制燃烧,实现节能和环保双重目标;公路交通检测驾驶员呼气中的乙醇浓度,防止酒后开车,减少交通事故。

环境检测当然也离不开气体传感器,例如应用传感器检测氮的氧化物、硫的氧化物、氯化氢等引起酸雨的气体;检测二氧化碳、甲烷、一氧化二氮、臭氧、氟利昂等温室效应气体;检测臭氧、氟利昂等破坏臭氧层的气体;检测氨气、硫化氢等难闻气体。

综上所述,未来经过对传感器的进一步改造,其应用范围会越来越广泛,我们将在更多场合见到气体传感器的应用。

8.3.3　气体传感器的发展方向

近年来,由于在工业生产、家庭安全、环境监测和医疗等领域对气体传感器的精度、性能、稳定性方面的要求越来越高,因此对气体传感器的研究和开发也越来越重要。随着先进科学技术的应用,气体传感器发展的趋势是微型化、智能化和多功能化。深入研究和掌握有机、无机、生物和各种材料的特性及相互作用,理解各类气体传感器的工作原理和作用机理,正确选择各类传感器的敏感材料,灵活运用微机械加工技术、敏感薄膜形成技术、微电子技术、光纤技术等,使传感器性能最优化是气体传感器的发展方向。

1. 新型气体传感器的研制

沿用传统的作用原理和某些新效应,优先使用晶体材料(硅、石英、陶瓷等),采用先进的加工技术和微结构设计,研制新型传感器及传感器系统,如光波导气体传感器、高分子声表面波和石英谐振式气体传感器的开发与使用,微生物气体传感器和仿生气体传感器的研究。随着新材料、新工艺和新技术的应用,气体传感器的性能更趋完善,使传感器的小型化、微型化和多功能化具有长期稳定性好、使用方便、价格低廉等优点。

2. 气体传感器智能化

随着人们生活水平的不断提高和对环保的日益重视,对各种有毒、有害气体的探测,对大气污染、工业废气的监测以及对食品和居住环境质量的检测都对气体传感器提出了更高的要求。纳米、薄膜技术等新材料研制技术的成功应用为气体传感器集成化和智能化提供了很好的前提条件。气体传感器将在充分利用微机械与微电子技术、计算机技术、信号处理技术、传感技术、故障诊断技术、智能技术等多学科综合技术的基础上得到发展。

研制能够同时监测多种气体的全自动数字式的智能气体传感器将是该领域的重要研究方向。

8.4 湿敏传感器

湿敏传感器也称为湿度传感器,是能够感受外界湿度变化,并通过湿敏材料的物理或化学性质变化将湿度大小转化为电信号的器件。现在,湿度检测已广泛应用于工业、农业、国防、科技、生活等各个领域。

湿敏元件是最简单的湿度传感器。湿敏元件主要有电阻式、电容式两大类。湿敏电阻的特点是在基片上覆盖一层用感湿材料制成的膜,当空气中的水蒸气吸附在感湿膜上时,元件的电阻率和电阻值都发生变化,利用这一特性即可测量湿度。湿敏电容一般是用高分子薄膜电容制成的,常用的高分子材料有聚苯乙烯、聚酰亚胺、酪酸醋酸纤维等。当环境湿度发生改变时,湿敏电容的介电常数发生变化,使其电容量也发生变化,其电容变化量与相对湿度成正比。

8.4.1 湿度及其表示

在自然界中,凡是有水和生物的地方,在其周围的大气里总是含有或多或少的水汽。大气中含有水汽的多少,表示大气的干湿程度,用湿度来表示,也就是说,湿度是表示大气干湿程度的物理量。常用绝对湿度、相对湿度、露点湿度等表示。

1. 绝对湿度

所谓绝对湿度就是单位体积空气内所含水蒸气的质量,也就是指空气中水蒸气的密度。一般用一立方米空气中所含水蒸气的克数表示,即为

$$p_V = \frac{M}{V}$$

式中,p_V 为被测空气的绝对湿度($\mathrm{mg/m^3}$);M 为被测空气中水汽的质量(mg);V 为被测空气的体积($\mathrm{m^3}$)。

2. 相对湿度

相对湿度是气体的绝对湿度 P_V 与在同一温度下,水蒸气已达到饱和的气体的绝对湿度 P_W 之比,常表示为%RH,其表达式为

$$相对湿度 = \left(\frac{p_V}{p_W}\right) \cdot 100\% \mathrm{RH}$$

相对湿度给出大气的潮湿程度,它是一个无量纲的量。日常生活中所说的空气湿度,实际上就是指相对湿度。

3. 露点温度

温度越高的气体,含水蒸气越多。若将其气体冷却,即使其中所含的水蒸气量不变,相对湿度也将逐渐增加,增加到某一个温度时,相对湿度达100%,呈饱和状态,再冷却时,蒸

气的一部分凝聚生成露,把这个温度称为露点温度,即空气在气压不变下为了使其所含水蒸气达饱和状态时所必须冷却到的温度称为露点温度。气温和露点温度的差越小,表示空气越接近饱和。

8.4.2 湿敏传感器分类

湿度传感器在工农业生产中应用很广,不同的场合对其要求也不同。湿度传感器的种类很多,性能差异也很大,使用中需要合理地选择湿度传感器,以达到使用要求。

湿度传感器依据所用材料的不同,分为电解质型、陶瓷型、半导体型、高分子型等,它们各有特点。

1. 电解质型

电解质感湿后,在极性水分子的作用下,能部分或全部地离解为能自由移动的正、负离子,使其电导率发生变化。离子的数量取决于感湿的程度即取决于空气湿度。常用的电解质材料有氯化锂、五氧化二磷等。以氯化锂湿度传感器为例,它是在绝缘基板上制作一对电极,然后涂上含有氯化锂盐的溶液,溶剂挥发后即形成一层氯化锂感湿胶膜。氯化锂极易潮解,并产生离子电导,其电阻随湿度的增加而减小。其电阻-湿度特性如图 8.4 所示。可看出相对湿度基本与电阻的对数成正比。

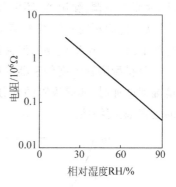

图 8.4 组合式氯化锂电阻-湿度特性

氯化锂的浓度不同,其感湿范围也不同,浓度高,对低湿度敏感;浓度低,对高湿度敏感。一般单片氯化锂湿度传感器的感湿范围仅在 $20\%\sim30\%$(如根据浓度不同,在 $10\%\sim30\%$,$20\%\sim40\%$,$40\%\sim70\%$,$70\%\sim90\%$ 等)。把不同感湿范围的单片氯化锂湿度传感器组合起来,便可制成量程为 $20\%\sim90\%$ 的湿度传感器。

氯化锂湿度传感器的优点是精度较高,可达 $\pm2\%RH$,其主要缺点是不能在结露或污染环境中使用,寿命较短,工作温度一般在 $5\sim50℃$。

2. 陶瓷型

陶瓷型湿度传感器有许多优点:测湿范围宽,基本可实现全湿范围的测量;工作温度高,一般为 $150℃$,高温型的可达 $800℃$;响应时间短;抗污染能力强;制造工艺简单,成本低等。

现在使用的陶瓷湿敏元件材料有 $MgCr_2O_4-TiO_2$ 系、$TiO_2-V_2O_5$ 系、$ZnCr_2O_4$ 系等,它们都为负特性陶瓷湿度传感器,即随环境相对湿度的增加,其阻值减小。

陶瓷湿度传感器的感湿机理在于半导体陶瓷感湿材料一般为多晶多相结构,由于半导体化的结果,使晶粒内产生了大量自由载流子-电子或空穴。水是一种强极性电介质,其介电常数接近 80。水分子的氢原子附近有很强的正电场,即具有很强的电子亲和力。当水分子被吸附在多孔陶瓷的晶界表面时,随着环境湿度的增加,多孔陶瓷吸附的水分子增多,使其阻值下降。图 8.5 出了 $MgCr_2O_4$ 系湿度传感器的电阻-湿度特性。

陶瓷湿度传感器分为烧结型、厚膜型、薄膜型。

（1）烧结型陶瓷湿度传感器是将感湿材料经配比、研磨、成形、烧结等工序制成的，其产量约占陶瓷湿度传感器的 50%。其不足之处是性能还不够稳定，工作中需要定时加热清洗，而这又加速了敏感陶瓷的老化，另外，它对湿度不能连续测量。

（2）厚膜型陶瓷湿度传感器。目前，陶瓷湿度传感器有从烧结型向厚膜型过渡的趋势，这是因为厚膜湿度传感器的分散性较小，阻值易于控制，互换性好，响应时间短，便于集成化等优点，因而受到重视。

常见的厚膜湿敏材料有 ZrO_2-Y_2O_3 系、$MnWO_4$ 系等。它是在氧化铝绝缘基片上蒸镀制成梳状电极，然后将研磨成超微细粉末的感湿材料与环氧树脂调成膏状，涂覆在梳状电极上，再经中温烧结制成的。

厚膜湿度传感器的性能较好。例如，以 ZrO_2 为湿敏材料的 HS-201 型厚膜湿度传感器，其功耗小，稳定性好，体积小，重量轻，具有良好的响应特性与耐久性，且不需要加热清洗，因而在空调、除湿器、环境湿度控制等方面得到广泛应用。

（3）薄膜型陶瓷湿度传感器是将感湿材料，如 Ta_2O_5 和 Al_2O_3 等，在硼硅玻璃或蓝宝石衬底上沉积一层氧化物感湿薄膜，然后在其上蒸镀一对梳状电极制成的。

薄膜型陶瓷湿度传感器的感湿特征量大都采用电容量。由于水的介电常数大，所以，环境湿度增加时，薄膜吸附的水分子增多，使电容量增加。图 8.6 为 Ta_2O_5 薄膜湿度传感器的电容-湿度特性。

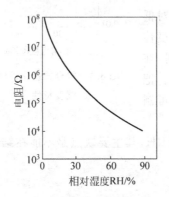
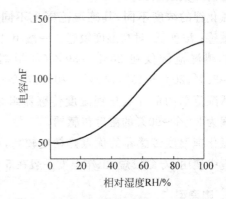

图 8.5　$MgCr_2O_4$-TiO_2 系湿度传感器的　　图 8.6　Ta_2O_5 薄膜湿度传感器的电容-湿度特性
　　　　电阻-湿度特性

薄膜湿度传感器工作稳定，尤其在高温下更是如此，另外，由于薄膜湿度传感器的感湿膜很薄，所以其响应时间很短（1～3s），特别适于在需要高速湿度响应的场合工作。

3. 半导体型

由 N 型硅材料和 SnO_2 形成 PN 结，即可构成湿敏二极管。工作时给其加上恒定的负偏压和负载使之处于雪崩区附近，此时，其反向电流的大小便与环境湿度直接相关。其反向电流与环境湿度的关系如图 8.7 所示。从图可以看出，随着相对湿度的增加，湿敏二极管的反向电流减小。这是由于湿敏二极管置于待测环境时，其 PN 结边缘处有水分子吸附，使耗尽层变宽(主要是向硅衬底方向扩展),使二极管雪崩电压提高,导致其反向电流减小。

这种湿敏二极管的响应速度很快,从0~100%的湿度变化,响应时间仅15s,且从低湿到高湿都有较高的灵敏度。这种传感器是用半导体工艺制成的全硅固态湿度传感器,有利于传感器的集成化与微型化,很有发展前途。

4. 高分子型

利用高分子材料的吸湿性及吸湿后其电特性的明显变化,可制成高分子湿度传感器。

某些高分子电介质材料(如醋酸纤维素材料、酰胺纤维素、硝化纤维素)吸湿后,其介电常数明显改变,据此可制成高分子电容湿度传感器。

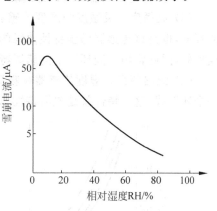

图 8.7 湿敏二极管的感湿特性曲线

而某些高分子电解质材料(如苯乙烯磺酸锂)吸湿后其电阻值发生明显变化,据此可制成高分子电阻湿度传感器。

制作高分子湿度传感器时,是在玻璃、聚苯乙烯等绝缘基片上蒸镀梳状电极,然后,在其上通过涂覆、电解等工艺制成厚度约 $0.5\mu m$ 的高分子感湿薄膜,再在其上蒸镀一层极薄的多孔透水的另一电极,并加引线制成的。

图 8.8(a)是高分子电容湿度传感器的电容-湿度特性,图 8.8(b)是高分子电阻湿度传感器的电阻-湿度特性。高分子薄膜湿度传感器的缺点是不能在 80℃ 以上温度环境和含有有机气体环境中的湿度测量,性能还不够稳定。

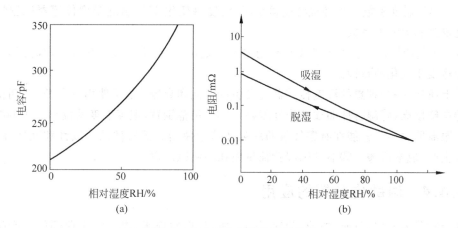

图 8.8 高分子传感器的感湿特性

8.4.3 湿度传感器特性

湿度传感器的主要特性有以下几点:

(1)感湿特性。感湿特性为湿度传感器的特征量(如电阻值、电容值和频率值等)随湿度变化的关系,常用感湿特征量和相对湿度的关系曲线来表示,如图 8.9 所示。

（2）湿度量程。湿度量程为湿度传感器技术规范规定的感湿范围，全量程为 $0\sim100\%$。

（3）灵敏度。灵敏度为湿度传感器的感湿特征量（如电阻和电容值等）随环境湿度变化的程度，也是该传感器感湿特性曲线的斜率。由于大多数湿度传感器的感湿特性曲线是非线性的，因此常用不同环境下的感湿特征量之比来表示其灵敏度的大小。

（4）湿滞特性。湿度传感器在吸湿过程和脱湿过程中的吸湿与脱湿曲线不重合，而是一个环形线，这一特性就是湿滞特性，如图 8.10 所示。

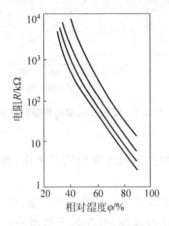

图 8.9　湿度传感器的湿度特性

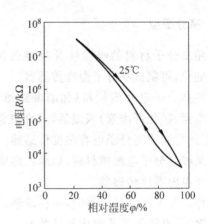

图 8.10　湿度传感器的湿滞特性

（5）响应时间。响应时间为在一定环境温度下，当相对湿度发生跃变时，湿度传感器的感湿特征量达到稳定变化量的规定比例所需的时间。一般以相应的起始湿度和终止湿度这一变化区间的 90% 的相对湿度变化所需的时间来计算。

（6）感湿温度系数。当环境湿度恒定时，温度每变化 $1℃$，引起湿度传感器感湿特征量的变化量为感湿温度系数。

（7）老化特性。老化特性为湿度传感器在一定温度、湿度环境下存放一定时间后，其感湿特性将发生变化的特性。

综上所述，一个理想的湿度传感器应具备的性能和参数为：①使用寿命长，长期稳定性好。②灵敏度高，感湿特性曲线的线性度好。③使用范围宽，湿度温度系数小。④响应时间短。⑤湿滞凹差小。⑥能在有害气氛的恶劣环境中使用。⑦器件的一致性和互换性好，易于批量生产，成本低廉。⑧器件感湿特征量应在易测范围以内。

8.4.4　湿敏传感器的应用

随着时代的发展，科研、农业、暖通、纺织、机房、航空航天、电力等工业部门对产品质量的要求越来越高，对环境温、湿度的控制以及对工业材料水分值的监测与分析都已成为比较普遍的技术条件之一。

由此，近些年来，湿敏传感器在农业、工业生产、气象监测、医疗技术方面均得到了广泛应用。例如，气象观测站可以采用耗电量很小的湿敏传感器，用蓄电池供电，然后用无线传输到数据中心，平时基本上不用维护。农业上的仓库管理，通过测量湿度，然后把数据给控制系统，当湿度高于某一值时，启动自动去湿装置。此外，在巨大的市场需求下，各种新型湿敏传感器也应运而生。

8.5 离子敏传感器

除纯净的水外,水中总会有溶解或悬浮的其他物质,因此快速、准确地测出水中的某些物质含量对人类生存起着重要作用。离子敏传感器就是用来检测水中氰、钾、钠、钙、氯、溴、碘、氢等各种离子浓度(活度)的传感器。溶液中离子浓度是指含离子的多少,单位是 mol(摩尔)/l(升)或 ppm。氢离子浓度对化学生物反映起着支配作用,为判断水中氢离子浓度(活度),可以用一个特殊的量值"pH 值"来表示。

离子敏传感器是一种对离子具有选择敏感作用的场效应晶体管,由离子选择电极(ISE)与金属-氧化物-半导体(MOSFET)组成,简称 ISFET。离子场效应晶体管,是用来测量溶液中离子浓度的微型固态电化学器件。离子选择电极(离子传感器)是通过测定溶液与电极的界面电位来检测溶液中的离子浓度的,它与普通 MOSFET 管结构的不同之处是它没有金属栅极,在绝缘栅极上制作一层敏感膜,测量时将绝缘栅膜直接与被测溶液接触。

8.5.1 MOS 场效应管的结构与特性

离子敏传感器与普通场效应管原理相似。但结构上有所不同,其结构原理如图 8.11(a)所示。P 型硅做衬底,硅片上扩散两个 N＋区,分别为源(S)极和漏(D)极,在 S-D 之间用溶液代替栅极(G)。

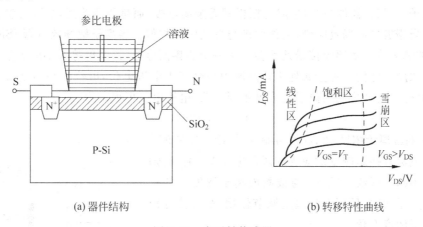

(a) 器件结构　　　　　　　　　(b) 转移特性曲线

图 8.11 离子敏传感器

MOSFET 转移特性曲线如图 8.11(b)所示,其阈值电压的定义是,源-漏间电压 $V_{DS}=0$ 时,使漏-源之间形成沟道所需的栅-源 V_{GS} 电压,因此漏-源电流 I_{DS} 的大小与阈值 V_T 电压有关。转移特性是指漏-源电压 V_{DS} 一定时,漏-源电流 I_{DS} 与栅-源电压 V_{GS} 之间的关系。由转移特性曲线说明,I_{DS} 的大小随 V_{DS} 和 V_{GS} 的大小变化,线性区 $V_{DS}<(V_{GS}-V_T)$;饱和区 $(V_{GS}-V_T)$,这时 I_{DS} 的大小不再随 V_{DS} 的大小变化,当 $V_{GS}\geqslant V_T$ 时,MOSFET 开启,这时漏源电流 I_{DS} 随栅极偏压 V_{GS} 增加而加大。离子敏传感器就是利用溶液浓度变化时参比电极界面电位使阈值电压 V_T 随被测溶液变化检测离子浓度的。

8.5.2 离子敏传感器工作原理

离子敏传感器电路如图 8.12 所示,将普通 MOSFET 的金属栅去掉,让绝缘氧化层直接与溶液接触,栅极用铂金属膜作引线,在铂膜上涂一层离子敏感膜,构成离子敏场效应管 ISFET。ISFET 没有金属栅极,而是在绝缘栅上制作了一层敏感膜,敏感膜种类很多,不同

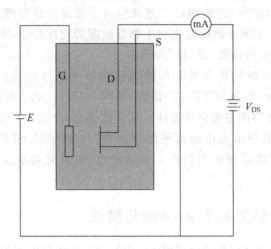

图 8.12 离子敏传感器基本电路

敏感膜检测离子种类不同,具有离子选择性,如 Si_3N_4(氮化硅),SiO_2,Al_2O_3(无机膜)可测 H^+(氢离子)、pH。器件在 SiO_2 层与栅极间无金属电极,而是待测溶液,溶液与参比电极同时接触充当栅极构成场效应管,工作原理与场效应管相似。当离子敏场效应管 ISFET 插入溶液时,被测溶液与敏感膜接触处就会产生一定的界面电势,这个电势大小取决于溶液中被测离子的浓度。任何一种金属处于盐溶液中都会产生电极电位,电位大小与金属电极的属性有关,另外与溶液中同名离子的浓度不同有关,电极电位可表示为

$$V = A + B\lg a$$

式中,a 为响应离子浓度,A、B 为当器件、溶液一定时的常数。

界面电势直接影响场效应管的阈值电压 V_T 值,已知 $V_T = A + B\lg a$。阈值电压 V_T 与被测液离子浓度 a 的对数成线性关系,该电压可对沟道起调节作用,结果使源极电流随离子浓度变化。

8.5.3 离子敏传感器测量电路

用离子敏场效应管 ISFET 敏感器件测量 pH 值或离子浓度时,基本设备都是由测量电极、参考电极、测量电路组成的。反馈补偿输入电路原理示意图如图 8.13 所示。电路将 ISFET 和参考电极组成高内阻器件,接入放大器 A 作为反馈电路器件可获得较高的闭环增益。该电路的特点是,只要 V_S 稍有变化,V_o 可有较大输出。调节

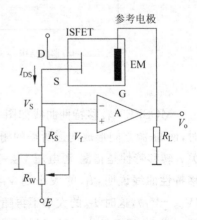

图 8.13 反馈补偿输入电路原理示意图

电阻器 R_w 使电路中的 ISFET 敏感器件满足 $V_{DS} > (V_{GS} - V_T)$，工作在饱和区。运放输入端为零时 $V_S = V_f$，V_f 为放大器 A 同相端调整电压。因为电流 $I_{DS} = V_S/R_S$ 不变，因此输出电压

$$V_0 = V'_{GS} - EM + V_S$$

式中，EM 是参比电极电位，代表一定浓度，只要检测出 V_0，即可知道 EM 的变化。电路中 V_0 变化实际补偿了由于 EM 变化引起的 I_{DS} 变化部分，最终能使 I_{DS} 恒定，所以称反馈补偿输入电路。

8.5.4 离子敏传感器的应用

1. 离子敏感器件在中草药分析中的应用

临床检查，环境监测中对化学成分的定量分析，以前均以光谱分析法为主。最近开始采用电极分析法。电极法与光谱法相比，具有操作简单的优点。目前，利用电极组成的各式分析仪器已开始在市场出售，其中具有代表性的为离子选择电极。

离子敏感器件是于 20 世纪 60 年代初发展起来的一种新型电化学测试器件。它是由离子敏感膜、内参溶液和内参比电极三部分组成的。近年来发展到将离子敏感膜淀积到半导体场效应管绝缘栅（SiO_2 或 Si_3N_4）上，制成了全固态半导体离子敏感器件，简称 ISFET。由于 ISFET 具有选择性好、响应快、操作简便、不破坏原待测体系等特点，在中草药分析中已崭露头角。近十几年来，药物离子敏感器件的研制成功，为中草药中有效成分分析，成品药质量控制，药理研究提供了新的测试手段。目前国内外这方面的报导日益增多。

2. 植物营养学研究中的应用

离子选择微电极起初是用于化学分析和电化学研究的，随着电生理学的发展而发展。离子选择微电极的制备和工作原理主要有：①双电极制备过程包括离子敏感剂的配制、电极拉制、硅烷化和敏感剂的灌注、电极的标定等；②离子选择微电极的工作原理与其他类型的电极主要不同在于，微电极中所灌敏感剂的离子浓度和细胞中离子的浓度存在着浓度差，因此会产生离子及其所带电荷的移动，并且敏感剂只对某种离子有专一的选择通透性，离子专一地穿过生物膜、敏感膜而产生的膜电位差值和该离子的浓度存在对数曲线的关系，离子的浓度可以通过修正后的能斯特方程计算出。

离子选择微电极技术在植物营养学领域中的应用主要包括以下方面：NH_4^+、NO_3^-、K^+、Ca^{2+} 等穿膜运输的生理过程和能量驱动以及在细胞内的区域化分布；不同营养条件下质外体养分离子、pH 值等生理指标的变化以及逆境条件下电信号的传导等方面。今后，离子选择微电极应进一步提高专一性、选择性，并简化仪器装备、使之能走出实验室，为作物的营养诊断提供技术支持，以更好地服务农业生产。

习题 8

1. 如何剔除环境因素对气体传感器的影响？
2. 气体传感器与化学传感器之间的关系是怎样的？如何界定？
3. 化学传感器可逆吗，是只限于测量浓度的传感器吗？

参考文献

[1]　林玉池. 现代传感技术与系统[M]. 北京：机械工业出版社，2009.

[2]　吴建平. 传感器原理及应用[M]. 北京：机械工业出版社，2009.

[3]　李正军. 现场总线及其应用技术[M]. 北京：机械工业出版社，2005.

[4]　刘君华. 智能传感器系统[M]. 西安：西安电子科技大学出版社，2004.

[5]　周沿敏，钱政. 智能传感技术与系统[M]. 北京：北京航空航天大学出版社，2008.

[6]　杨乐平，李梅涛，肖凯. 虚拟仪器技术概论[M]. 北京：电子工业出版社，2003.

[7]　刘笃仁，韩保君，刘勒. 传感器原理及应用技术[M]. 西安：西安电子科技大学出版社，2009.

[8]　周旭. 现代传感器技术[M]. 北京：国防工业出版社，2007.

[9]　刘巍. 无线温湿度采集系统设计[J]. 河北工业科技，2010(6).

[10]　孙良彦，刘正绣. 常温半导体气敏元件的研制[J]. 云南大学学报，1997(1).

第9章

生物传感器

　　生物传感器是分子生物学与微生物学、电化学、光学相结合的结合体,是在传统传感器上增加一个生物敏感基元而形成的新型传感器,是生命科学与信息科学的产物。生物传感器技术与纳米技术相结合将是生物传感器领域新的生长点,其中以生物芯片为主的微阵列技术是当今研究的重点。

　　生物传感器是利用各种生物物质做成的、用于检测与识别生物体内化学成分的传感器。生物或生物物质是指酶、微生物和抗体等,它们的高分子具有特殊的性能,能够精确地识别特定的原子和分子。如酶是蛋白质形成的,并作为生物体的催化剂,在生物体内仅能对特定的反应进行催化,这就是酶的特殊性能。对免疫反应,抗体仅能识别抗原体,并且有与它形成复合体的特殊性能。生物传感器就是利用这种特殊性能来检测特定的化学物质(主要是生物物质)的。

9.1　生物传感器的基本概念及特点

　　用固定化生物成分或生物体作为敏感元件的传感器称为生物传感器(biosensor)。生物传感器并不专指用于生物技术领域的传感器,它的应用领域还包括环境监测、医疗卫生和食品检验等。

　　"生物传感器"是用生物活性材料(酶、蛋白质、DNA、抗体、抗原、生物膜等)与物理化学换能器有机结合的一门交叉学科,是发展生物技术必不可少的一种先进的检测方法与监控方法,也是物质分子水平的快速、微量分析方法。在21世纪知识经济发展中,生物传感器技术必将是介于信息和生物技术之间的新增长点,在临床诊断、工业控制、食品和药物分析(包括生物药物研究开发)、环境保护以及生物技术、生物芯片等研究中有着广泛的应用前景。各种生物传感器有以下共同的结构:包括一种或数种相关生物活性材料(生物膜)及能把生物活性表达的信号转换为电信号的物理或化学换能器(传感器),二者组合在一起,用现代微电子和自动化仪表技术进行生物信号的再加工,构成各种可以使用的生物传感器分析装置、仪器和系统。

　　生物传感器的特点是:

　　(1) 采用固定化生物活性物质作催化剂,价值昂贵的试剂可以重复多次使用,克服了过去酶法分析试剂费用高和化学分析烦琐复杂的缺点;

　　(2) 专一性强,只对特定的底物起反应,而且不受颜色、湿度的影响;

（3）分析速度快，可以在一分钟内得到结果；

（4）准确度高，一般相对误差可以达到1%；

（5）操作系统比较简单，容易实现自动分析；

（6）成本低，在连续使用时，每例测定仅需要几分钱人民币；

（7）有的生物传感器能够可靠地指示微生物培养系统内的供氧状况和副产物的产生。

9.1.1 生物传感器的原理

以生物活性物质为敏感材料做成的传感器叫生物传感器。它以生物分子去识别被测目标，然后将生物分子所发生的物理或化学变化转化为相应的电信号，予以放大输出，从而得到检测结果。生物体内存在彼此间有特殊亲和力的物质对，如酶与底物、抗原与抗体、激素与受体等，若将这些物质对的一方用固定化技术固定在载体膜上作为分子识别元件（敏感元件），则能有选择地检测另一方。

生物传感器的选择性与分子识别元件有关，取决于与载体相结合的生物活性物质。为了提高生物传感器的灵敏度，可利用化学放大功能。所谓化学放大功能，就是使一种物质通过催化、循环或倍增的机理与一种试剂作用产生出相对大量的产物。传感器的信号转换能力取决于所采用的转换器。根据器件信号转换的方式可分为：

（1）直接产生电信号；

（2）化学变化转换为电信号；

（3）热变化转换为电信号；

（4）光变化转换为电信号；

（5）界面光学参数变化转换为电信号。

9.1.2 生物传感器的分类

生物传感器根据不同的研究角度有多种分类方式，生物学工作者习惯将生物传感器分为酶生物传感器、微生物传感器、免疫传感器、组织和细胞传感器等，各类生物传感器的分类如表9-1所示。

表 9-1 生物传感器的分类

分 类 方 式	分 类 依 据	传 感 器 名 称
以传感器输出信号分类	（1）被测物与分子识别元件上的敏感物质具有生物亲和作用 （2）被测物与分子识别元件上的敏感物质相互作用并产生物，信号换能器将被测物的消耗或产物的增加转换为输出信号	（1）亲和型生物传感器 （2）代谢型或催化型生物传感器
以分子识别元件上所用的敏感物质分类	（1）酶与被测物作用 （2）微生物代谢 （3）动植物组织代谢 （4）细胞代谢 （5）抗原和抗体的反应 （6）核酸杂交	（1）酶传感器 （2）微生物传感器 （3）组织传感器 （4）细胞传感器 （5）免疫传感器 （6）DNA生物传感器

分 类 方 式	分 类 依 据	传感器名称
以信号转换器分类	(1) 电化学电极 (2) 离子敏场效应晶体管 (3) 热敏电阻 (4) 压电晶体 (5) 光电器件 (6) 声学装置	(1) 电化学生物传感器 (2) 离子敏场效应传感器 (3) 热敏电阻生物传感器 (4) 压电晶体生物传感器 (5) 光电生物传感器 (6) 声学生物传感器

随着生物传感器技术的发展和新型生物传感器的出现,近年来又出现新的分类方法。如直径在微米级甚至更小的生物传感器统称为微型生物传感器;凡是以分子之间特异识别并结合为基础的生物传感器统称为亲和生物传感器。以酶压电传感器、免疫传感器为代表,能同时测定两种以上指标或综合指标的生物传感器称为多功能传感器,如滋味传感器、嗅觉传感器、鲜度传感器、血液成分传感器等;由两种以上不同的分子识别元件组成的生物传感器称为复合生物传感器,如多酶传感器、酶-微生物复合传感器等。

9.1.3 生物传感器的应用

传统的环境监测通常采用离线分析方法,操作复杂,所需仪器昂贵,且不适宜进行现场快速监测和连续在线分析。随着环境污染问题日益严重,生物传感器在建立和发展连续、在线、快速的现场监测体系中发挥着重要作用。目前,生物传感器已进入全面应用时期,各种微型化、集成化、智能化、实用化的生物传感器与系统越来越多,生物传感器的主要应用如图 9.1 所示,它主要应用于食品工业、环境检测、发酵工业和医疗检测等几大领域。

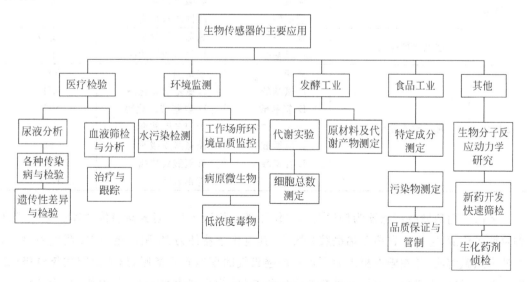

图 9.1 生物传感器的主要应用

9.2 酶传感器

酶传感器是由固定化酶膜与电化学电击构成的,酶是生物体生产的具有消化能力的蛋白质,酶传感器的基本原理是用电化学装置检测酶在催化反应中生成或消耗的物质(电极活性物质),将其变换成电信号输出。

酶的催化反应可用下式表示:

$$S \frac{E}{T} \to \sum_{i}^{n} P_i$$

式中,S 为底物(被酶催化的物质);E 为酶;T 为反应温度(℃);P_i 为第 i 个产物。

酶的催化作用是在一定的条件下使底物分解,故酶的催化作用实际上是加速底物的分解速度。

按输出信号的不同,酶传感器有两种形式:一是电流型酶传感器,根据与酶催化反应有关物质的电极反应所得到的电流,来确定反应物的浓度,通常都用氧电极、H_2O_2 电极等;二是电位型酶传感器,通过电化学传感器件测量敏感膜电极来确定与催化反应有关的各种物质浓度,电位型一般用 NH_2^+ 电极、CO_2 电极、H_2 极等,即以离子作为检测方式,表 9-2 给出了酶传感器的种类。

表 9-2　酶传感器的种类

	检 测 方 式	被测物质	酶	检出物资
电流型	氧检测方式	葡萄糖	葡萄糖氧化酶	O_2
		过氧化氢	过氧化氢酶	O_2
		尿酸	尿酸氧化酶	O_2
		胆固醇	胆固醇氧化酶	O_2
	过氧化氢检测方式	葡萄糖	葡萄糖氧化酶	H_2O_2
		L-氨基酸	L-氨基酸氧化酶	H_2O_2
电位型	离子检测方式	尿酸	尿素酶	NH_4^-
		L-氨基酸	L-氨基酸氧化酶	NH_4^-
		D-氨基酸	D-氨基酸氧化酶	NH_4^-
		天门冬酰胺	天门冬酰胺酸	NH_4^-
		L-酪氨酸	酪氨酸脱羧酶	CO_2
		L-谷氨酸	谷氨酸脱羧酶	NH_4^-
		青霉素	青霉素酶	H^+

下面以葡萄糖酶传感器为例说明其工作原理与检测工程,葡萄糖酶传感器的敏感膜是葡萄糖氧化酶,它固定在聚乙烯酰胺凝胶上,其电化学器件为 Pt 阳电极和 Pb 阴电极,中间溶液为强碱溶液,并在阳电极表面覆盖一层透氧气的聚四氟乙烯膜,形成封闭式氧电极(如图 9.2 所示)。它避免了电极与被测液直接相接触,防止了电极毒化,如电极 Pt 为开放式,它浸入蛋白质的介质中,蛋白质会沉淀在电极的表面,从而减小电极的有效面积,使电流下降,从而使传感器受到毒化。

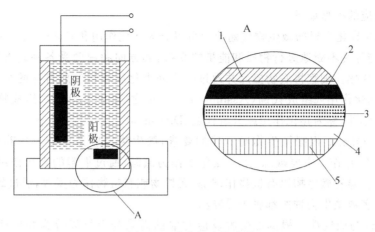

图 9.2　葡萄糖酶传感器

1—Pt 阳极；2—聚四氟乙烯膜；3—固相酶膜；4—半透膜多孔层；5—半透膜致密层

实际应用时,葡萄糖酶传感器安放在被测葡萄糖溶液中。由于酶的催化作用会产生过氧化氢(H_2O_2),其反应式为

$$\text{葡萄糖} + HO_2 + O_2 \longrightarrow \text{葡萄糖酸} + H_2O_2$$

反应过程中,以葡萄糖氧化酶(GOD)作为催化剂。在上式中,葡萄糖氧化时产生 H_2O_2,它们通过选择性透气膜,在 Pt 电极上氧化,产生阳极电流,葡萄糖含量与电流成正比,这样,就测量出了葡萄糖溶液的浓度。例如,在 Pt 阳极上加 0.6V 的电压,则 H_2O_2 在 Pt 电极上产生的氧化电流是

$$H_2O_2 + O_2 \longrightarrow O_2 + 2H^+ + 2e$$

式中,e 为所形成电流的电子。

9.3　微生物传感器

微生物传感器是由固定化的微生物细胞与电化学装置结合而形成的生物传感器。

1. 微生物反应

微生物反应过程是利用生长微生物进行生物化学反应的过程,即微生物反应是将微生物作为生物催化剂进行的反应,酶在微生物反应中起最基本的催化作用。微生物反应与酶反应有几个共同点:同属生化反应,都在温和条件下进行;凡是酶能催化的反应,微生物也可以催化,催化速度接近,反应动力学模式近似。

微生物反应在下述方面又有其特殊性:微生物细胞的膜系统为酶反应提供了天然的适宜环境,细胞可以在相当长的时间内保持一定的催化活性,在多底物反应时,微生物显然比单纯酶更适宜作催化剂,细胞本身能提供酶反应所需的各种辅酶和辅基。利用微生物作生物敏感膜的缺点有:微生物反应通常伴随自身生长,不容易建立分析标准;细胞是多酶系统,许多代谢途径并存,难以排除不必要的反应;环境条件变化会引起微生物生理状态的复杂化,不适当的操作会导致代谢转换现象,出现不期望有的反应。

微生物反应的类型如下：

（1）同化与异化。根据微生物代谢流向可以分为向化作用和异化作用。在微生物反应过程中，细胞与环境不断地进行物质和能量的交换，其方向和速度受各种因素的调节，以适应内外环境的变化。细胞将底物摄入并通过一系列生化反应转变成自身的组成物质，并储存能量，称为同化作用或组成代谢（Assimilation）；反之，细胞将自身的组成物质分解以释放能量或排出体外，称为异化作用或分解代谢（Dissimilation）。

（2）自养与异养。根据微生物对营养的要求，微生物反应又可分为自养性与异养性。自养微生物以 CO_2 作为主要碳源，无机氮化物作为氮源，通过细胞的光合作用或化能合成作用获得能量。异养微生物以有机物作碳源，无机物或有机物作为氮源，通过氧化有机物获得能量。绝大多数微生物种类都属于异养型。

（3）好气性与厌气性。根据微生物反应对氧的需求与否可以分为好氧反应和厌氧反应。微生物反应生长过程中需要氧气的称为好氧反应；微生物反应生长过程中不需要氧气，而需要 CO_2 的称为厌氧反应。也称二者为好气性与厌气性。

（4）细胞能量的产生与转移。微生物反应所产生的能量大部分转移为高能化合物。所谓高能化合物是指转移势能高的基团的化合物，其中以 ATP（三磷酸腺苷）最为重要，它不仅潜能高，而且是生物体能量转移的关键物质，直接参与各种代谢反应的能量转移。

2. 微生物传感器

用微生物作为分子识别元件制成的传感器称为微生物传感器。微生物传感器与酶传感器相比有价格便宜、性能稳定的优点，但其响应时间较长（数分钟），选择性较差。目前微生物传感器已成功地应用于发酵工业和环境检测中，例如测定江水及废水污染程度，在医学中可测量血清中微量的氨基酸，有效地诊断尿毒症和糖尿病等。

微生物本身就是具有生命活性的细胞，有各种生理机能，其主要机能是呼吸机能（O_2 的消耗）和新陈代谢机能（物质的合成与分解），还有菌体内的复合酶、能量再生系统等。因此在不损坏微生物机能的情况下，将微生物用固定化技术固定在载体上就可制作出微生物敏感膜，而采用的载体一般是多孔醋酸纤维膜和胶原膜。微生物传感器从工作原理上可分为两种类型，即呼吸机能型和代谢机能型。微生物传感器结构如图 9.3 所示。

1）呼吸机能型微生物传感器

微生物呼吸机能存在好气性和厌气件两种。其中好气性微生物需要省氧气，因此可通过测量氧气来控制呼吸机能，并了解其生理状态；而厌气性微生物相反，它不需要氧气，氧气存在会妨碍微生物生长，而可以通过测量碳酸气消耗及其他生成物来探知生理状态。由此可知，呼吸机能型微生物传感器是由微生物固定化膜 O_2 电极（或 CO_2 电极）组成的。在应用氧电极时，把微生物放在纤维性蛋白质中固化处理，然后把固化膜附着在封闭式氧极的透氧膜上。图 9.4 是生物化学耗氧量传感器（Biological Oxygen Demand），图中把这种呼吸机能型微生物传感器放入含有有机化合物的被测溶液中，于是有机物向微生物膜扩散，而被微生物摄取（称为资化）。出于微生物呼吸量与有机物资化前后不同，可通过测量 O_2 电极转变为扩散电流值，从而间接测定有机物浓度。BOD 生物传感器使用的微生物可以是丝孢酵母，菌体吸附在多孔膜上，室温下干燥后保存待用。测量系统包括：带有夹套的流通池（直径 1.7cm，高 0.6cm，体积 1.4mL，生物传感器探头安装在流通池内）、蠕动泵、自动采样

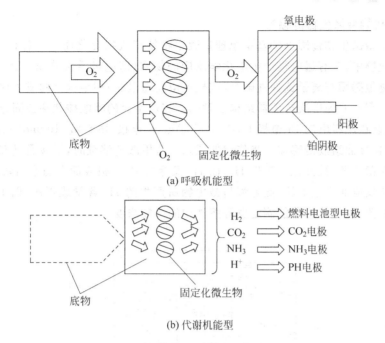

(a) 呼吸机能型

(b) 代谢机能型

图 9.3 微生物传感器结构

器记录仪。

图 9.5 为这种传感器的响应曲线,曲线稳定电流值表示传感器放入待测溶解氧饱和状态缓冲溶液中(磷酸盐缓冲液)微生物的吸收水平。当溶液加入葡萄糖或谷氨酸等营养膜后,电流迅速下降,并达到新的稳定电流值,这说明微生物在资化葡萄糖等营养源时呼吸机能增加,即氧的消耗量增加。导致向 O_2 电极扩散氧气量减少,使电流值下降,直到被测溶液向固化微生物膜扩散的氧量与微生物呼吸消耗的氧量之间达到平衡时,便得到相应的稳定电流值。由此可见,这个稳定值与未添加营养时的电流稳定值之差与样品中的有机物浓度成正比。

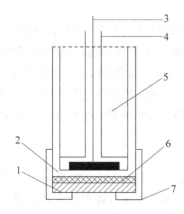

图 9.4 生物化学耗氧量传感器

1—微生物固定化膜;2—电解液;3—阴极(Au);
4—阳极(Pb);5—O_2 电极;6—透氧膜;7—护套

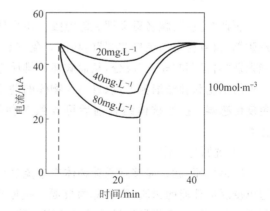

图 9.5 生物化学耗氧量传感器响应曲线

2) 代谢机能型微生物传感器

代谢机能型微生物传感器的基本原理是微生物使有机物资化而产生各种代谢生成物。这些代谢生成物中,含有遇电极产生电化学反应的物质(即电极活性物质),因此,微生物传感器的微生物敏感膜与离子选择性电极(或燃料电池型电极)相结合就构成了代谢机能型微生物传感器。图 9.6 为甲酸传感器结构示意图。将产生氢的酪酸梭状芽菌固定在低温胶冻膜上,并把它装在燃料电池 Pt 电极上,Pt 电极、Ag_2O_2 电极、电解液(100mol·m^3 磷酸缓冲液)以及液体连接面组成传感器。当传感器浸入含有甲酸的溶液时,甲酸通过聚四氟乙烯膜向酪酸梭状芽菌扩散,被极化后产生 H_2,而 H_2 又穿过 Pt 电极表面上的聚四氟乙烯膜与 Pt 电极产生氧化反应而产生电流,此电流与微生物所产生的 H_2 含量成正比,而 H_2 量又与待测甲酸浓度有关,因此传感器能测定发酵溶液中的甲酸浓度。

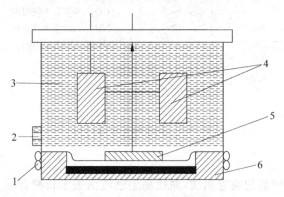

图 9.6   甲酸传感器结构

1—圆环;2—液体连接面;3—电解液;4—Ag_2O_2 电极(阴极);5—Pt 电极(阳极);6—聚四氟乙烯膜

9.4   免疫传感器

1. 免疫学反应

所谓"免疫",顾名思义即免除瘟疫。用现代的观点来讲,"免疫"即生物体具有一种"生理防御、自身稳定与免疫监视"的功能。免疫是生物体的一种生理功能,生物体依靠这种功能识别"自己"和"非己"成分,从而破坏和排斥进入生物体的抗原物质,或生物体本身所产生的损伤细胞和肿瘤细胞等,以维持生物体的健康。与测定抗原抗体反应有关的传感器称为免疫传感器。抗原抗体结合前后可导致多种信号的改变,如重量、光学、热学、电化学等方面。

1) 抗原与抗体

所谓抗原,就是能够刺激动物体产生免疫反应的物质。从广义的生物学观点看,凡是引起免疫反应性能的物质,都可称为抗原。抗原有两种功能:刺激机体产生免疫应答反应和与相应免疫反应产物发生异性结合反应。前一种性能称为免疫原性,后一种性能称为反应原件。通常,根据来源的不同,抗原又可以分为以下几种。

(1) 天然抗原:来源于微生物和动植物,包括细菌、病毒、血细胞、花粉、可溶性抗原毒素、类毒素、血清蛋白、蛋白质、糖蛋白、脂蛋白等。

（2）人工抗原：经化学或其他方法变性的天然抗原，如碘化蛋白、偶氮蛋白和半抗原结合蛋白。

（3）合成抗原：化合抗原是化学合成的多肽分子。

所谓抗体，就是由抗原刺激机体产生的特异性免疫功能的球蛋白，又称免疫球蛋白。免疫球蛋白都是由一至几个单体组成的。每个单体由两条相同的分子量较大的重链和两条相同分子量较小的轻链组成，链与链之间通过非共价链连接。

2）抗原的理性形状

（1）物理形状：完全抗原的分子量较大，通常在一万以上，分子量越大，其表面积相应扩大，接触免疫系统细胞的机会增多，因而免疫原性也就增强。抗原均具有一定的分子构型，或为直线型或为立体构型。一般认为环状构型比直线排列的分子免疫性强，聚合态分子比单体分子的分子免疫性强。

（2）化学组成：自然界中绝大多数抗原都是蛋白质，既可以是纯蛋白也可以是结合蛋白。后者包括脂蛋白、核蛋白、糖蛋白等，此外还有血清蛋白、微生物蛋白、植物蛋白和酶类。近年来证明核酸也有抗原性。

3）抗原抗体反应

抗原-抗体结合时将发生凝聚、沉淀、溶解反应和促进吞噬抗原颗粒的作用。

抗原与抗体的特异性结合点位于 Eabl 链及 H 链的高变区，又称抗体活性中心，其构型取决于抗原决定簇的空间位置，两者可形成互补性构型。在溶液中，抗原和抗体两个分子的表面电荷与介质中的离子形成双层离子云，内层和外层之间的电荷密度差形成静电位和分子间引力。由于这种引力仅在近距离上发生作用，抗原与抗体分子结合时对位应十分准确；一是结合部位的形状要互补于抗原的形状；二是抗体活性中心带有与抗原决定簇相反的电荷。

抗原与抗体结合尽管是稳固的，但也是可逆的。某些酶能促使逆反应，抗原抗体复合物解离时，都保持自己本来的特性。

2．免疫传感器

免疫传感器是生物传感器领域中发展较快的分支，它除具有生物传感器的普遍特点外，还因其高特异性、高选择性、测定准确度高、重复性好、反应速度快等优点，用于大量样品分析和筛选。利用抗体能识别抗原并与抗原结合的功能而制成的生物传感器称为免疫传感器，免疫传感器的基本原理是免疫反应。把免疫传感器的敏感膜与酶免疫分析法结合起来进行超微量测量，它是利用酶为标识剂的化学放大。化学放大就是指微量酶（E）使少量基质（S）生成多量生成物（P）。当酶是被测物时，一个 E 应相对许多 P，测量 P 对 E 来说就是化学放大，根据这种原理制成的传感器称为酶免疫传感器。目前正在研究的诊断癌症用的传感器把甲胎蛋白（AFP）作为癌诊断指标的，它将 AFP 的抗体固定在膜上组成酶免疫传感器，可检测 10^{-9} AFP，这是一种非放射性超微量测量方法。

电位式免疫传感器利用固定化抗体（或抗原）膜与相应的抗原（或抗体）的特异反应，此反应的结果使生物敏感膜的电位发生变化。图 9.7 为这种免疫传感器的结构原理图，图中 2、3 两空间有固定化抗原膜，而 1、3 两室之间没有固定化抗原膜。在 1、2 室内注入 0.9% 的生理盐水，当在 3 室内倒入食盐水时，1、2 室内电极间无电位差。若 3 室内注入含有抗体的盐水,由于抗体和固定化抗原膜上的抗原相结合,使膜表面吸附了特异的抗体,而抗体是有电荷的蛋白质,从而使抗原固定化膜带电状态发生变化,因此1、2室内的电极间有电位差产生。

压电免疫传感器(Piezoelectric Immunosensor)是因免疫反应发生而导致质量改变并通过压电晶体而感知的传感器。通常是将抗体或抗原分子固定于压电晶体(如石英晶体)表面,当其与底物分子发生识别反应时将引起晶体表面质量的改变.根据晶体振荡相应频率的改变。可以灵敏地监测底物分子的浓度。

图9.8为一种质量改变型压电免疫传感器,采用石英晶体微量天平(Quartz Crystal Microbalance、QCM)技术。石英微量称重是应用质量敏感压电谐振器进行测量的一种方法。石英微量天平是自激振荡器型测量装置,这类装置可以把石英压电谐振器表面连接质量的变化转换成自激振荡器输出频率的变化。石英微量天平的主要优点是灵敏度高,可达到2.5MHz/mg,质量敏感谐振器的分辨力可以达到10^{-11},这比其他类型的性能好的微量天平高三个数量级。采用石英微量称重法可以测量许多参数:薄膜厚度、湿度、混合气体的成分、压力、温度、微量杂质的浓度、耐腐蚀性、耐氧化性、溶解度、蒸汽压、物质的各种物理化学参数等,可以在很宽的温度范围内工作,从热力学温度零度到500℃。微量天平的关键部件是AT-切型热稳定谐振器,也可采用表向声波器件(Surface Acoustic Wave,SAW)技术,用于检验微量多硝基爆炸物、化学制剂和毒品。

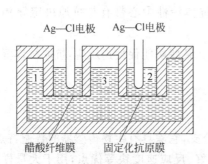

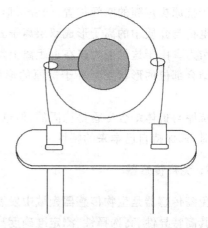

图9.7 电位式免疫传感器的结构原理　　　　图9.8 一种质量改变型压电免疫传感器

9.5 生物组织传感器

生物组织传感器是以活的动植物组织细胞切片作为分子识别元件,并与相应的变换元件构成的,生物组织传感器有很多特点:

(1)生物组织含有丰富的酶类,这些酶类在适宜的自然环境中,可以得到相当稳定的酶活性,许多组织传感器的工作寿命比相应的酶传感器的寿命长得多。

(2)在所需要的酶难以提纯时,直接利用生物组织可以得到足够高的酶活性。

(3)组织识别元件制作简便,一般不需要采用固定化技术。

组织传感器制作的关键是选择所需要的酶活性较高的动植物的器官组织。表9-3列出了几种组织传感器的构成。

表 9-3　几种组织传感器的构成

底　物	生物催化剂	基础电极
腺脊	鼠小肠黏膜细胞	NH_3 电极
5-AMP	兔肌肉、兔肌肉丙酮粉	NH_3 电极
谷酰胺	猪肾细胞、猪肾细胞线粒体	NH_3 电极
鸟嘌呤	兔肝	NH_3 电极
酪氨酸	甜菜	O_2 电极
胱氨酸	黄瓜叶	NH_3 电极
谷氨酸	南瓜	CO_2 电极
多巴胺	香蕉肉	NH_3 电极
丙酮酸	玉米仁	CO_2 电极
尿素	刀豆浆	NH_3 电极
过氧化氢	牛肝	O_2 电极
L-抗坏血酸	南瓜或黄瓜中的果皮	O_2 电极

组织传感器又分为植物组织传感器和动物组织传感器，但其实用化中还有一些问题，如选择性差、动植物材料不易保存等。

习题 9

1. 生物传感器可逆吗？受哪些因素的影响？

2. 如何保证生物的活性？与寿命的关系是怎样的？

3. 压电免疫传感器测量哪些物理量？如何测量？设计：检测水中有毒物质的生物传感器（BOD）。

参考文献

[1]　林玉池.现代传感技术与系统.北京：机械工业出版社,2009-07.
[2]　牛德芳.半导体传感器原理及其应用.大连：大连理工大学出版社,1993-2.
[3]　刘迎春.现代新型传感器原理与应用.北京：国防工业出版社,1998-01.
[4]　陈建元.传感器技术.北京：机械工业出版社,2008-10.
[5]　张先恩.生物传感器原理与应用.长春：吉林科学技术出版社,1991.
[6]　徐同举.新型传感器基础.北京：机械工业出版社,1987.
[7]　刘广玉.几种新型传感器——设计与应用.北京：国防工业出版社,1988.
[8]　陈绚,杨安.综述生物传感器及发展研究前景.南昌高专学报,2005.
[9]　蒋雪松,王剑平,应义斌.用于食品安全检测的生物传感器的研究进展.农业工程学报,2007.
[10]　许牡丹,张嫱.生物传感器在食品安全检测中的应用.食品研究与开发,2004.

第 **10** 章

智能传感器

进入 21 世纪后,智能传感器正朝着单片集成化、网络化、系统化、高精度、多功能、高可靠性与安全性的方向发展。

电子自动化产业的迅速发展与进步促使传感器技术,特别是集成智能传感器技术日趋活跃发展,近年来随着半导体技术的迅猛发展,国外一些著名的公司和高等院校正在大力开展有关集成智能传感器的研制,国内一些著名高校和研究所以及公司也积极跟进,集成智能传感器技术取得了令人瞩目的发展。

10.1 智能传感器简介

智能传感器,其最初的意义是在传感器内部集成某些信号调理电路,工作过程可以采用数字数据,使传感器的性能得到增强,即为智能传感器。为体现传感器技术智能水平的不断发展,不妨认为这是"I 型智能传感器"。智能传感器发展到今天,有了更明确的意义和技术水平。近年来发布了智能传感器接口标准 IEEE 1451,这一标准是一个系列标准,描述了应用于智能传感器的开放的、通用的以及独立的一系列网络通信接口。"智能"在这些标准中的定义为:具有存储、处理数据的能力,能和数字传感器接口集成;传感器能提供必要的功能,以产生对所敏感的或者被控制量的准确表示,其中典型的功能可简洁地表示为应用于网络环境的传感器集成。因此智能传感器的主要变革是提供了网络能力。当然这种智能与人的智能是无法相提并论的,差距太大,因此国外称之为 Smart Sensor 或 Cogent Sensor。国外还有两种称为 Intelligent Sensor 的智能传感器,它是对 Smart Sensor 的加强,广泛采用了人工智能,有人称为"智慧传感器"。

智能传感器系统是一门现代综合技术,是当今世界正在迅速发展的高新技术,至今还没有形成规范化的定义。

下面是对智能传感器的一些简单介绍:

(1) 智能传感器是一种对外界信息具有一定的检测、自诊断、数据处理以及自适应能力的传感器。

(2) 智能传感器具有信息处理功能,带有微处理机,能进行信息采集、处理、交换,是传感器集成化与微处理机相结合的产物。

(3) 智能传感器相对于一般智能机器人来说,可将信息分散处理,从而降低成本。

10.1.1　智能传感器的定义

传感器(sensor)一词来自拉丁语 sentire,意思是"觉察,领悟"。其作用是对于诸如热、光、力、声、运动等物理或化学的刺激做出反应,感受被测刺激后定量地将其转化为电信号,信号调理电路对该信号进行放大、调制等处理,再由变送器转化成适于记录和显示的形式输出。

智能传感器(Intelligent Sensor)的概念最初是美国宇航局在研发宇宙飞船的过程中提出并形成的,1978 年研发出产品。宇宙飞船上需要用大量的传感器不断地向地面发送温度、位置、速度和姿态等数据信息,用一台大型计算机很难同时处理如此庞杂的数据,于是提出把 CPU 分散化,从而产生智能化传感器。

目前,智能传感器尚无公认的科学定义,但普遍认为智能传感器是由传统传感器与专用微处理器组成的。智能传感器可分两大部分:基本传感器和信息处理单元。基本传感器是构成智能传感器的基础,其性能很大程度上决定着智能传感器的性能,由于微机械加工工艺的逐步成熟以及微处理器的补偿作用,基本传感器的某些缺陷(如输入输出的非线性)得到较大程度的改善;信息处理单元以微处理器为核心,接收基本传感器的输出,并对该输出信号进行处理,如标度变换、线性化补偿、数字调零、数字滤波等,处理工作大部分由软件完成。智能传感器的两大部分可以集成在一起设置成为一个整体,封装在一个表壳内;也可分开设置,以利用电子元器件和微处理器的保护,尤其在测试环境较恶劣时更应该分开设置。

10.1.2　智能传感器的功能

(1) 具有自动调零、自校准、自标定功能。智能传感器不仅能够自动检测各种被测参数,还能进行自动调零、自动调平衡、自动校准,某些智能传感器还能自动完成标定工作。

(2) 具有逻辑判断和信息处理能力,能对被测量进行信号调理和信号处理(对信号进行预处理、线性化,或对温度、静压力等参数进行自动补偿等)。

(3) 具有自诊断功能。智能传感器通过自检软件,能对传感器和系统的工作状态进行定期或不定期的检测,诊断出故障的原因和位置并做出必要的响应。

(4) 具有组态功能,使用灵活。在智能传感器系统中可设置多种模块化的硬件和软件,用户可通过微处理器发出指令,改变智能传感器的硬件模块和软件模块的组合状态,完成不同的测量功能。

(5) 具有数据存储和记忆功能,能随时存取检测数据。

(6) 具有双向通信功能,能通过各种标准总线接口、无线协议等直接与微型计算机及其他传感器、执行器通信。

10.1.3　智能传感器的特点

1. 精度高

智能传感器由多项功能来保证它的高精度,如通过自动校零去除零点;与标准参考基准实时对比以自动进行整体系统标定；自动进行整体系统的非线性等系统误差的校正；通过对采集的大量数据的统计处理以消除偶然误差的影响；从而保证了智能传感器具有高的精度。

2. 高信噪比、高分辨力

由于智能传感器具有数据存储、记忆与信息处理功能，通过软件进行数字滤波、相关分析等处理，可以去除输入数据中的噪声，将有用信号提取出来；通过数据融合、神经网络技术，可以消除多参数状态下交叉灵敏度的影响，从而保证在多参数状态下对特定参数测量的分辨能力。故智能传感器具有高信噪比与高分辨力。

3. 高可靠性与高稳定性

智能传感器能自动补偿因工作条件与环境参数发生变化后所引起的系统特性的漂移，如温度变化产生的零点和灵敏度漂移；当被测参数变化后能自动改换量程；能实时、自动地对系统进行自我检验，分析、判断所采集的数据的合理性，并给出异常情况的应急处理（报警或故障提示）。

4. 自适应性强

智能传感器具有判断、分析与处理功能。它能根据系统工作情况决策各部分的供电情况与上位计算机的数据传送速率，使系统工作在最优低功耗状态和传送效率优化状态。例如，US0012是一种基于数字信号处理器和模糊逻辑技术的智能化超声波干扰探测器集成电路，它对温度环境等自然条件有自适应能力。

5. 性价比高

智能传感器所具有的上述高性能，不是像传统传感器技术用追求传感器本身的完善、对传感器的各个环节进行精心设计与调试、进行"手工艺品"式的精雕细琢来获得的，而是通过与微处理器、微计算机相结合，采用廉价的集成电路工艺和芯片以及强大的软件来实现的，因此，其性能价格比低。

6. 超小型化、微型化

随着微电子技术的迅速推广，智能传感器正朝着小和轻的方向发展，以满足航空、航天及国防需求，同时也为一般工业和民用设备的小型化、便携发展创造了条件，汽车电子技术的发展便是一例。智能微尘（Smart Micro Dust）是一种具有电脑功能的超微型传感器。从肉眼看来，它和一颗沙粒没有多大区别。但内部却包含了从信息采集、信息处理到信息发送所必需的全部部件。

7. 低功耗

降低功耗对智能传感器具有重要的意义。这不仅可简化系统电源及散热电路的设计，延长智能传感器的使用寿命，还为进一步提高智能传感器芯片的集成度创造了有利条件。智能传感器普遍采用大规模或超大规模CMOS电路，使传感器的耗电量大为降低，有的可用叠层电池甚至纽扣电池供电。暂时不进行测量时,还可用待机模式将智能传感器的功耗降至更低。

10.1.4　智能传感器的分类

智能传感器有:智能仿生感觉传感器(立体视觉、声觉、嗅觉、触觉)、智能磁场传感器、智能惯性传感器(光纤陀螺、加速度)等。

10.2　智能传感器的体系结构及智能材料

10.2.1　智能传感器的体系结构

1. 智能传感器的层次结构

在整个系统结构中,智能传感器作为基本元件,其灵活性和适应性是最基本的要求。对比来看,人类传感系统就可看作一个高度先进的智能传感系统的范例。它的敏感性和可选择性是根据目标和环境来调整的。

人类传感系统具有先进的传感功能和分级结构。对于能激发先进功能的复杂系统来说,这种分级结构是一种非常合适的结构,如图10.1所示为一多层结构示意图。

顶层(知识过程)整体控制 中央集中处理(数字系列处理)
中间层(信息过程)中间控制 底层调节与优化 传感器信号合成与融化
底层(信号过程)传感与信号规范化 分布并行过程(智能传感器)

图10.1　智能传感器的层次结构

最高级的智能信息处理过程发生在顶层,而处理的功能是中央化的,如同人的大脑,处理的信息是抽象的且与操作原理、传感器的物理结构无关。

另一方面,处于底层的各类传感器组从外部目标收集信息,很像人类的分布传感器官。这些传感器的信号处理是以分布和并行的方式进行的。处理的信息强烈地依赖于传感器的原理和结构。

传感器与期望的信号处理功能协调一致地结合可称为智能传感器。期望信号处理的主要规则是增加设计灵活性和实现新的传感功能。附加规则通过在系统底层的分布信息处理来减小中央处理单元的负载和传输。

在中间层实现信号的中间处理功能。中间处理功能之一是对来自于底层的多重传感器信号的合成。当信号来自不同类型的传感器时,该功能又被称为传感器信号的融合。而另一种中间功能是调整传感器的参数,以优化整个系统的性能。

一般地说,中间层所完成的信息处理的属性更直接地面向位于底层的硬件结构,而在顶层则很少考虑硬件问题。出于同样的原因,信息处理的算法越灵活,在顶层就需要越多的知识。

因此,对于各层所完成的处理功能,底层实现信号处理,中间层实现信息处理,顶层实现知识处理。

2. 智能传感器的设计结构

从处理的信号类型上来看,智能传感器有两种主要设计结构(见图 10.2):一种是数字传感器信号处理(DSSP);另一种是数字控制的模拟信号处理(DCASP)。

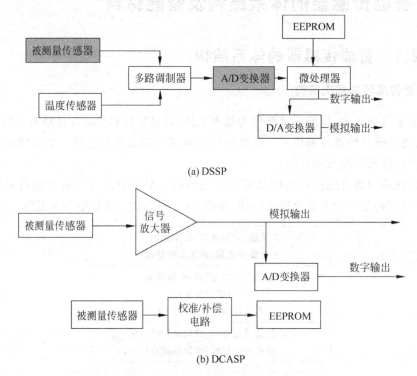

(a) DSSP

(b) DCASP

图 10.2　DSSP 和 DCASP 智能传感器结构

精密智能传感器一般采用 DSSP 结构,通常至少包括两个传感器:被测量传感器(如力传感器)和补偿(温度)传感器。在智能传感器中,温度信号可直接从被测量传感器提取出来。传感器信号经多路调制器送到 A/D 转换器,然后再送到微处理器进行信号的补偿和校正。测量的稳定性只由 A/D 转换器的稳定性决定。可采用传感器输出算法趋近或多表面逼近法进行信号处理。每个给定传感器的校正系数都单独存储在永久寄存器(EEPROM)中,如果需要模拟输出,可附加一个 D/A 转换器。

DSSP 结构的分辨率受输入 A/D 转换器的分辨率和补偿/校正处理分辨率的限制。响应时间受 A/D 变换时间和补偿处理时间的限制。

基本的 DCASP 结构在传感器和模拟输出之间直接提供了一个模拟通道。因此,被测量分辨率和响应时间不受影响。温度补偿和校正在并联回路实现,并联回路能改变信号放大器的失调和增益,要获得数字输出信号,可加一个 A/D 转换器。

10.2.2 智能传感器的智能材料

1. 灵巧结构与机敏材料

灵巧结构(Smart Structure)和机敏材料(Smart Material)都属于智能系统(Smart System)。Smart 系统研究的出发点是源于人们希望能开发出可以模仿人类矫健的肌肉和聪慧神经系统的一种非生物系统,通过模仿生物的自适应和整体协调能力,获得在生物体上所观察到的最佳功能。它们的开发和应用,对一些安全性要求很高的系统,尤其是航空航天、军事防务、交通运输等领域的应用系统,使其性能更完美,安全性、经济性提高到一个新的水平。灵巧结构的英文是 Smart Structure,这里的 Smart 理解为"灵巧"。但国内的叫法不完全一致,有的称为"智能结构"或"机敏结构",也有人直接称为"Smart 结构"。从 20 世纪 80 年代以来,灵巧结构得到了迅速发展,特别是在航空航天领域,"智能蒙皮(智能皮肤,Smart Skin)"、结构健康监测(Structure Health Monitoring,SHM)技术、振动主动控制(Active Resonation Control,ARC)技术,已经开始应用于实际系统中,取得了显著的效益,并且仍在进一步的研究和发展中。

机敏材料具有本身固有的或者外赋的能力,以一种有用功能的方式,响应外部激励。例如一种氧化锌变阻器,可用于保护高电压对电力线路的损害,有闪电袭击时,这些变阻器电阻下降,电流直接流进大地,对电力线路起到了保护作用;一旦高电压消失,变阻器的电阻特性恢复。Smart 结构和 Smart 材料的组成中都具有三个基本模块:传感器、执行器和控制器。它们作为一个部分嵌入或附着到应用对象(系统)上,构成一个完整的智能系统,以一个整体按照预先规定的方式,模仿生物系统的功能,感知信息,处理信号,产生相应的作用或者响应。

2. 智能材料的特征

因为设计智能材料的两个指导思想是材料的多功能复合和材料的仿生设计,所以智能材料系统具有或部分具有以下的智能功能和生命特征:①传感功能(Sensor),能够感知外界或自身所处的环境条件,如负载、应力、应变、振动、热、光、电、磁、化学、核辐射等的强度及其变化。②反馈功能(Feedback),可通过传感网络,对系统输入与输出信息进行对比,并将其结果提供给控制系统。③信息识别与积累功能,能够识别传感网络得到的各类信息并将其积累起来。④响应功能,能够根据外界环境和内部条件变化,适时动态地做出相应的反应,并采取必要行动。⑤自诊断能力(Self-diagnosis),能通过分析比较系统目前的状况与过去的情况,对诸如系统故障与判断失误等问题进行自诊断并予以校正。⑥自修复能力(Self-recovery),能通过自繁殖、自生长、原位复合等再生机制,来修补某些局部损伤或破坏。⑦自调节能力(Self-adjusting),对不断变化的外部环境和条件,能及时地自动调整自身结构和功能,并相应地改变自己的状态和行为,从而使材料系统始终以一种优化方式对外界变化做出恰如其分的响应。

3. 智能材料的构成

一般来说,智能材料由基体材料、敏感材料、驱动材料和信息处理器 4 部分构成:①基体材料,基体材料担负着承载的作用,一般宜选用轻质材料。一般基体材料首选高分子材料,因为其重量轻、耐腐蚀,尤其具有黏弹性的非线性特征。其次也可选用金属材料,以轻质有色合金为主。②敏感材料,敏感材料担负着传感的任务,其主要作用是感知环境变化(包括压力、应力、温度、电磁场、pH 值等)。常用敏感材料如形状记忆材料、压电材料、光纤材料、磁致伸缩材料、电致变色材料、电流变体、磁流变体和液晶材料等。③驱动材料,因为在一定条件下驱动材料可产生较大的应变和应力,所以它担负着响应和控制的任务。常用的有效驱动材料有形状记忆材料、压电材料、电流变体和磁致伸缩材料等。可以看出,这些材料既是驱动材料又是敏感材料,显然起到了身兼二职的作用,这也是智能材料设计时可采用的一种思路。④其他功能材料,包括导电材料、磁性材料、光纤和半导体材料等。

4. 人工智能材料的应用

人工智能材料(Artificial Intelligent Materials,AIM)是一种结构灵敏性材料。它具有三个基本特征:感知环境条件变化(传统传感器)的功能;识别、判断(处理器)功能;发出指令和自行采取行动(执行器)功能。人工智能材料按电子结构和化学键分为金属、陶瓷、聚合物和复合材料等几类;按功能又分为半导体、压电体、电流变体等几种。

例如,具有热阻效应、湿阻效应、电化学反应、气阻效应和自诊断、自调节、自修复功能,可用于快速检测环境温度、湿度,取代温控线路和保护线路;利用电致变色效应和光记忆效应的氧化物薄膜,可制作成自动调光窗口材料,既可减轻空调负荷又可节约能源,在智能建筑物窗玻璃上有广泛的应用前景;利用热电效应和热记忆效应的高聚物薄膜可用于智能多功能自动报警和智能红外摄像,取代复杂的检测线路;利用有光电效应的光导纤维制作光纤混凝土,当结构构件出现超过允许宽度裂缝时,光路被切断而自动报警。

人工智能材料是继天然材料、人造材料、精细材料后的第四代功能材料。显然,它除了具有功能材料的一般属性(如电、磁、声、光、热、力等),能对周围环境进行检测的硬件功能外,还能依据反馈的信息,具有进行自调节、自诊断、自修复、自学习的软调节和转换的软件功能。

为了增加感性认识,现举一个简单的应用了智能材料的例子:某些太阳镜的镜片当中含有智能材料,这种智能材料能感知周围的光,并能够对光的强弱进行判断,当光强时,它就变暗,当光弱时,它就会变得透明。

10.3　智能传感器的实现技术

10.3.1　非集成化实现

非集成化智能传感器是将传统的经典传感器(采用非集成化工艺制作的传感器,仅具有获取信号的功能)、信号调理电路、带数字总线接口的微处理器组合为一个整体而构成的一个智能传感器系统,其框图如图 10.3 所示。

图 10.3 中的信号调理电路用来调理传感器的输出信号,即将传感器输出信号进行放大

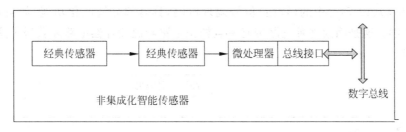

图 10.3　非集成化智能传感器框图

并转换为数字信号后送入微处理器,再由微处理器通过数字总线接口挂接在现场数字总线上,是一种实现智能传感器系统最快的途径与方式。例如美国罗斯蒙特公司、SMAR 公司生产的电容式智能压力(差)变送器系列产品,就是在原有传统式非集成化电容式变送器基础上附加一块带数字总线接口的微处理器插板后组装而成的。同时,开发配备可进行通信、控制、自校正、自补偿、自诊断等智能化软件,从而形成智能传感器。

这种非集成化智能传感器是在现场总线控制系统发展形势的推动下迅速发展起来的。因为这种控制系统要求挂接的传感器/变送器必须是智能型的,对于自动化仪表生产厂家来说,原有的一整套生产工艺设备基本不变。因此,对于这些厂家而言非集成化实现是一种建立智能传感器系统最经济、最快捷的途径与方式。

10.3.2　集成化实现

这种智能传感器系统是采用微机械加工技术和大规模集成电路工艺技术,利用硅作为基本材料来制作敏感元件、信号调理电路、微处理器单元,并把它们集成在一块芯片上构成的,故又可称为集成智能传感器(Integrated Smart/Intelligent Sensor),其外形如图 10.4 所示。

随着微电子技术的飞速发展、微米/纳米技术的问世,大规模集成电路工艺技术的日臻完善,集成电路器件的密集度越来越高,已成功地使各种

图 10.4　集成智能传感器结构示意

数字电路芯片、模拟电路芯片、微处理器芯片、存储器电路芯片的价格性能比大幅度下降。反过来,它又促进了微机械加工技术的发展,形成了与传统的经典传感器制作工艺完全不同的现代传感器技术。

10.3.3　混合实现

根据需要与可能,将系统各个集成化环节,如敏感单元、信号调理电路、微处理器单元、数字总线接口,以不同的组合方式集成在两块或三块芯片上,并装在一个外壳里。集成化敏感单元包括(对结构型传感器)弹性敏感元件及变换器。信号调理电路包括多路开关、医用放大器、基准、模/数转换器(ADC)等。微处理器单元包括数字存储器(EPROM、ROM、RAM)、I/O 接口、微处理器、数/模转换器(DAC)等。

在图 10.5(a)中,三块集成化芯片封装在一个外壳里。

在图 10.5(b)、10.5(c)、10.5(d)中,两块集成化芯片封装在一个外壳里。

图 10.5(a)、10.5(c)中的(智能)信号调理电路,具有部分智能化功能,如自校零、自动进行温度补偿。这是因为这种电路带有零点校正电路和温度补偿电路才获得了这种简单的智能传感器。

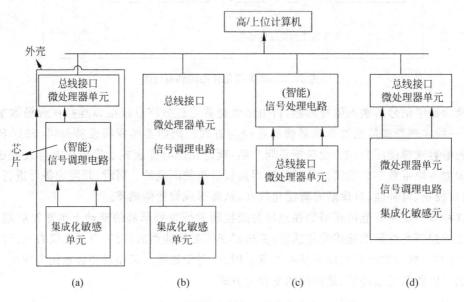

图 10.5　在一个封装中可能的混合集成实现方式

10.4　智能仿生感觉传感器

1. 仿生传感器的定义及工作原理

仿生传感器是一种利用仿生技术思想,采用新的检测原理的新型传感器,它采用固定化的细胞、酶或者其他生物活性物质与换能元件相配合组成,基于生物学原理设计的可以感受规定待测物并按照一定规律转换及输出可用信号的器件或装置,是一种采用新的检测原理的新型传感器,由敏感元件和转换元件组成,另外辅之以信号调整电路或电源等。这种传感器是近年来生物医学和电子学、工程学相互渗透而发展起来的一种新型信息技术。

2. 仿生传感器的分类

仿生传感器按照用途分为视觉传感器,嗅觉传感器,听觉传感器,味觉传感器,触觉传感器,接近觉传感器,力觉传感器和滑觉传感器 8 类传感器,比较常用的是生体模拟的传感器。仿生传感器按照使用的介质可以分为:酶传感器、微生物传感器、细胞传感器、组织传感器等。

10.4.1　智能立体视觉传感器

人类为了克服自身的局限性,发明和创造了许多装备来辅助或代替人类完成任务。智能装备作为一种能模拟人类,能感知外部世界并有效地解决问题的系统,是这种机器最理想的形式。人类感知外部世界主要是通过视觉、触觉、听觉和嗅觉等感觉器官来获取信息的,其中约80%的信息是由视觉获取的。因此,视觉传感技术对发展智能机器极其重要。视觉传感技术也应运而生。

1. 视觉传感器的定义

视觉传感器是指通过对摄像机拍摄到的图像进行图像处理,来计算对象物的特征量(面积、重心、长度、位置等),并输出数据和判断结果的传感器。

2. 视觉传感器的硬件组成

视觉传感器将图像传感器、数字处理器、通信模块和I/O控制单元集成到一个单一的相机内,使相机能够完全替代传统的基于PC的计算机视觉系统,独立地完成预先设定的图像处理和分析任务。视觉传感器一般由图像采集单元、图像处理单元、图像处理软件、通信装置、I/O接口等构成,视觉传感器系统构成如图10.6所示。

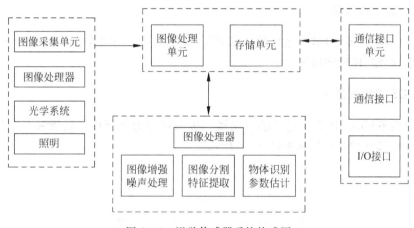

图10.6 视觉传感器系统构成图

10.4.2 视觉传感器的基本原理

视觉传感器具有从一整幅图像捕获光线数以千计的像素的能力,它的主要部件就是照相机或者摄像机,通过镜头图像传感器(一般是CCD和CMOS类型)采集的图像,然后将该图像传送至处理单元(基于PC的系统,处理单元通常就是PC的CPU,而智能摄像头的处理单元一般是DSP),通过数字化处理,运用不同的算法来提高对结论有重要影响的图像要素,根据像素分布,亮度,颜色等信息进行尺寸,形状,颜色等的测量和判断,进而根据判断的结果来控制现在设备的动作,其功能主要包括物体定位,特征检测,缺陷判断,目标识别,计数和运动跟踪。视觉传感器通常因为其精确性,易用性,丰富功能以及合理的成本而成为各大厂家的最佳选择。视觉传感器的基本原理图如图10.7所示。

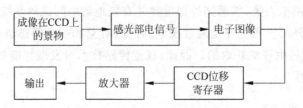

图 10.7   视觉传感器的基本原理图

10.4.3   视觉传感器的分类

固体图像传感器是现代视觉信息获取的一种基础器件,因其能实现信息的获取、转换和视觉功能的扩展(光谱拓宽、灵敏度范围扩大),能给出直观、真实、层次多、内容丰富的可视图像信息,所以得到了广泛的应用。目前,固体图像传感器主要有三种类型:第一种是电荷耦合器件(CCD)、第二种是 MOS 图像传感器,又称为自扫描光电二极管阵列(SSPA);第三种是电荷注入器件(CID)。

1. CCD 的工作原理

CCD(电荷耦合器件)是用电荷信号来表征视觉信息的,因此,CCD 的工作过程为信号电荷的产生、存储、传输和检测。

2. CMOS 视觉传感器

根据结构不同,CMOS 视觉传感器光敏二极管可分为光栅型二极管和光敏型二极管。CMOS 视觉传感器的功能结构如图 10.8 所示。

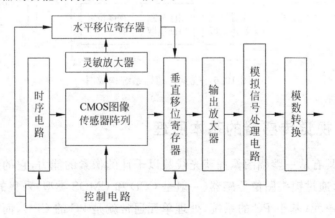

图 10.8   CMOS 视觉传感器的功能结构

(1)光敏元阵列:收集光信号。

(2)灵敏放大器:光敏元阵列中各像素上反映光强的电信号很微弱。需要放大,因而需要灵敏度高、噪声低的灵敏放大器。

(3)阵列扫描电路:阵列扫描电路由水平移位寄存器电路和垂直移位寄存器电路及输出放大器组成。水平移位寄存器电路可完成水平方向的扫描,依次读出某行中各列像素中的电信号。垂直移位寄存器电路可完成处置方向扫描,依次读出各行像素中的电信号,从而实现图像信息扫描。为保证信号有足够的驱动能力输出到外电路,加入了输出放大器。

(4) 控制电路:系统功能控制。

(5) 时序电路:保证芯片中各部分电路按规定的节拍工作。

(6) 模拟信号处理电路:信号的积分、放大、取样和保持,通过双相关采样、校正等处理电路抑制噪声。

(7) 模数转换电路:实现输出信号的模数转换,便于与计算机接口。

3. 二值视觉传感技术

当物体轮廓足以用来识别物体且周围环境可以适当地控制时,通常采用二值图像来表征视觉对象。二值视觉传感系统在工业零件测量、字符识别、染色体分析等领域得到了广泛的应用。

二值视觉传感系统具有以下特点:

(1) 算法简单、易于理解;(2) 占用的存储资源少、对设备要求低。

4. 视觉传感器工作过程

人的视觉是获取外界信息主要的感觉行为。据统计,人获得外界信息的 80% 是靠视觉得到的,因此,视觉传感器是仿生传感器中最重要的部分。人类视觉的模仿多半是用电视摄像机和计算机技术来实现的,故又称为计算机视觉。视觉传感器的工作过程可分为检测、分析、描绘和识别 4 个主要步骤。

1) 视觉检测

视觉检测主要利用图像信号输出设备,将视觉信息转换为电信号。常用的图像信号输入设备有摄像管和固态图像传感器。摄像管分为光导摄像管和非光导摄像管两种,前者是储存型,后者是非储存型的。固态图像传感器分为线阵传感器和面阵传感器。

输入视觉检测部件的信息形式有亮度、颜色和距离等,这些信息一般可以通过电视摄像机获得。亮度信息用 A/D 转换器按 4～10 量化,再以矩阵形式构成数字图像,存于计算机内。若采用彩色摄像机可获得各点的颜色信息。对三维空间的信息还必须处理距离信息。常用于处理距离信息的方法有光投影和立体视觉法。光投影是向被测物体投以特殊形状的光束,然后检测反射光,即可获得距离信息。

例如,用点光束的激光扫描器把激光束投影在被测物体上,用摄像机接受物体的反光,进行画面位置的检测,根据发射激光束的空间角度与反射光线的空间角度,以及发射源和摄像机位置间的几何关系,可以确定反射点的空间坐标。用激光束的二维扫描可以确定被测物体各点的距离信息。

立体视觉法采用两个摄像机测距。实现人的两眼视觉效果,通过比较两台摄像机拍摄的画面,找出物体上任意亮点在两画面上的对应点,再根据这些点在两画面中的位置和两摄像机的几何位置,通过大量的计算,就可确定物体上对应点的空间位置。

为了得到视觉效果,景物的照明也是很重要的因素。设计一个很好的照明系统,对于景物照明,使图像的处理变得简单,最佳光源是亮度高,相关性、方向性和单色性好的激光光源。

2）视觉图像分析

视觉图像分析是把摄取到的所有信号去掉杂波及无价值像素，重新把有价值的像素按线段或区域等排列成有像素集合。被测图像被划分为各个组成部分的预处理过程为视觉图像分析。

分析算法主要有边缘检测、门限化和区域法三种。

3）描绘与识别

图像信息的描绘是利用求取平面图形的面积、周长、直径、孔径、顶点数、二阶矩、周长平方与总面积之比，以及直线数目、弧的数目，最大惯性矩和最小惯性矩之比等方法，把这些方法中所隐含的图像特征提取出来的过程。因此，描绘的目的是从物体图像中提取特征。从理论上说，这些特征应该与物体的位置和取向无关，只包含足够的描绘信息。

而识别是对描绘过程的物体给予标识，如钳子、螺帽等名称。

由上述分析可知，视觉传感器的基本组成必须包括信息获取和处理两部分，才能把对象的物体特征通过分析处理，描绘后识别出来。从一定意义上说，一个典型视觉传感器的组成原理如图 10.9 所示。

图 10.9　视觉传感器的典型结构原理

10.5　智能声觉传感器

智能声觉传感器是把外界声场中的声信号转换成电信号的传感器。它在通信、噪声控制、环境检测、音质评价、文化娱乐、超声检测、水下探测和生物医学工程及医学方面有广泛的应用。

智能传感器包括正常声音频率范围内的声觉传感器和超过正常声音频率的声觉传感器即超声波传感器。前者研究较多的是人工耳蜗。

听觉放生传感器技术——电子耳蜗。

1. 电子耳蜗简介

电子耳蜗，又称人工耳蜗。电子耳蜗是一种经手术植入体内，模拟人体耳蜗功能，将环境中的声音信号转换为电信号，并将电信号传入患者耳蜗，刺激耳蜗残存的听神经细胞，并传送至大脑形成听觉，帮助患有重度、极重度感音性耳聋的成人和儿童重获部分听觉的植入式电子装置。电子耳蜗技术开发于 20 世纪 50 年代，最初只有单一电极（频道）来传递声音信息，现已发展到多极（频道），以增强患者对语音的理解。

"人工耳蜗"是目前唯一使全聋患者恢复听觉的装置。人工耳蜗的研制始于美国和法国。近年来，随着电子信息高新技术的飞速发展，人工耳蜗研究也有了很大的进展，从开始只帮助聋哑人唇读的单通道装置，发展到能使半数以上病人打电话的多通道装置。目前，世界上已有 5 万～6 万耳聋患者植入各种人工耳蜗。电子耳蜗系统如图 10.10 所示。

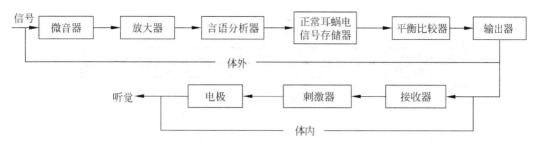

图 10.10　电子耳蜗系统框图

电子耳蜗是一种换能器,能将声信号转换为电信号,经电极输送到耳内,刺激听觉神经,产生听力。从生理上讲,人的内耳耳蜗从窝底到窝顶,不同部分感受的音频频率是不同的,窝底感受的频率较高,而窝顶则感受较低的频率。电子耳蜗的设计可以分为体内和体外两部分。体外部分主要进行语言信号的采集、处理和编码、发送,主要包括麦克风、言语分析器、刺激器和电极阵列。语言信号处理器将麦克风检测到的声音信号进行特征提取或滤波处理,产生不同电极的电刺激信号,编码发射器将这些信号编码、调制为高频信号,通过发射线圈将信号以无线方式发送至体内。体内的接收线圈接收到信号后,接收解码器进行解调、解码后还原出刺激信号,然后控制一个刺激电流生成器,产生相应电极的电刺激信号,并通过植入耳内的电极阵列刺激听神经。

人工耳蜗的关键技术包括语音处理技术、专用集成电路设计技术、体内外电路间无线信号传输技术、电极制造及封装技术等。由于电极制造技术的突破,集成电路设计与制造技术的进一步发展,植入电路使用 2～3 片集成电路产生刺激信号,可产生多种刺激模式。随着数字信号处理系统技术的发展和低功耗 DSP 芯片的推出,便携式体外语音处理器成为发展趋势。植入电路进一步复杂化,人工耳蜗由原来使患者只有声音传感发展到目前具有相当高的语音分辨率,部分使用者可毫无困难地打电话。

2. 电子耳蜗的工作原理

人工耳蜗的主要部分包括体外部分和植入部分。

体外部分包括①外部麦克风:拾取声音并转化为电信号;②言语处理器:可根据预先设置的编码策略对接收的电信号编程;③传输线圈:将言语处理器提供的信号转为射频信号传输给接收-刺激器。

体内植入部分包括①接收-刺激器:接收射频信号并转化为电脉冲,刺激电极阵列;②多通道电极阵列:电流通过植入的电极直接传送至耳蜗中残存的神经元细胞而产生听觉。

3. 电子耳蜗结构简图

电子耳蜗结构简图如图 10.11 所示。

麦克风:将声信号转换为电信号。

语音处理器:将电信号滤波分析并且数字化成为编码信号。(言语处理器将编码信号送到传输线圈。传输线圈将编码信号以调频信号的形式传入位于皮下植入体的接收/刺激器。)接收-刺激器对编码信号进行编码,使携带相应频率及电流强度的电脉冲刺激电极阵

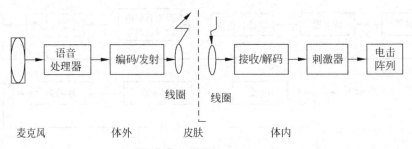

图 10.11　电子耳蜗结构简图

列,通过电极序列特定的位置刺激耳蜗内的听神经纤维,经听神经传到大脑,产生听觉。

外界声音信息—麦克风—言语处理器编码—线圈—接收-刺激解码—电流到电极—听神经—脑干—大脑

编码策略定义了声音转化为电信号并能被大脑识别翻译的方法。

编码策略的效率越高,效果越好,大脑能从人工耳蜗输入的信息中识别含义的可能性越高,而没有含义的声音只是无用的噪声。

10.6　智能嗅觉传感器

顾名思义,智能嗅觉就是对人体嗅觉的模拟,其重要功能是对气味物质进行定性与模糊定量分辨。所以在认识智能嗅觉前了解人体嗅觉的有关理论是非常必要的。由于对人类嗅觉在识别各类气体时的生物、物理和化学机制不甚清楚,导致嗅觉传感器发展缓慢。

现代科学技术和工业生产对智能嗅觉的需求日益增加。最明显的例子是人鼻和狗鼻的模拟,众所周知,狗鼻子在识别痕迹量气味方面的能力使人类感到望尘莫及。人工狗鼻子在海关、公安和国家安全方面的作用不可低估。即使是普通的人工鼻子,在许多危险和易泄毒生产科研环境中也有着不可忽略的作用。另一个例子是在 21 世纪末可以看到的高科技产品——智能机器人,必须具有类似人一样的嗅觉及识别体系。因此作为一种高科技研究,人工智能嗅觉面临着极其严峻的挑战,同时也具有广阔的发展前景。

10.6.1　仿生嗅觉系统

仿生嗅觉系统又称为电子鼻,指多个性能彼此重叠的气体传感器和适当的模式分类方法组成的具有识别单一和复杂气味功能的装置。

如图 10.12 所示,仿生嗅觉系统模拟生物嗅觉系统,工作原理也与嗅觉形成相似。

仿生嗅觉系统提取气味信息单元是利用单个气体敏感元件组成的传感器阵列来实现的。它使用了多个并列的对每种气味具有轻微不同响应的传感器构成阵列,阵列的响应是所有气体成分的全体反映,功能上与生物嗅觉系统中的大量嗅觉感受细胞相似,不同传感器对不同气味物质的响应是不同的,组成传感器阵列的每个敏感元件对同一种气味物质的响应也是不同的,它们具有交叉灵敏度,这是模仿生物嗅觉的基础。

仿生嗅觉系统的关键技术就是传感器阵列,也就是智能嗅觉传感器。

智能嗅觉传感器是新型传感器,拥有具有革命性的探测能力,可以对数千种化学物质进

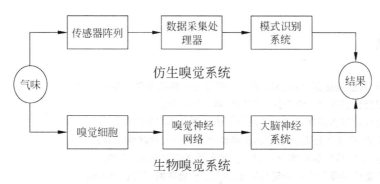

图10.12 仿生嗅觉系统和生物嗅觉系统比较

行高精度、高灵敏度的探测与鉴定。该传感器可用于公共场所爆炸物与化学武器探测。与人和动物的嗅觉相比,电子鼻技术更为客观,结果更可靠。

10.6.2 智能嗅觉传感器原理

仿生嗅觉传感器利用具有交叉式反应的气敏元件组成具有一定规模的气敏传感器阵列,来对不同的气体进行信息提取,然后将大量复杂的数据交给计算机进行模式判别处理。

仿生嗅觉系统提取气味信息是利用单个气体敏感元件组成的传感器阵列来实现的。它使用了多个并列的对每种气体具有轻微不同响应的传感器构成阵列,阵列的响应是所有气体成分的全体反应,功能上与生物嗅觉系统中大量嗅觉受体细胞相似。

传感器阵列输出的信号经专用软件采集、加工、处理后,利用多元数据统计分析方法、神经网络方法和模糊方法将多维响应信号转换为感官评定指标值或组成成分的浓度值,得到被测气味定性分析结果。

由于气体传感器的响应与被测气体体积分数之间的关系一般是非线性的,现在的电子鼻系统多用神经网络方法和偏最小二乘法。近些年发展起来的人工神经网络(Artificial Neural Network),由于具有很强的非线性处理能力及模式识别能力而得到了广泛的应用。神经网络通过学习自动掌握隐藏在传感器响应和气味类型与强度之间的、难以用明确的模型数学表示的对应关系。

许多统计技术和ANNs是互为补充的,所以常常与ANNs联合使用,以得到一组比用单个技术得到的数据更加全面的分类和聚类。这类统计学或化学计量学方法包括主分量分析,部分最小平方法,辨别分析法,辨别因子分析法和聚类分析法等。

习题 10

1. 智能传感器和机器人传感器、集成传感器、识别系统的区别和联系是什么?
2. 影响智能传感器的主要因素有哪些?
3. 制造一个智能传感器的过程、步骤、要素有哪些?

参考文献

[1] 刘君华,等.智能传感器系统[M].西安:西安电子科技大学出版社,1999.

[2] 赵志诚.智能传感器[J].仪表技术与传感器,1999,10:1-3.

[3] 王劲松.组成智能传感器的接口芯片[J].传感器技术,1999(2).

[4] 闫军,宋家驹.智能传感器的主要功能特性及应用[J].物联网,2011.

[5] 张子栋,等.智能传感器原理及应用[J].河南科技学院学报,2008.

[6] 姜书汉.智能传感器的主要功能与应用发展[J].物联网,2011:34-35.

[7] 薄宗艳.智能传感器技术及应用[J].才智杂志,2003.

[8] 徐作华.浅谈智能传感器的典型应用[J].科技资讯,2012.

[9] 何道清,张禾,堪海云.传感器与传感器技术[M].北京:科学出版社,2008.

[10] 黄庆彩,程勇.传感器技术与应用[M].北京:国防科技大学出版社,2009.

第11章

传感器设计
——土壤湿度传感器

11.1 定义和作用

　　土壤湿度，即表示一定深度土层的土壤干湿度程度的物理量，又称土壤水分含量。土壤湿度传感器又名土壤水分传感器，土壤含水量传感器。土壤水分传感器由不锈钢探针和防水探头构成，可长期埋设于土壤和堤坝内使用，对表层和深层土壤进行墒情的定点监测和在线测量。与数据采集器配合使用，可作为水分定点监测或移动测量的工具测量土壤容积含水量，主要用于土壤墒情检测以及农业灌溉和林业防护。

11.2 土壤水分检测的发展历程

　　土壤水分快速测量是个应用广泛和潜力巨大的学科，涉及国民经济的许多领域，与工农业生产密切相关。对于土壤水分快速测量技术的发展，许多学者做了大量的研究工作，特别是国外学者在这方面的起步比较早，得到的成果也比较多。早在 1922 年，Gardner 就开始从事张力计快速测定非饱和土壤水张力的研究；Shaw-Bauer 在 1939 年利用埋入土壤的热电线电阻变化进行土壤水分快速测量的研究；Belender 和 Gardner Kirknam 分别在 1950 年和 1952 年提出了利用中子衰减法来快速测量土壤含水量；在 20 世纪 40 年代，Anderson 探讨了采用音频电桥来快速测量土壤含水量；1976 年 Topp 和 Davis 首先将时域反射法引入土壤水分快速测量的研究，并逐步形成一种比较完善的土壤水分快速测量系统；1983 年，Hainsworth 等人开始探讨利用 X 射线来快速测量土壤湿度的可行性；同年，Wheeler 等人则探讨通过两点布设 γ 射线来监测数小时灌溉的水分运动状况；1991 年，Whalley 在实验室内用近红外的方法来快速测量土壤含水量，并取得了一定的研究成果，后来，日本学者在这方面进行了大量的研究，并研制成功了近红外土壤水分传感器。

　　近几年来，我国在土壤水分快速测量技术方面的研究也有了一定的进展，从用传统的烘干方法测量土壤含水量逐步发展为用快速、无损伤技术来测量土壤含水量。国家对此研究投入了大量的人力物力，无论是在国家自然科学基金、国家"九五"攻关课题还是在国家 863 项目等重大科研项目中都有立项，力图寻找一种适合中国国情的、价廉物美的、便携式土壤水分快速测量技术,这对我国土壤水分快速测量技术的发展起到了很大的推动作用。早在20世纪70年代末期,西安电子科技大学就开发了 SVJ-3 型微波水分测定仪,同时,兰州大学、南京大学也对此进行了探索性研究;1960 年前后,我国开始在实验室条件下利用 γ 射线透视法测量土壤含水量;巫新民、王伟川等人从 1982 年就开始进行利用阻抗方法测量土壤含水量的研究;到了 20 世纪末期,中国农业大学电气信息学院王一鸣教授等人研制成功了基于驻波率原理的快速土壤水分测量仪,在土壤水分快速测量技术方面取得了重大突破,缩短了我国土壤水分快速测量技术与国际先进水平的差距。很多公司也开发出各种传感器并投入生产,如山东力创科技有限公司的 TR-n 型土壤水分传感器,北京惠泽农科技有限公司的 SWRZ 型土壤水分传感器,北京时域通科技有限公司的 TEC220 水分传感器,杭州汇尔仪器设备有限公司的 FDS-100。

11.3　土壤水分测量方法

　　土壤既是一种非均质的、多相的、分散的、颗粒化的多孔系统,又是一个由惰性固体、活性固体、溶质、气体以及水组成的多元复合系统,其物理特性非常复杂,并且空间变异性非常大,这就造成了土壤水分测量的难度。土壤水分测量方法的深入研究,需要一系列与其相关的基础理论支持,尤其是土壤作为一种非均一性多孔吸水介质对其含水量测量方法的研究涉及应用数学、土壤物理、介质物理、电磁场理论和微波技术等多种学科的并行交叉。而要实现土壤水分的快速测量又要考虑到实时性要求,这更增加了其技术难度。

　　土壤的特性决定了在测量土壤含水量时,必须充分考虑到土壤容重、土壤质地、土壤结构、土壤化学组成、土壤含盐量等基本物理化学特性及变化规律。

　　自古至今,土壤含水量测量方法的研究经历了很长的道路,派生出了多种方法,而且目前仍处于发展中,土壤水分测量方法有多种分类方式。土壤水分测量方法可以分为直接测量法和间接测量法。直接测量法分为烘干法和瓶筒法,其中烘干法又分为常规烘干和快速烘干法。间接法分为电阻法、电容法、电热法、介电法、中子法、多孔器法、张力计法、远红外反射法、γ 射线法、X 射线法和基于植物信息的方法。其中中子法又可分为时域反射法(TDR)、频域分解法(FD)和基于驻波率原理法(SWR)。

11.3.1　烘干法

　　烘干法测量土壤含水率是最为经典的方法,许多土壤含水率传感器的标定均依照此方法。测量过程较为简单,即对采样的土壤,取一定数量的土壤称量其重量,之后进行烘干,再测量烘干后的重量。然后根据式(11-1)即可得出土壤的质量含水率:

$$\theta_{\mathrm{m}} = \frac{W - W_{\mathrm{s}}}{W_{\mathrm{s}}} \times 100\% \tag{11-1}$$

式中,W——湿土质量,W_{s}——干土质量,θ_{m}——土壤质量含水量。烘干法最主要的优点是直观、精度较高,测量范围宽等。基于 TDR、中子仪等土壤含水率测量方法的仪器标定均以烘干法为基准。但是此方法的缺陷也十分突出:①无法实现实时快速测量。测量步骤必须为:在田间采集取得土样,带回实验室,称重后进行烘干,最后再进行称重,根据上述公式求得土壤含水率。并且需要烘干设备等大型仪器，无法携带，且仪器也较为昂贵。②测量周期长。整个实验过程往往需要较长时间，烘干过程通常就需要 24 小时，最少也需要 5～12 小时，这就使得烘干法无法实现实时测量。

11.3.2　张力计法

张力计法也称负压计法，此方法成功并且广泛地用于某些土壤含水率传感器。这种仪表有个多孔瓷头，该装置插入土壤的钻孔中，多孔瓷头与土壤紧密贴合，并且通过充水的管子与真空表连接，真空表设在地面之上。它测量的是土壤水吸力。当多孔瓷头插入土壤后，管内自由水通过多孔陶土壁与土壤中的水接触，经过一段时间后达到水势平衡，此时，从张力计读到的数值就是土壤水（多孔瓷头处）的吸力值，也即基质势的值，然后根据土壤含水率与基质势之间的关系就可以确定土壤的含水率。

张力计法测量土壤含水率，其结构及原理相对于其他含水率测量方法而言都比较简单，且由于其是测量土壤水的吸力，所以也同时可以测量出土壤中水的流动方向和渗透深度。但用张力计法测量含水率的缺陷也十分明显：①土质的不同将对张力计法的测量范围造成很大的影响。例如对于沙土，其具有良好的通气性，当土壤水分负压低于 0.8Pa 时，仍然可以用张力计来测量土壤的含水率。而对于壤土和黏土来说，由于其透气性能较差，当负压低于 0.8Pa 时，无法采用张力计进行测量。②张力计法测量的是土壤水的吸力，需要根据土壤含水率与基质势之间的关系来换算成土壤含水率。但是如之前所述，土壤中的结构复杂，这也导致了土壤水分能量关系易受许多因素的影响，最终使得此关系曲线呈非线性。这就导致了用张力计测量土壤含水率的误差较大。

11.3.3　介电法

现在，对于土壤介电特性的研究越来越深入，在广大学者的共同努力下，此方法测量土壤含水率的可靠性得到了广泛赞同。前苏联学者 Chemyak，最先对土壤的介电特性进行了系统研究。1964 年，他出版了学术名著《湿土介电特性研究方法》，此书引起了全世界的关注。在此基础上，出现了许多基于土壤介电特性测量土壤含水率的方法，例如：高频电容探头测量法、甚高频晶体管传输线振荡器法、时域反射法（TDR）、时域传播法（TDT）、频域分解法（FD）、驻波率法等。

11.3.4　时域反射法

时域反射法（Time-Domain Refleetometry，TDR）是一种通过测量土壤介电常数来获得土壤含水率的方法。

Feidegg 等人对许多液体介电特性进行了研究，以此为基础，1969 年，时域反射法得到了大力发展。到 1975 年，Topp 和 Davis 开始研究此方法。电磁波在不同介质中传播，由于介电常数的不同，其行进速度将会有所不同。Topp 通过此方法测得土壤的介电常数 ε，并且应用数值逼近的理论，得出不同种类土壤含水率与 θ_v 间的多项式关系：

$$\theta_v = -5.3 \times 10^{-2} + 2.92 \times 10^{-2}\varepsilon - 5.5 \times 10^{-4}\varepsilon^2 + 4.3 \times 10^{-6}\varepsilon^3$$

式中，θ_v——土壤容积含水量；ε——介电常数。

TDR 的原理为：非磁性介质中，电磁波沿传输导线的传输速度为 $V=c/\varepsilon$，传输线的长度已知，假设为 L，则 $V=L/t$，进而可得到 $\varepsilon=ct/L$，ε 为非磁性介质的介电常数，c 为真空中光的传播速度，t 为在导线中的电磁波传输时间。当电磁波传输到导线终点时，将会有部分电磁波反射回来，由此使得入射波与反射波形成了一个时间差 T。通过测量此时间差 T 就可以求出土壤的介电常数，进而求出土壤的含水率。此时间差可通过高频示波器进行测量。传输时间可表示为

$$t = 2L\varepsilon^{0.5}/c$$

其中，t 为入射与反射的时间（s）；ε 为土壤的介电常数；L 为探针长度（m）；c 为真空中光的传播速度（3×10^8 m/s）。由此可得出土壤的介电常数为

$$\varepsilon = [ct/(2L)]^2$$

$ct/2$ 称为探头的"表观"长度。令 $L_a=ct/2$，则

$$\varepsilon = (L_a/L)^2$$

对于干燥的土壤，ε 的值将为 2～4。当土壤体积含水率达到 25%，ε 接近 12。对农业耕作土壤，ε 的值主要取决于土壤的体积含水率，它与土壤类型关系不大。

时域反射法测量土壤含水量的原理得到了大家的普遍认可。但 TDR 也有着一些显著缺陷，如进行测量时，务必使信号在探针上的入射与反射行进时间总和大于激励信号的上升沿时间，这就使得在设计中探针长度必须大于 10cm。激励信号的上升沿时间必须小于 200Ps 以保证测量精度。在技术上对这一要求实现起来非常困难。这一特点使得基于 TDR 方法的土壤含水率测量仪器无法测量长度在 10cm 以内的土壤含水量，而对某些作物来说，10cm 以内的垂直表层平均土壤含水率是十分重要的特性指标。

11.3.5 频域分解法

荷兰 Wagenlngen 农业大学学者 Hilhorst 通过大量的研究，在 1992 年提出了频域分解方法（Frequency Domain DecomPosition）。该法利用矢量电压测量技术，在某一理想测试频率下将土壤的介电常数 ε 进行实部和虚部的分解，通过分解出的介电常数虚部可得到土壤的电导率，由分解出的介电常数实部换算出土壤含水率。

FDR 全称频域反射原理（Frequency Domain Reflectometry，FDR），即土壤水分测定仪传感器发射一定频率的电磁波，电磁波沿土壤水分分析仪探头传输到达土壤底部，并返回土壤水分测定仪检测探头输出电压。由于土壤介电常数的变化通常取决于土壤的含水量，土壤水分测定仪利用输出电压和水的关系就可以计算出土壤含水量。因为土壤水分直接决定土壤介电常数，所以利用测定的土壤介电常数，可以直接稳定地反映各种土壤的真实水分含量。FDR 土壤水分传感器可以精确测量出土壤湿度的百分比，其测量原理与机制同土壤本身的体质无关。此原理是目前国际上最为先进的土壤水分传感器测量方法。土壤水分 FDR 电容传感器利用环电容传感器测量原理，土壤的含水量不同，引起环电容的介质变化，造成电容值的改变，从而引起 LC 的振荡频率变化，传感器把高频信号变换后输出到单片机，从而获取土壤含水量。

在 1993 年，Hilhorst 等人设计开发出了一种用于 FD 土壤水分传感器的专门芯片 ASIC（Application Specific Integrated Circuit），它不仅提高了 FD 土壤水分传感器的可靠

性,而且大大降低了其大规模生产成本,使FD土壤水分传感器从研究阶段逐步走向生产推广阶段。

11.3.6 基于驻波率原理法

基于驻波率原理的土壤水分速测方法与TDR和FD两种土壤水分速测方法一样,同属于土壤水分介电测量。针对TDR方法和FD方法的缺陷,1995年,Gaskin和Miller提出了基于微波理论中的驻波比(Standing-Wave Ratio)原理的土壤水分测量方法。与TDR方法不同的是这种测量方法不再利用高速延迟线测量入射-反射时间差ΔT,而是测量它的驻波比,他们的试验表明三态混合物介电常数ε的改变能够引起传输线上驻波比的显著变化。由驻波比原理研制出的仪器在成本上有了很大幅度的降低,但在测量精度和传感器的互换性上尚不及TDR方法。影响驻波比测量精度的关键问题之一是探头的特征阻抗的计算。它属于非规则传输线特征阻抗的计算,首先需要建立描述探针周围电磁场分布梯度的偏微分方程,再利用复变函数理论构造一个合适的映射函数,将其变换到复数域上去分析。由于构造一个合适的映射函数难度很高,在某些情况下可以用数学分析中的夹逼定理去计算土壤探针的特征阻抗。此外,在探针的结构设计上通过大量实验发现改变探针间的长短比值可以显著拓宽传感器的线性输出范围。

11.3.7 中子法

中子法属于射线法中的一种,是将中子源埋入待测土壤中,由于中子源不断发射快中子,快中子进入土壤介质中与各种原子和离子碰撞,因能量损失而慢化成为慢中子。当快中子与氢原子碰撞时能量损失最大,慢化更严重,由此形成的慢中子云密度与氢元素含量成正比。土壤的水分含量越高,氢元素含量也越多,慢中子云的密度越大,根据慢中子云的密度与水分子间的函数关系即可得到土壤的水分含量。中子法测量土壤水分的优点是:①不必取土,不会破坏土壤结构;②可定点连续监测,得到的土壤水分动态运动规律快速准确。中子法也有自身的不足:①测量时,室内外曲线差异较大,不同土壤的物理性质差异也会造成曲线较大的移动;②垂直分辨率差,表层测量困难;③仪器设备价格昂贵,投入大;④污染环境,尤其是其辐射危害人的健康。

11.3.8 近红外线法

近红外线法属于遥感法中典型的一种测量土壤水分的方法。其基本原理是利用红外光谱中,某些特定波长的光的能量会被水分子强烈吸收。当红外辐射从物质反射或透射时,辐射的衰减情况可以反映物质的含水量,符合以下的比尔公式:

$$I_{\mathrm{m}} = I_0 \mathrm{e}^{-\alpha w}$$

式中,I_{m}——被水分吸收后的红外线强度;

$\quad I_0$——被水分吸收前的红外线强度;

$\quad \alpha$——吸收系数;

$\quad w$——水分含量。

在对土壤水分进行测量时,通常使用$1.43\mu m$和$1.94\mu m$作为测量波长,在这两种波长下,红外线能够被水分子强烈吸收。

用近红外线测试土壤水分的优点是:①可以实现土壤的非接触测量,无破坏性;②重现性好;③可实现远距离测量和实时分析。缺点是:①受土壤表面粗糙度影响大,同时受土壤表面水分孔隙状况的影响;②仅能测量土壤表层含水量。

以上介绍的土壤水分速测方法只是土壤水分速测方法的一部分,近几年来,随着信息技术的迅速发展,作为传感技术之一的土壤水分速测技术也有了突飞猛进的发展,例如,遥感技术、植物信息技术也迅速应用于土壤水分速测技术中来。

11.4　土壤湿度传感器的种类

经过半个多世纪的发展,土壤湿度传感器已经种类繁多、形式多样。湿度的测量具有一定的复杂性,人们熟知的毛发湿度计、干湿球湿度计等已不能满足现代要求的实际需要。因此,人们研制了各种土壤湿度传感器。湿度传感器按照其测量的原理,一般可分为电容型、电阻型、离子敏型、光强型、声表面波型等。

11.4.1　电容型土壤湿度传感器

电容型土壤湿度传感器的敏感元件为湿敏电容,主要材料一般为金属氧化物、高分子聚合物。这些材料对水分子有较强的吸附能力,吸附水分的多少随环境湿度的变化而变化。由于水分子有较大的电偶极矩,吸水后材料的电容率发生变化,电容器的电容值也就发生变化。把电容值的变化转变为电信号,就可以对湿度进行监测。湿敏电容一般是用高分子薄膜电容制成的,当环境湿度发生改变时,湿敏电容的介电常数发生变化,使其电容量也发生变化,其电容变化量与相对湿度成正比,利用这一特性即可测量湿度。常用的电容型土壤湿度传感器的感湿介质主要有:多孔硅、聚酰亚胺,此外还有聚砜(PSF)、聚苯乙烯(PS)、PMMA(线性、交联、等离子聚合)。

为了获得良好的感湿性能,希望电容型土壤湿度传感器的两级越接近、作用面积和感湿介质的介电常数变化越大越好,所以通常采用三明治型结构的电容土壤湿度传感器。它的优势在于可以使电容型土壤湿度传感器的两级较接近,从而提高电容型土壤湿度传感器的灵敏度。

图 11.1 为常见的电容型土壤湿度传感器的结构示意图。交叉指状的铝条构成了电容器的两个电极,每个电极有若干铝条,每条铝条长 $400\mu m$,宽 $8\mu m$,铝条间有一定的间距。铝条及铝条间的空隙都暴露在空气中,这使得空气充当电容器的电介质。由于空气的介电常数随空气相对湿度的变化而变化,电容器的电容值随之变化,因而该电容器可用作湿度传感器。多晶硅的作用是制造加热电阻,该电阻工作时可以利用热效应排除沾在湿度传感器表面的可挥发性物质。上述电容型土壤湿度传感器的俯视图如图 11.2 所示。

电容型土壤湿度传感器在测量过程中,就相当于一个微小电容,对于电容的测量,主要涉及两个参数,即电容值 C 和品质参数 Q。土壤湿度传感器并不是一个纯电容,它的等效形式如图 11.3 的虚线部分所示,相当于一个电容和一个电阻的并联。

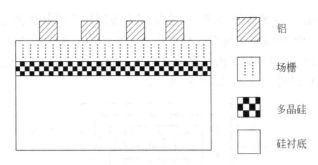

图 11.1　电容型土壤湿度传感器的结构示意图

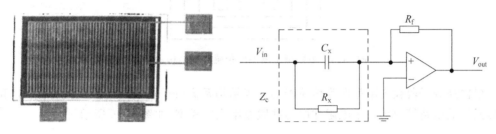

图 11.2　电容型土壤湿度传感器的俯视图　　图 11.3　电容型土壤湿度传感器 Z_c 的
　　　　　　　　　　　　　　　　　　　　　　　等效形式及测量微分电路图

11.4.2　电阻型土壤湿度传感器

电阻型土壤湿度传感器的敏感元件为湿敏电阻,其主要的材料一般为电介质、半导体、多孔陶瓷等。这些材料对水的吸附较强,吸附水分后电阻率/电导率会随湿度的变化而变化,湿度的变化可导致湿敏电阻值的变化,电阻值的变化就可以转化为需要的电信号。例如,氯化锂的水溶液在基板上形成薄膜,随着空气中水蒸气含量的增减,薄膜吸湿脱湿,溶液中盐的浓度减小、增大,电阻率随之增大、减小,两级间电阻也就增大、减小。又如多孔陶瓷湿敏电阻,陶瓷本身是由许多小晶颗粒构成的,其中的气孔多与外界相通,通过毛孔可以吸附水分子,引起离子浓度的变化,从而导致两极间的电阻变化。

湿敏电阻的特点是在基片上覆盖一层用感湿材料制成的膜,当空气中的水蒸气吸附在感湿膜上时,元件的电阻率和电阻值发生变化,利用这一特性即可测量湿度。

电阻型土壤湿度传感器可分为两类:电子导电型和离子导电型。电子导电型土壤湿度传感器也称为"浓缩型土壤湿度传感器",它通过将导电体粉末分散于膨胀性吸湿高分子中制成湿敏膜。随湿度变化,膜发生膨胀或收缩,从而使导电粉末间距变化,电阻随之改变。但是这类传感器长期稳定性差,且难以实现规模化生产,所以应用较少。离子导电型土壤湿度传感器的工作原理是:高分子湿敏膜吸湿后,在水分子的作用下,离子相互作用减弱,迁移率增加,同时吸附的水分子电离使离子载体增多,膜电导随湿度增加而增加,由电导的变化可测知环境湿度,这类传感器应用较多。在电阻型土壤湿度传感器中通过使用小尺寸传感器和高阻值的电阻薄膜,可以改善电流的静态损耗。

电阻型土壤湿度传感器的结构模型示意图如图 11.4 所示。金属层 1 作为连续的电极,它与另一个电极是隔开的。活性物质被淀积在薄膜上,用来作为两个电极之间的连接,并且这个连接是通过感湿传感层的,湿敏薄膜则直接暴露在空气中,在金属层 2 上挖去一定的区域直到金属层 1,用这些区域作为传感区。金属层和金属层 2 只是作为电极,它们之间是没有直接接触的。整个传感器是由许多这样的小单元组成的。根据传感器所需的电阻值的不同,小单元的数目是可以调节的。因为两个电极之间的连接只能在每个小单元中确定,所以整个传感器的构造可以看成一系列的平行电阻。

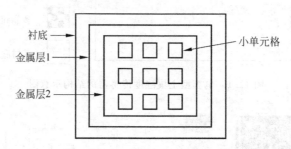

图 11.4　电阻型土壤湿度传感器的结构示意图

根据高分子薄膜电阻型湿度传感器的物理结构及高分子材料的感湿机理,可将电阻型湿敏元件的电路等效为一个电阻和电容并联或串联的模型,如图 11.5 所示。

图 11.5　电阻型土壤湿度传感器简化电路和等效电路图

实际上,图 11.5 中的两种等效方法是一致的,不同的是,采用右图可以直接得到传感器阻抗的实部和虚部,即传感器的电阻与电容分量,其等效转化如下:

$$Z_0 = \frac{R}{1 + j\omega RC}$$

$$R_0 = \frac{1/R}{(1/R)^2 + (2\pi fC)^2}$$

$$C_0 = \frac{(1/R)^2 + (2\pi fC)^2}{(2\pi f)C^2}$$

$$|Z_0| = \sqrt{\frac{1}{(2\pi fC_0)^2} + R_0^2}$$

式中,R_0 和 C_0 分别是湿度传感器等效成串联模型时的电阻分量和电容分量;Z_0 是串联模型时的复阻抗;Z_0 为复阻抗的模。

11.4.3　离子型土壤湿度传感器

离子敏场效应晶体管(Ion Sensitive Field Effect Transistor,ISFET)属于半导体生物传感器,是 20 世纪 70 年代由 P. Bergeld 发明的。ISFET 通过栅极上不同敏感薄膜材料直接与被测溶液中离子缓冲溶液接触,进而可以测出溶液中的离子浓度。

离子敏型土壤湿度传感器的结构模型示意图如图 11.6 所示。离子敏感器件由离子选择膜(敏感膜)和转换器两部分组成,敏感膜用以识别离子的种类和浓度,转换器则将敏感膜感知的信息转换为电信号。离子敏场效应管在绝缘栅上制作一层敏感膜,不同的敏感膜所检测的离子种类也不同,从而具有离子选择性。

离子敏场效应管(ISFET)兼有电化学与MOSFET的双重特性,与传统的离子选择性电极(ISE)相比,ISFET具有体积小、灵敏、响应快、无标记、检测方便、容易集成化与批量生产的特点。但是,离子敏场效应管(ISFET)与普通的MOSFET相似,只是将MOSFET栅极的多晶硅层移去,用湿敏材料代替。当湿度发生变化时,栅极的两个金属电极之间的电势会发生变化,栅极上湿敏材料介电常数的变化将会影响通过非导电物质的电荷流。

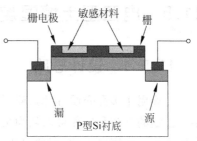

图11.6 离子敏型土壤湿度传感器的结构示意图

因此,ISFET在生命科学研究、生物医学工程、医疗保健、食品加工、环境检测等领域有广阔的应用前景。

11.4.4 三种土壤湿度传感器的分析比较

通过对三种土壤湿度传感器的研究可知:电容型土壤湿度传感器是由交叉指状铝条构成电容器的电极,利用空气充当电容器的电介质,随空气相对湿度的变化其介电常数发生变化,电容器的电容值也将随之变化,所以该电容器可用作土壤湿度传感器;电阻型土壤湿度传感器是由通过感湿层的两个电极构成的许多小单元组成的,利用小单元的数目改变,使电阻值发生变化,所以可用作土壤湿度传感器;离子敏型土壤湿度传感器由敏感膜和转换器两部分组成,利用敏感膜来识别离子的种类和浓度,转换器则将敏感膜感知的信息转换为电信号,因此也可作为土壤湿度传感器。同时根据对三种不同类型的土壤湿度传感器结构示意图的研究发现:由于多孔硅与CMOS工艺不兼容,并且多孔硅制备的工艺条件及后处理、孔隙及孔径大小的控制很困难,同时多孔硅的感湿机理比较复杂,因此CMOS湿度传感器的主要感湿介质以聚酰亚胺为主。聚酰亚胺类的传感器可与CMOS工艺兼容,成本也较低,并且无需高温加工和加热清洁,它对湿度的感应不像多孔陶瓷易受污染。若用CMOS工艺生产电阻型湿度传感器和离子敏型湿度传感器,它们需要改动较多CMOS工艺。例如:改变生产过程的先后顺序,使用新的掩膜板等,这些都会耗费大量的流片资金;并且与标准的CMOS工艺相比,工艺较不成熟,增加了流片的风险性;同时它们存在着难以与外围电子封装在一起的困难。

另外,电容型湿度传感器(CHS)由于感应相对湿度范围大,并且结构与等效形式较简单,生产过程较容易,因此对它的研究受到了广泛重视。以梳状铝电极结构的聚酰亚胺作为电容型土壤湿度传感器的感湿介质的优点主要是可与CMOS工艺相兼容,可利用成熟的标准CMOS工艺来加工,且加工工艺较简单,所以能够把更多的器件(敏感器件或外围的电路器件)集成在同一块芯片上或封装在一起,使土壤湿度传感器具有更好的性能或更多的功能。同时有利于使土壤湿度传感器向小型化、集成化、成本低、功能全面等好的方向发展。

11.5 电阻型土壤湿度传感器的设计实例

11.5.1 设计思路

土壤属于多孔介质,由固、液、气相三部分组成。物理学的电流电压定律,也适用于土壤中。土壤的气相和固相可以认为是介质,而土壤中的水却不是纯水,可以导电。如果将两个电极埋入土中固定不动,即两电极间的固相固定不变,则土壤中电阻率的改变主要是由土壤中液相的多少决定的。电阻率是反映土壤湿度的电参数,因此采用电阻法研制了土壤湿度传感器。不用直接测定电阻推求土壤湿度,而是采用线性放大原理测定土壤的电压来计算土壤湿度。这样利于输出的电压模拟信号经 A/D 转换后输入计算机,从而进行自动控制。整个设计思路如图 11.7 所示。

11.5.2 结构设计

土壤湿度传感器由两根铜合金探针组成,探针直径为 5mm,探针间距和长度由正交试验确定。图 11.8 为土壤湿度传感器的尺寸和结构图。

11.5.3 变送电路设计

应用 LM324 四运放集成电路设计了变送电路。阻抗式湿度传感器的非线性大,但其阻抗的对数与相对湿度成线性关系,因此必须设计线性化处理的电路及温度补偿电路。同时,为了使加在土壤湿度传感器上的信号源为交流,设计了矩形波发生器,产生一定频率和幅值的振荡信号,作为湿度传感器的工作电压。该电路的优点是充分利用了 LM324 运算放大电路的集成功能,模块紧凑高效。各功能模块如图 11.9 所示,电路原理图如图 11.10 所示。

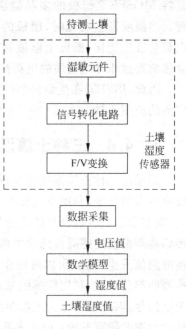

图 11.7 设计思路图

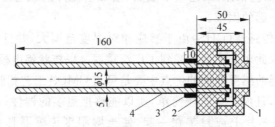

图 11.8 电阻型土壤湿度传感器结构图

1—上外壳;2—下外壳;3—防水层;4—探针

图 11.9 电阻型土壤湿度传感器变送电路功能模块

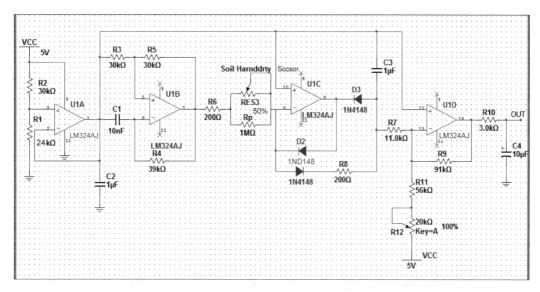

图 11.10 电阻型土壤湿度传感器变送电路

LM324-1 为电压跟随电路,其输出电压不受后级电路阻抗影响,保证了精确的电压输出。由于水分子为极性分子,在直流电存在的情况下,会电离与分解,从而影响导电与元件的寿命。考虑探针电极不受极化腐蚀,需要加在土壤湿度传感器上的信号源为交流。LM324-2 为矩形波发生电路,产生频率约为 1kHz、幅值为 3.36V 的低频矩形波信号,即

$$f = 1/T = 1/2R_4(C_1 \ln(1 + 2R_3R_5)) \approx 1(\text{kHz})$$

其中,$R_4 = 39\text{k}\Omega$,$R_3 = R_5 = 30\text{k}\Omega$,$C_1 = 0.01\mu\text{F}$。通过波形发生电路输出低频矩形波信号后,以在土壤湿度传感器上得到一个随水分含量变化的交流电压信号。LM324-3 是利用硅二极管正向电压-电流成对数特性的对数变换电路,它采用了具有温度特性的硅二极管,能对传感器起到温度补偿作用。同时,调节电位器能获得较好的温度补偿,其输出电压将随相对湿度的增加而增大。该输出电压经电容滤波再经运算放大器 LM324-4 对温度补偿的湿度电压信号进行放大。

用 Multisim 软件对已设计好的变送电路进行仿真,调节电阻与电容值等,对输出电压波形和幅值等进行调试,使模拟电压输出在 0~5V 的范围内,再进行电路板的制作。

11.5.4 传感器的标定

土壤湿度传感器湿度-电压试验数据如表 11-1 所示。用 MATLAB 软件对土壤湿度传感器进行标定,用 14 次测量数据覆盖土壤湿度变化的全量程,选多项式回归模型,即

$$\eta = b_0 + b_1x + b_2x^2 + b_mx^m + \varepsilon, \quad \varepsilon \sim N(0, \sigma^2)$$

表 11-1　传感器湿度-电压试验数据

试　验　号	平均含水量/%	电压/V
1	2.6694	1.36
2	3.0928	1.34
3	8.4599	2.85
4	9.6491	2.55
5	13.3787	2.88
6	14.9425	3.15
7	15.4734	3.18
8	17.9245	2.60
9	19.6127	2.56
10	22.5490	2.61
11	24.0695	2.55
12	25.9446	2.54
13	27.8772	2.53
14	35.5014	2.56

为了找出使误差的平方和 $\sum_{i=1}^{n}(f(x_i)-y_i)^2$ 最小、R_2 较大的多项式,决定采用四次多项式。用 MATLAB 编程进行曲线拟合,得到代表此湿度传感器的最佳回归曲线和最优回归方程,如图 11.11 所示。对得到的回归方程和回归曲线进行分析,其中可决系数 $R^2 = 0.9159$ 较大,剩余标准差 $R_{MSE} = 0.1892$ 较小,因此将 $f(x) = -0.000\ 0116x^4 + 0.001\ 171x^3 - 0.042\ 78x^2 + 0.6167x - 0.098\ 24$ 作为最终的标定结果。

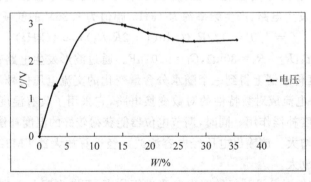

图 11.11　14~18℃ 时土壤湿度-电压特性曲线

响应时间的标定:将传感器插入干土壤中,接通工作电源和数字万用表,将传感器快速拨出插入湿土壤中;启动计时表,并观测万用表的显示值直至稳定,停计时表,所需时间为上升过程响应时间,反之为下降过程响应时间。通过实验测量可知,响应时间都小于 15s。

习题 11

1. 影响土壤湿度传感器的主要性能指标有哪些？
2. 如何改善土壤湿度传感器的性能？

参考文献

［1］ 迟天阳,杨方,果莉.节水灌溉中土壤湿度传感器的应用［J］.东北农业大学学报,2006(01).

［2］ 韩悦文.几种典型湿度传感器的原理和概要分析［J］.江汉大学学报(自然科学版),2009(01).

［3］ 德本.湿度传感器的现状和开发动向［J］.仪表技术与传感器,1988(04).

［4］ 刘莹.电阻型湿度传感器伏安特性测试及其导电机理［J］.华南理工大学学报(自然科学版),1999(07).

［5］ 郝育闻.新型湿度传感器的研究进展［J］.传感器与微系统,2009(11).

［6］ 黄林.农业灌溉控制器的设计与实现［D］.大连：大连海事大学出版社,2012.

［7］ 王志胜,王道波,蔡宗琰.传感器标定的统一数据处理方法［J］.传感器技术,2004(03).

［8］ 陈永胜.多元线性回归建模以及 MATLAB 和 SPSS 求解［J］.绥化学院学报,2007(06).

［9］ Quanxing Zhang,John and Ken Tilt. Application of Fuzzy Logic in an Irrigation Control System. Proceedings of The IEEE International Conference on industrial Technology,1996.

第 12 章

传感器设计
——热导式流量开关

12.1 概述

流量开关主要是在水、气、油等介质管路在线或者插入式安装中起到在流量高于或者低于某一个值的时候触发开关输出报警信号,系统获取信号后即可做出相应的执行单元动作。流量开关分为好几种类型,下面介绍其中一种热导式流量开关。

热导式流量开关是针对水电站冷却系统、润滑油系统流量监测控制而开发的电子产品。该产品基于热扩散原理,根据热扩散的大小检测流量大小,当液体流量超过用户设定值后继电器动作,实现对流量的检测和控制,故而叫热导式流量开关,也有人称做热导示流器、热导流量开关或热导式流量控制器等。其改善了传统机械产品结构复杂、设置值易漂移及小流量状态不稳定的缺陷,可适合多种介质流量监测的场合。

热导式流量开关的优点有抗污能力强,适用于多种介质、耐压高、防护等级(IP)高以及安装简单等。缺点则是响应时间稍长。

目前,随着电子技术的不断发展,热式流量开关已经普遍使用在测量流量的各行各业,如石油化工、电厂、冶金、船厂、电子厂、设备厂、容器罐及锅炉厂等,必将逐步取代传统的机械式流量开关。

12.2 原理简介及电路设计

当前市场上的热导式流量开关,其实现原理可分为热分布式工作原理和金氏定律侵入式工作原理。本文主要介绍后者,金式定律的实现方法又分为恒功率法和恒温差法。

12.2.1 热分布式工作原理

热分布式工作原理是在测量管外壁上下游各两绕组加热/检测线圈,两线圈通以恒定电流加热,无流量静止时,两线圈中心上下游温度分布处于对称平衡状态,两组检测线圈的电阻相等,有流量流动时,流体将上游管壁热量带走传递给下游管壁,破坏原平衡状态,线圈电阻产生差异,检测其差值,求得流体质量流量。

12.2.2 金氏定律侵入式工作原理

金氏定律侵入式工作原理是指将两个温度传感器,一般采用热敏电阻,将热敏电阻分别置于管道的流体中,由其中一个铂电阻测得流体本身的温度 T,另一铂电阻经一定功率的电热加热,其温度 T_v 高于 T,当流体静止时其温度最高,伴随着管道中流体流量的增加,流体流动带走更多热量使 T_v 温度降低,即可从温度差求取流量值。在基于金氏定律侵入式工作原理的热式质量流量计中,对于铂电阻的加热方式,最常见和应用最广的实现方式为恒功率法和恒温差法。

金氏定律是表征热式质量流量计测量计算所特有的函数,它体现了流量计传感器的热损耗,加热能耗与流体流速,流体特性,管道管径等相关因素之间的线性关系,是 TMF 热式质量流量计的基础定律。金氏定律的热丝热散失率表述各参量间的关系,如式(12-1)所示。

$$\frac{H}{L} \equiv \Delta T [\lambda + 2(\pi \lambda c_v \rho U d)^{1/2}] \tag{12-1}$$

其中 H/L 为单位长度热散失率,ΔT 为热丝高于自由流束的平均升高温度,λ 为流体的热导率,c_v 为定容比热容,ρ 为密度,U 为流体的流速,d 为热丝直径。

金氏定律的典型模型如图 12.1 所示。

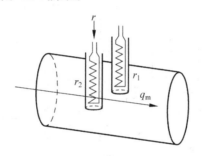

图 12.1 金式定律的典型模型

其中,P 为热端传感器加热功耗;r_1 为冷端传感器热电阻;r_2 为热端传感器热电阻;q_m 为流体质量流量,其箭头表明流体流动的方向。

将式(12-1)中表征流体自身属性的物理量的积用某一参数表示,可以得到下式:

$$\frac{P}{\Delta T} = K_1 + K_2 + (q_m)^{K_3} \tag{12-2}$$

其中,K_1,K_2,K_3 为实际和校准参数;ΔT 为温差,其值等于$(T_2 - T_1)$;P 为输入加热功率;q_m 为质量流量。

式(12-2)就是现今应用最广泛的热式质量流量计的基础理论,热式质量流量计的两种最常见的实现方式为恒功率式和恒温差式。

恒功率式,在式(12-2)中,若输入加热功率 P 恒定不变,当有流体经过管道时,温差 ΔT 与质量流量 q_m 均会发生相应的变化,由金氏定律得到其中的规律,通过测量温差 ΔT,进而计算出质量流量的具体值。

恒温差式,在式(12-2)中,为了满足 ΔT 恒定不变,则加热功率 P 就必须在管道流体变化时,随着质量流量 q_m 的变化而变化,由金氏定律得到其中的规律,首先实现可自行加热以保证温差恒定的闭环电路,通过测量该闭环电路用于加热的输入功率 P,进而计算出质量流量的值。

12.2.3　恒功率法

恒功率加热方式是在加热电路上用一个恒定功率的电能对铂电阻进行加热的,流体介质在静态时,被加热的铂电阻和没有被加热的铂电阻之间的温度差最大,随着流体介质的流动,被加热的铂电阻上温度降低,则两个铂电阻之间的温差减小。基于恒功率原理的热式质量流量计则是通过测量温差的变化来获得流体介质流量的变化的。

如图 12.2 所示是将温差信号转变为单片机能够处理的电压信号的测量电路。A1 为电桥放大,A2 与 R_c 组成温度补偿及调零电路,A3 为增益放大,A4 和 A5 是电压跟随器。电路工作的基本原理为:分别将两支半导体热敏电阻接入惠斯登电桥的两个臂,质量流量信号经半导体热敏电阻转变为电信号,电桥测量电路则将电阻值的相对变化量转换为电桥的不平衡电压输出,送到电桥放大器 A1 的两个输入端,再经过温度补偿、调零、滤波、线性放大,得到可以接入单片机的电压信号 U。

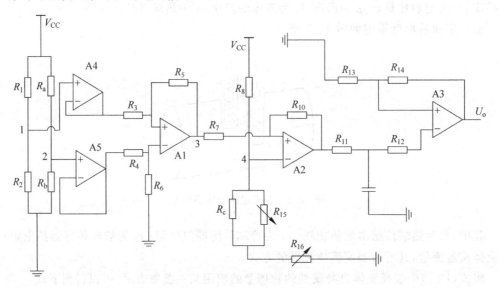

图 12.2　温差信号测量电路原理图

流量为零时,R_a 被加热,温度达到最大值,R_a 和 R_b 之间的温差最大,此时 R_a 的电阻值最小(半导体热敏电阻具有负温度系数),2 点电压最高,1 点和 2 点之间的电压差最大,电路输出 U 最小。当有流体流经 R_a 时,R_a 温度降低,与 R_b 间温差减小,电阻值增大,2 点电压降低,1 点和 2 点之间的电压差减小,输出 U 增大。流量越大,R_a 的温度降低幅度越大,U 值变化越大。通过调整电路参数,使得信号输出范围为 0~2.4V。在相同的气体质量流量下,环境温度改变会导致未加热半导体热敏电阻 R_b 阻值的变化,从而使传感器的输出信号发生改变,引起测量误差。因而必须对由于环境温度变化而引起流量传感器输出信号变化的情况进行修正,即温度补偿。

在图 12.3 中,R_c 为和探头电阻同样的负温度系数的半导体热敏电阻,它与未被加热电

阻 R_b 处于相同的环境中。假设环境温度升高,则 t 升高,R_b 减小,2 点电压降低,导致 A1 输出端 3 点电压降低,此时 R_c 的电阻也减小,使 4 点电压降低。通过试验调整 R_{15},R_{16} 使 3,4 两点的减小幅度相同,经过 A2 的差动放大抵消温度的影响。图 12.3 是测量电路的组成结构图。

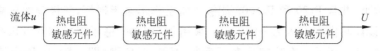

图 12.3　温差测量电路的组成结构图

12.2.4　恒温差法

恒温差加热方式是先加热一只铂电阻,使其比不加热的铂电阻高出一个恒定的温度。随着流体介质的流动,被加热的铂电阻由于散热温度会降低,通过反馈电路反馈到处理器增大加热器的电流(也可以是电压)来保持其温差为恒定值,再通过检测变化的电流(或电压)来获得流量的变化值。

如图 12.4 所示为恒温差式热式流量计的 A/D 采样电路。A/D 转换调理电路中采用了增强型高速低功耗精密双运算放大器 TLE2202 器件。TLE2202 的失调电压很低,其最大值为 $150\mu V$,其随时间漂移的典型值为 $0.005\mu V/mo$。这种低温漂的 TLE2202 是选择其作为 A/D 采样调理电路的主要原因。

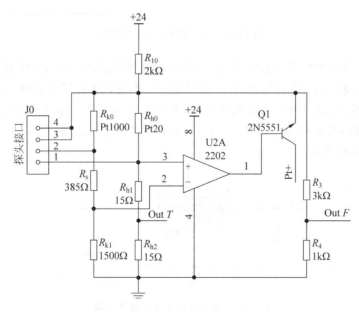

图 12.4　A/D 采样电路

通过 R_{h1} 和 R_{h2} 的分压得到温度信号 $\text{Out}T$,由于流量探头的信号最高可能输出 8.25V,则设计通过 R_3 和 R_4 电阻分压得到流量信号 $\text{Out}F$。R_{10} 的作用是在电路刚上电的瞬间,给 Pt20 和 Pt1000 一个激励,使其电路能够正常工作。如果说没有这个 R_{10} 电阻在电路刚上电的瞬间,由于 Pt20 和 Pt1000 的供电电压为零,通过运放 2202 输出一个低电压,三极管 Q1 截止不能导通,使得 Pt20 和 Pt1000 两端的电压一直为零,使得电路锁死不能正常工作。因

此 R_{10} 电阻一定不能去掉。

除此采样电路之外，系统采用的＋24V 直流电源供电，硬件电路设计的电源主要分为两个部分。

（1）由于流量传感器需要一个稳定的电压供电，在流量计的测量范围内，使传感器受电压波动的影响小，并且 Pt20 和 Pt1000 能够正常工作不至于损坏，三极管的压降不会过大使其发热严重，设计其供电电压为＋8.25V。采用了 DC-DC 稳压集成芯片 TPS5420 来转换，其电路图如图 12.5 所示。在稳定状态下运行，VSENSE 脚（即 4 脚）电压应等于电压参考值 1.221V，通过 R_{18} 和 R_{19} 的分压可调整电压值稳压在＋8.25V。

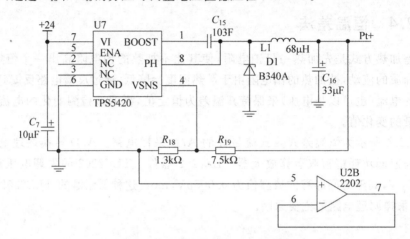

图 12.5　探头供电电压转换电路

（2）由于某些单片机的工作电压为 3.3V，RS485 转换芯片 MAX3485 的工作电压也为 3.3V，设计需要将＋24V 电压转换为＋3.3V 电压。本设计采用了开关型三端稳压 K7803-500，其转换效率高，输出噪声及纹波电压低，无须外加散热片，它能提供最高 500mA 的电流，引脚与 LM78XX 系列稳压芯片兼容，具有短路保护和过热保护。如图 12.6 所示为单片机供电电压转换电路图。

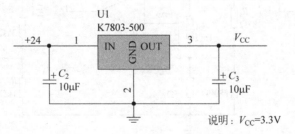

图 12.6　单片机供电电压转换电路

接下来，在测量过采样电路的输出电压后，比较有流体和无流体的情况下，选择一个比较电压，通过比较器电路，如图 12.7 所示，输出 0 或 2.4V，作为单片机的输入，判定为输入低电平（无流体时）或输入高电平（有流体时）。再通过单片机的处理程序输出高或低电平点亮 LED 灯用于指示有无流体。在单片机的程序中植入 modbus 协议，并将代表有无流体的高低电平以 1 和 0 标志存入某个寄存器。那么，通过 RS-485 通信接口的传输，便可以在主机上查询该寄存器中的值,也就知道流量开关的实时状态。

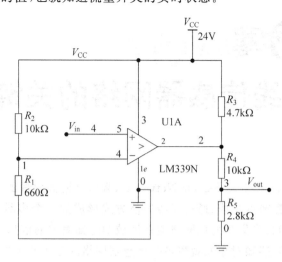

图 12.7　比较器电路

12.3　热导式流量开关主要应用

　　流量开关可对管道中的液体流动情况进行实时监控,提供开关量输出,并采用 LED 或者其他方式实时显示流体流速状态。可监控管道内流体的流速大小、断流监测或防止泵的空转。广泛应用于各行业需要对管道内流体流速监控或在液体流量故障时保护重要设备的场合。

习题 12

　　1. 如何鉴定热导式流量开关的性能?
　　2. 影响热式流量开关性能的因素有哪些?

参考文献

[1] 蔡武昌. 热式流量仪表市场类型和应用. 自动化仪表,2008,29(4).
[2] 刘钰蓉. 基于恒比率原理的热式质量流量计的研究与实现[D]. 广州:华南理工大学,2011-10.
[3] 裘越,杜之平,黄震威. 热式质量流量计组合铂膜探头特性研究. 自动化仪表,2010,31(8).
[4] 李雯. 热式质量流量计的设计[D]. 杭州:浙江大学,2007-5.
[5] 刘兴煜. 恒功率式与恒温差式热式气体质量流量计的区别. 油气田地面工程,21(5).
[6] 龙云芳. 工业用热式气体质量流量计的研制[D]. 武汉:华中科技大学,2012-1-8.
[7] Texas Instrument. TLE2202 Excalibur High-Speed Low-Power Precision Dual Operatinal Amplfiers [EB/OL]. (1995-08-25)2011-11-16. http://www.ti.com.
[8] Texas Instruments. TPS5420 2-A Wide Input Range,Step-down SwifttmConverter[EB/OL]. (2005-04-22)[2011-10-10]. http://www.ti.com.

第13章 无线传感器网络的关键技术

无线传感器网络(Wireless Sensor Networks,WSN)是由大量的密集部署在监控区域的廉价微型智能传感器节点构成,通过无线通信方式形成的一个多跳自组织网络的网络系统。其目的是协作感知、采集和处理网络覆盖区域中感知对象的信息,并发送给观察者。从定义可以看出,传感器,感知对象和观察者是传感器网络的三个基本要素。这三个要素之间通过无线网络建立通信路径,协作地感知、采集、处理、发布感知信息。由于传感器节点数量众多,部署时只能采用随机投放的方式,传感器节点的位置不能预先确定;在任意时刻,节点间通过无线信道连接,采用多跳(Multi-hop)、对等(Peer to Peer)通信方式,自组织网络拓扑结构;传感器节点间具有很强的协同能力,通过局部的数据采集、预处理以及节点间的数据交换来完成全局任务。

无线传感器网络在军事、环境科学、医疗健康、空间探索和灾难拯救等领域有着广阔的应用前景,但在恶劣环境、无人区域或敌方阵地中,传感器网络容易遭到破坏和干扰。传感器网络的许多应用(如军事目标的监测和跟踪等)在很大程度上取决于网络的安全运行,一旦传感器网络受到攻击或破坏,将可能导致灾难性的后果。如何在节点计算速度、电源能量、通信能力和存储空间非常有限的情况下,通过设计安全机制,提供机密性保护和身份认证功能,防止各种恶意攻击,为传感器网络创造一个相对安全的工作环境,是一个关系到传感器网络能否真正走向实用的关键性问题。

13.1 无线传感器网络概述

13.1.1 传感器网络体系结构

1. 网络结构

无线传感器网络系统通常包括传感器节点(Sensor Node)、汇聚节点(Sink Node)和管理节点。大量传感器节点随机部署在监测区域(Sensor Field)内部或附近,能够通过自组织方式构成网络,如图 13.1 所示。传感器节点监测的数据沿着其他传感器节点逐跳地进行传输,在传输过程中,监测数据可能被多个节点处理,经过多跳后路由到汇聚节点,最后通过互联网或卫星到达管理节点。用户通过管理节点对传感器网络进行配置和管理,发布监测任务和收集监测数据。

传感器节点通常是一个微型的嵌入式系统,它的处理能力、存储能力和通信能力相对较

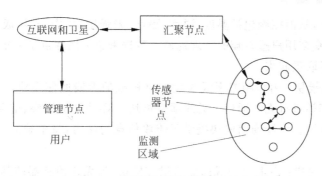

图 13.1 无线传感器网络体系结构

弱,通过携带能量有限的电池供电。从网络功能上看,每个传感器节点兼顾传统网络节点终端和路由器的双重功能,除了进行本地信息收集和数据处理外,还要对其他节点转发来的数据进行存储、管理和融合等处理,同时与其他节点协作完成一些特定任务。

汇聚节点的处理能力、存储能力和通信能力相对比较强,它连接传感器网络与 Internet 等外部网络,实现两种协议栈之间的通信协议转换,同时发布管理节点的监测任务,并把收集的数据转发到外部网络上。汇聚节点既可以是一个具有增强功能的传感器节点,有足够的能量供给和更多的内存与计算资源;也可以是没有检测功能,仅带有无线通信接口的特殊网关设备。

2. 传感器节点结构

传感器节点由传感器模块、处理模块、无线通信模块和能量供应模块 4 部分组成,如图 13.2 所示。传感器模块负责监测区域内信息的采集和数据的转换;处理器模块负责控制器和整个传感器节点的操作,存储和处理本身采集的数据以及其他节点转发来的数据;无线通信模块负责与其他传感器节点进行无线通信,交换控制信息和收发采集数据;能量供应模块为传感器节点提供运行所需的能量,通常采用微型电池。

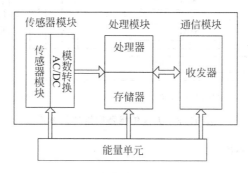

图 13.2 无线传感器节点结构框图

(1) 处理模块:处理模块由处理器和存储器构成,负责协调无线传感器各个模块的工作,如对数据采集模块获取信息进行必要的处理和存储,控制无线通信模块和能量供应模块的工作模式等。处理模块将无线传感器节点智能化。

(2) 传感器模块:传感器模块是由一组传感器和数模转换装置构成的数据采集模块,负责将周围环境的物理现象转换成数字信号,例如测量所在地周边环境中的热、红外、声纳、雷达和地震波信号,从而探测包括温度、湿度、噪声、光强度、压力、土壤成分、移动物体的大小、速度和方向等众多用户感兴趣的物理现象。数据采集模块提供了采集信息的能力,将数字世界与物理世界联系起来。

(3) 无线通信模块:由短距离无线收发电路构成的无线通信模块,负责与其他无线传感器邻居节点或基站进行无线通信。无线通信模块主要处理网络层、链路层(介质访问层)和物理层的相关问题。无线通信模块提供了传输信息的能力,将单独的无线传感器节点联结成为协作网络。

(4) 能量供应模块:由电池构成的能量供应模块,为无线传感器的其他模块提供电源。能量供应是传感器网络的一个重要约束条件,尤其适合在野外恶劣环境下应用。除了在节电方面采取一些措施,还可以通过改进电池的蓄电量和采用太阳能电池等方案来改进耗能状况。

13.1.2　无线传感器网络协议结构

无线传感器网络协议结构模型既参考了现有通用网络的 TCP/IP 和 OSI 模型架构,又包含了无线传感器网络特有的能量和任务管理等功能。无线传感器网络体系结构由三部分组成:分层的网络通信协议模块、网络管理模块和应用支撑模块。分层的网络通信协议模块类似于 TCP/IP 协议体系结构;网络管理模块主要是对传感器节点自身的管理以及用户对传感器网络的管理;应用支撑模块用于在分层协议和网络管理模块的基础上,为传感器网络提供应用支撑技术,如图 13.3 所示。

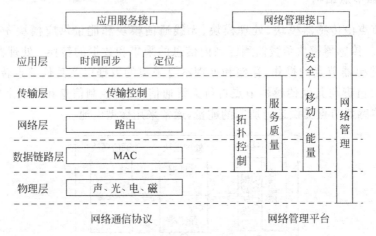

图 13.3　无线传感器网络通信体系

1. 分层的网络通信协议

与传统网络的协议体系一样,无线传感器网络的协议体系包括物理层、数据链路层、网络层、传输层和应用层。

1) 物理层

无线传感器网络的物理层负责信号的调制和数据收发,主要包括信道的区分和选择,无线信号的监测、调制/解调,信号的发送和接收。所采用的传输介质主要有无线电、红外线和光波等。其中,无线电是主流传输媒体。

2) 数据链路层

传感器网络的数据链路层负责数据成帧、帧检测、介质访问和差错控制。介质访问协议保证可靠的点对点、点对多点通信,差错控制保证源节点发出的信息可以完整无误地到达目标节点。其主要任务是加强物理层传输原始比特的功能,使之对网络显示为一条无差错链路。该层又可细分为媒体访问控制(MAC)子层和逻辑链路控制(LLC)子层。

3) 网络层

传感器网络的网络层负责路由发现和维护,通常大多数节点无法直接与网关通信,需要通过中间节点以多跳路由的方式将数据传送至汇聚节点。

4) 传输层

传感器网络的传输层负责数据流的传输控制,主要通过汇聚节点采集传感器网络内的数据,并使用卫星、移动通信网络、因特网或者其他链路与外部网络通信,是保证通信服务质量的重要部分。

5) 应用层

传感器网络的应用层协议基于检测任务,包括节点部署、动态管理、信息处理等,因此需开发和使用不同的应用层软件。

2. 网络管理平台

网络管理平台主要是对传感器节点自身的管理以及用户对传感器网络的管理,它包括了能量管理、拓扑控制、网络管理、服务质量管理、安全管理、移动管理等。

(1) 能量管理。负责控制节点对能量的使用。在 DSN 中,电池能源是各个节点最宝贵的能源,为了延长网络存活时间,必须有效地利用能源。

(2) 拓扑控制。负责保持网络联通和数据有效传输。由于传感器节点被大量密集地部署于监控区域,为了节约能源,延长 DSN 的生存时间,部分节点将按照某种规则进入休眠状态。拓扑管理的目的就是在保持网络联通和数据有效传输的前提下,协调 DSN 中各个节点的状态转换。

(3) 网络管理。负责网络维护、诊断,并向用户提供网络管理服务接口,通常包含数据收集、数据处理、数据分析和故障处理等功能。需要根据 DSN 的能量受限、自组织、节点易损坏等特点设计新型的全分布式管理机制。QoS 支持网络安全机制:QoS 是指为应用程序提供足够的资源使它们以用户可以接受的性能指标工作。通信协议中的数据链路层、网络层和传输层都可以根据用户的需求提供 QoS 支持。DSN 多用于军事、商业领域,安全性是重要的研究内容。由于 DSN 中,传感器节点随机部署、网络拓扑的动态性以及信道的不稳定性,使传统的安全机制无法适用,因此需要设计新型的网络安全机制。

3. 应用支撑平台

应用支撑平台建立在分层网络通信协议和网络管理技术的基础上,它包括一系列给予检测任务的应用层软件,通过应用服务接口和网络管理接口来为终端用户提供具体的应用支持。

(1) 时间同步技术。由于晶体振荡器频率的差异及诸多物理因素的干扰,无线传感器网络各节点的时钟会出现时间偏差。而时钟同步对于无线传感器网络非常重要,如安全协议中的时间戳、数据融合中数据的时间标记、带有睡眠机制的 MAC 层协议等都需要不同程度的时间同步。

（2）定位技术。WSN 采集的数据往往需要与位置信息相结合才有意义。由于 WSN 具有低功耗、自组织和通信距离有限等特点，传统的 GPS 等算法不再适合 WSN。WSN 中需要定位的节点称为未知节点，而已知自身位置并协助未知节点定位的节点称为锚节点（Anchor Node）。WSN 的定位就是未知节点通过定位技术获得自身位置信息的过程。在 WSN 定位中，通常使用三边测量法、三角测量法和极大似然估计法等算法计算节点位置。

（3）应用服务接口。无线传感器网络的应用是多种多样的，针对不同的应用环境，有各种应用层的协议，如任务安排和数据分发协议、节点查询和数据分发协议等。

（4）网络管理接口。主要是传感器管理协议，用来将数据传输到应用层。

13.1.3　无线传感器网络特点

与常见的无线网络如移动通信网、无线局域网、蓝牙网络、Ad Hoc 网络等相比，无线传感器网络具有以下特点。

（1）资源有限。

节点由于受价格、体积和功耗的限制，其电能、计算能力、程序空间和内存空间比普通的计算机要弱很多。

（2）自组织网络。

在传感器网络应用中，通常情况下传感器节点被放置在没有基础结构的地方。传感器节点的位置不能预先精确设定，节点之间的相互邻居关系预先也不知道，这就要求传感器节点具有自组织能力，能够自动进行配置和管理，通过拓扑控制机制和网络协议，自动形成转发监测数据的多跳无线网络系统。

（3）动态网络。

传感器网络的拓扑结构可能由于下列因素而改变：①环境因素或电能耗尽造成传感器节点出现故障或失效。②环境条件变化可能造成无线通信链路带宽变化，甚至时断时通。③传感器网络的传感器、感知对象和观察者这三个要素都可能具有移动性。④新节点的加入。这就要求传感器网络系统要能够适应这种变化，具有动态的系统可重构性。

（4）多跳路由。

网络中节点通信距离有限，一般在百米范围内，节点只能与它的邻居直接通信。如果希望与其射频覆盖范围之外的节点进行通信，则需要通过中间节点进行路由。固定网络的多跳路由使用网关和路由器来实现，而无线传感器网络中的多跳路由则是由普通网络节点完成的，没有专门的路由设备。这样每个节点既是信息的发起者，也是信息的转发者。

（5）应用相关的网络。

传感器网络用来感知客观世界，获取物理世界的信息。客观世界的物理量多种多样，不可穷尽。不同的传感器网络应用关心不同的物理量，因此对传感器的应用系统也有多种多样的要求。不同的应用背景对传感器网络的要求不同，其硬件平台、软件系统和网络协议必然会有很大的差别。所以传感器网络不能像 Internet 一样，有统一的通信协议平台。对于不同的传感器网络应用虽然存在一些共性的问题，但是在开发传感器网络应用中，更关心传感器网络的差异。只有让系统更贴近应用，才能做出最高效的目标系统。

（6）以数据为中心的网络。

感器网络中的节点采用节点编号标识,节点编号是否需要具备全网唯一性取决于网络通信协议的设计。由于传感器节点随机部署,构成的传感器网络与节点编号之间的关系是完全动态的,表现为节点编号与节点位置没有必然的联系。用户使用传感器网络查询事件时,直接将所关心的事件通告给网络,而不是通告给某个确定编号的节点。网络在获得指定事件的信息后汇报给用户。这种以数据本身作为查询或传输线索的思想更接近于自然语言交流的习惯。

（7）节点数量众多。

为了对一个区域执行监测任务,往往会有成千上万的传感器节点被空投到该区域。传感器节点分布非常密集,利用节点之间的高度连接性来保证系统的容错性和抗毁性。

13.1.4　无线传感器网络的通信与组网技术

无线传感器网络技术依赖于可靠的网络通信技术实现数据传输。通信部分位于无线传感器网络体系结构的最底层,包括物理层和 MAC 层两个子层,主要解决如何实现数据的点到点、点到多点的传输问题,为上层组网提供通信服务。组网技术是通过无线传感器网络通信体系的上层协议实现的。传感器网络的组网技术包括网络层和传输层两部分内容。网络层负责数据的路由转发,传输层负责实现数据传输的服务质量保障。

1. 无线传感网络的物理层

国际标准化组织（International Organization for Standardization,ISO）对开放系统互联（Open System Interconnection,OSI）参考模型中的物理层作了以下定义:在物理传输介质之间为比特流传输所需物理连接的建立、维护和释放提供机械的、电气的、功能的和规程性的手段。从定义可以看出,物理层的特点是负责在物理连接上传输二进制比特流,并提供建立、维护和释放物理连接所需要的机械、电气、功能和规程的特性。在 OSI 参考模型中,物理层是第一层,是整个开放系统的基础,向下直接与物理传输介质相连。物理层协议是各种网络设备进行互联时必须遵守的底层协议,对数据链路层屏蔽了物理传输介质,实现了两个网络物理设备之间二进制比特流的透明传输。它负责在主机之间传输数据位,为在物理介质上传输的比特流建立规则,以及需要何种传送技术在传输介质上发送数据。物理层对数据链路层屏蔽物理传输介质的特性,以便对高层协议有最大的透明性,但它定义了数据链路层所使用的访问方法。具体而言,物理层具有以下功能:

为数据端设备（Data Terminal Equipment,DTE）提供传送数据的通道,数据通道可以是一个物理媒体,也可以由多个物理媒体连接而成,一次完整的数据传输包括激活物理连接、传送数据、终止物理连接等。所谓激活,就是不管有多少物理介质参与,都需要将通信的两个数据终端设备连接起来,形成一条通路传输数据,物理层要形成适合数据传输需要的实体,为数据传输服务。具体表现在两个方面:一是要保证数据能正确通过;二是要提供足够的带宽,以减少信道上的拥塞。数据传输的方式能满足点到点,一点到多点,串行或并行,半双工或全双工,同步或异步传输的需要。

物理层负责完成信道状态评估、能量监测、收发器管理、物理层管理等工作。在物理层通信中,数据终端设备和数据电路终端设备之间应该既有数据信息传输,也有控制信息传输,这就需要高度协调工作,要求定制出它们之间的接口标准。这些标准就是物理接口标准,反映在物理接口标准中的物理接口具有以下 4 个特性。①机械特性:规定了物理连接时所使用接线器的形状和尺寸,连接器中引脚的数量与排列情况等。②电气特性:规定了在物理连接上传输二进制比特流时,线路上信号电平高低、阻抗以及阻抗匹配、传输速率与距离限制。③功能特性:规定了物理接口上各条信号线的功能分配和确切定义。物理接口信号线一般分为数据线、控制线、定时线和地线。④规程特性:定义了信号线进行二进制比特流传输时的一组操作过程,包括各信号线的工作规则和时序。

2. 无线通信物理层的主要技术

无线通信物理层的主要技术包括介质的选择、频段的选择、调制技术和扩频技术。

1) 介质和频段选择

无线通信的介质包括电磁波和声波。电磁波是最主要的无线通信介质,而声波一般仅用于水下的无线通信。根据波长的不同,电磁波分为无线电波、微波、红外线和光波等。目前,无线传感器网络采用的主要传输介质包括无线电波、红外线和光波等。

无线电波易于产生,可以传播很远,可以穿过建筑物,因而被广泛用于室内或室外的无线通信。无线电波是全方向传播信号,它能向任意方向发送无线信号,所以发射方和接收方的装置在位置上不必要求精确对准。

无线电波的传播特性与频率相关。如果采用较低频率,则它能轻易地通过障碍物,但电波能量随着与信号源距离 r 的增大而急剧减小,大致为 $\frac{1}{3}r$。如果采用高频传输,则它趋于直线传播,且受障碍物阻挡的影响。无线电波易受发动机和其他电子设备的干扰。另外,由于无线电波的传输距离较远,用户之间的相互串扰也是需要关注的问题,所以每个国家和地区都有关于无线频率管制方面的使用授权规定。

2) 调制技术

调制和解调技术是无线通信系统的关键技术之一。通常,信号源的编码信息(即信源)含有直流分量和频率较低的频率分量,称为基带信号。基带信号往往不能作为传输信号,因而要将基带信号转换为相对基带频率而言频率非常高的带通信号,以便于进行信道传输。通常将带通信号称为已调信号,将基带信号称为调制信号。

调制技术通过改变高频载波的幅度、相位或频率,使其随着基带信号幅度的变化而变化。解调是将基带信号从载波中提取出来以使预定的接收者(信宿)处理和理解的过程。调制对通信系统的有效性和可靠性有很大的影响,采用什么方法调制和解调往往在很大程度上决定着通信系统的质量。根据调制采用的基带信号的类型,可以将调制分为模拟调制和数字调制。模拟调制是用模拟基带信号对高频载波的某一参量进行控制,使高频载波随着模拟基带信号的变化而变化。数字调制是用数字基带信号对高频载波的某一参量进行控制,使高频载波随着数字基带信号的变化而变化。目前,通信系统都在由模拟制式向数字制式过渡,数字调制已经成为主流的调制技术。

根据原始信号所控制参量的不同,调制分为幅度调制(Amplitude Modulation,AM)、频率调制(Frequency Modulation,FM)和相位调制(Phase Modulation,PM)。当数字调制信号为二进制矩形全占空脉冲序列时,由于该序列只存在"有电"和"无电"两种状态,因而可以采用电键控制,称为键控信号,所以上述数字信号的调幅、调频、调相分别又被称为幅移键控(Amplitude Shift Keying,ASK)、频移键控(Frequency Shift Keying,FSK)和相移键控(Phase Shift Keying,PSK)。

20 世纪 80 年代以来,人们十分重视调制技术在无线通信系统中的应用,以寻求频谱利用率更高、频谱特性更好的数字调制方式。由于振幅键控信号的抗噪声性能不够理想,因此,目前在无线通信中广泛应用的调制方法是频率键控和相位键控。

3)扩频技术

扩频又称为扩展频谱,它的定义包括:扩频通信技术是一种信息传输方式,其信号所占有的频带宽度远大于所传信息必需的最小带宽;频带的扩展通过一个独立的码序列来完成,用编码及调制的方法来实现,与所传信息数据无关;在接收端用同样的码进行相关同步接收、解扩和恢复所传的信息数据。

按照工作方式的不同,扩频技术可以分为:直接序列扩频(Direct Sequence Spread Spectrum,DSSS)、跳频扩频(Frequency Hopping Spread Spectrum,FHSS)、跳时扩频(Time Hopping Spread Spectrum,THSS)和宽带线性调频扩频(Chirp Spread Spectrum,Chrip-SS),简称切谱扩频。

扩频通信与一般的无线通信体系相比,主要是在发射端增加了扩频调制,而在接收端增加了扩频解调。扩频技术的优点包括:易于重复使用频率,提高了无线频谱利用率;抗干扰性强,误码率低;隐蔽性好,对各种窄带通信系统的干扰很小;可以实现码分多址;能精确定时和测距;适合数字语音和数据传输,以及开展多种通信业务;安装简便,易于维护。

3. 无线传感器网络物理层的特点

无线传感器网络作为无线通信网络中的一种类型,包含了上述介绍的无线通信物理层技术的特点。它的物理层协议也涉及传输介质和频段的选择、调制、扩频技术,实现低能耗是无线传感器网络物理层的一项设计要求。

由于传感器网络的主要设计参数是成本和功耗,故物理层的设计对整个网络的成功运行是至关重要的。如果采用了不适宜的调制方式、工作频带和编码方案,即使设计出的网络能够勉强完成预定的功能,也未必满足推广应用所需的成本和电池寿命方面的要求。

目前,无线传感器网络的通信传输介质主要是无线电波、红外线和光波三种类型。无线电波的通信限制较少,通常人们选择"工业、科学和医疗(Industrial,Scientific and Medical,ISM)频段"。ISM 频段的优点在于它是自由频段,无须注册,可选频谱范围大,实现起来灵活方便。ISM 频段的缺点主要是功率受限,与现有多种无线通信应用存在相互干扰问题。

红外通信也无须注册,且受无线电设备的干扰较小,不足的是存在视线关系(Line of Sight,LoS)限制。光学介质传输不需要复杂的调制解调机制,传输功率小,但也同样存在视距限制。

尽管传感器网络可以通过其他方式实现通信,例如各种电磁波(如射频和红外)、声波,但无线电波是当前传感器网络的主流通信方式,在很多领域得到了广泛应用。调制是无线通信系统的重要技术,它使得信号与信道匹配,能增强电波的有效辐射,可以方便频率分配、减小信号干扰。扩频通信具有很强的抗干扰能力,可进行多址通信,安全性强,难以被窃听。对于传感器网络来说,选择适合的调制解调和扩频机制是实现可靠通信传输的关键。

　　无线传感器网络的低能耗、低成本、微型化等特点，以及具体应用的特殊要求对物理层的设计提出了挑战，设计时需要重点考虑以下问题：①调制机制。低能耗和低成本的特点要求调制机制尽量设计简单，使得能量消耗最低。但是另一方面，由于无线通信本身的不可靠性，传感器网络与现有无线设备之间的无线电干扰，以及具体应用的特殊需要，使得调制机制必须具有较强的抗干扰能力。②与上层协议结合的跨层优化设计。物理层位于网络协议的最底层，是整个协议栈的基础。它的设计对各上层内容的跨层优化设计具有重要的影响，而跨层优化设计是传感器网络协议设计的主要内容。③硬件设计。在传感器网络的整个协议栈中，物理层与硬件的关系最为密切，微型化、低功耗、低成本的传感器单元、处理器单元和通信单元的有机集成是非常必要的。

4. 无线传感网络的 MAC 协议

　　无线频谱是无线通信的介质，在无线传感器网络中，可能有多个节点设备同时接入信道，导致分组之间相互冲突，使接收方难以分辨接收到的数据，从而浪费了信道资源，导致网络吞吐量下降。通过设计介质访问控制协议可以有效解决上述问题。

　　介质访问控制（Media Access Control，MAC）协议是通过一组规则和过程来有效、有序和公平地使用共享介质的。MAC 协议决定无线信道的使用方式，在传感器节点之间分配有限的无线通信资源，用来构建传感器系统的底层基础结构。MAC 协议处于传感网协议的底层，对传感器网络的性能有较大的影响，是保证传感网高效通信的关键技术之一。

　　1）MAC 协议概述

　　传感器节点的能量、存储、计算和通信带宽等资源有限，单个节点的功能比较弱，而传感器网络的丰富功能是众多节点协作实现的。多点通信在局部范围内需要 MAC 协议协调相互之间的无线信道分配，在设计传感器网络的 MAC 协议时，需要着重考虑以下几个问题：①节省能量。传感器网络节点一般以干电池、纽扣电池等提供能量，而且电池能量通常难以进行补充，为了长时间保证传感器网络的有效工作，MAC 协议在满足应用要求的前提下，应尽量节省使用节点的能量。②可扩展性。由于传感器节点数目、节点分布密度等在传感器网络生存过程中不断变化，节点位置也可能移动，还有新节点加入网络的问题，所以无线传感器网络的拓扑结构具有动态性。MAC 协议应具有可扩展性，以适应这种动态变化的拓扑结构。③网络效率。网络效率包括网络的公平性、实时性、网络吞吐量和带宽利用率等。

　　在上述三个问题中，应用于传感器网络 MAC 协议设计的重要性依次递减。

　　传统网络的 MAC 协议重点考虑节点使用带宽的公平性，提高带宽的利用率和增加网络的实时性。因为在传统网络中，节点能够连续地获得能量供应，如台式终端会有稳定的电源供电，整个网络的拓扑结构相对稳定，网络的变化范围和变化频率都比较小。但是，在传感器网络中，由于传感器节点本身不能自动补充能量或者能量补充不足，节约能量成为传感器网络 MAC 协议设计的首要考虑因素。因此，传感器网络的 MAC 协议与传统网络的 MAC 协议所侧重的因素不同，这意味着传统网络的 MAC 协议不能直接用于传感器网络，需要设计适用于传感器网络的 MAC 协议。

　　通常，网络节点无线通信模块的状态包括发送状态、接收状态、侦听状态和睡眠状态等，单位时间内消耗的能量按照上述顺序依次减少。因此，为了减少能量的消耗，传感器网络 MAC 协议通常采用"侦听/睡眠"交替的无线信道使用策略。当有数据收发时，节点开启通信模块进行发送或侦听；如果没有数据需要收发，节点控制通信模块进入睡眠状态，从而减小空闲侦听造成的能量消耗。同时，为了使节点在无线模块睡眠时不错过发送给它的数据，或减少节点的过渡侦听，邻居节点间需要协调它们的侦听和睡眠周期。如果采用基于竞争方式的 MAC 协议，要考虑发送数据产生碰撞的可能，根据信道使用的信息调整发送时机。当然，MAC 协议应该简单高效，避免协议本身消耗过多的能量。

目前，无线传感器网络 MAC 协议可以按照下列条件进行分类：①采用分布式控制还是集中式控制；②使用单一共享信道还是多个信道；③采用固定分配信道方式还是随机访问信道方式。

按上述第③种方法分类，可将传感器网络的 MAC 协议分为以下三种：①时分复用无竞争接入方式。无线信道时分复用（Time Division Multiple Access，TDMA）方式给每个传感器节点分配固定的无线信道使用时段，避免节点之间相互干扰。②随机竞争接入方式。如果采用无线信道的随机竞争接入方式，节点在需要发送数据时随机使用无线信道，尽量减少节点间的干扰，典型的方法是采用载波侦听多路访问（Carrier Sense Multiple Access，CSMA）的 MAC 协议。③竞争与固定分配相结合的接入方式。通过混合采用频分复用或者码分复用等方式，实现节点间无冲突的无线信道分配。

基于竞争的随机访问 MAC 协议采用按需使用信道的方式，它的基本思想是当节点需要发送数据时，通过竞争方式使用无线信道，如果发送的数据产生了碰撞，就按照某种策略重发数据，直到数据发送成功或放弃发送为止。

典型的基于竞争的随机访问 MAC 协议是载波侦听多路访问（CSMA）接入方式。在无线局域网 IEEE 802.11 MAC 协议的分布式协调工作模式中，就采用了带冲突避免的载波侦听多路访问（CSMA with Collision Avoidance，CSMA/CA）协议，它是基于竞争的无线网络 MAC 协议的典型代表。

所谓的 CSMA/CA 机制，是指在信号传输之前，发射机先侦听介质中是否有同信道载波，若不存在，意味着信道空闲，将直接进入数据传输状态；若存在载波，则在随机退避一段时间后重新检测信道。这种介质访问控制层的方案简化了实现自组织网络应用的过程。

在 IEEE 802.11 MAC 协议的基础上，人们设计出适用于传感器网络的多种 MAC 协议。下面首先介绍 IEEE 802.11 MAC 协议的内容，然后介绍一种适用于无线传感器网络的典型 MAC 协议。

2）IEEE 802.11MAC 协议

IEEE 802.11 MAC 协议分为分布式协调功能（Distributed Coordination Function，DCF）和点协调功能（Point Coordination Function，PCF）两种访问控制方式，其中 DCF 方式是 IEEE 802.11 协议的基本访问控制方式。

由于在无线信道中难以检测到信号的碰撞，因而只能采用随机退避的方式来减少数据碰撞的概率。在 DCF 工作方式下，节点在侦听到无线信道忙之后，采用 CSMA/CA 机制和随机退避时间，实现无线信道的共享。另外，所有定向通信都采用立即的主动确认（ACK 帧）机制，即如果没有收到 ACK 帧，则发送方会重传数据。

PCF 工作方式是基于优先级的无竞争访问方式。它通过访问接入点（Access Point，AP）来协调节点的数据收发，采用轮询方式查询当前哪些节点有数据发送的请求，并在必要时给予数据发送权。

在 DCF 工作方式下,载波侦听机制通过物理载波侦听和虚拟载波侦听来确定无线信道的状态。物理载波侦听由物理层提供,虚拟载波侦听由 MAC 层提供。如图 13.4 所示,如果节点 A 希望向节点 B 发送数据,节点 C 在节点 A 的无线通信范围内,节点 D 在节点 B 的无线通信范围内,但不在节点 A 的无线通信范围内。节点 A 首先向节点 B 发送一个请求帧(Request-To-Send,RTS),节点 B 返回一个清除帧(Clean To-Send,CTS)进行应答。这两个帧都有一个字段表示这次数据交换需要的时间长度,称为网络分配矢量(Network Allocation Vector,NAV),其他帧的 MAC 头也会携带这一信息。节点 C 和 D 在侦听到这个信息后,就不再发送任何数据,直到这次数据交换完成为止。NAV 可看作一个计数器,以匀速递减计数到零。当计数器为零时,拟载波侦听指示信道为空闲状态;否则,指示信道为忙状态。

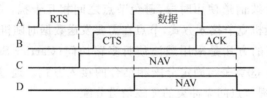

图 13.4 CSMA/CA 的虚拟载波侦听示例

IEEE 802.11 MAC 协议规定了三种基本帧间隔(InterFrame Space,IFS),用来提供访问无线信道的优先级。这三种帧间隔分别为:sIFs(short IFS):最短帧间隔。使用 SIFS 帧的优先级最高,用于需要立即响应的服务,如 ACK 帧、CTS 帧和控制帧等;PIFS(PCF IFS):PCF 方式下节点使用的帧间间隔,用来获得在无竞争访问周期启动时访问信道的优先权;DIFS(DCF IFS):DCF 方式下节点使用的帧间隔,用来发送数据帧和管理帧。

5. 无线传感网络的路由协议

无线传感器网络的路由协议起着监控网络拓扑变化,建立、维护和删除节点间路由,保证恶劣环境中节点间信息的准确、高效和及时传递。

1)路由协议概述

无线传感器网络节点间以 Ad Hoc 方式进行通信,每个节点都可以充当路由器的角色,并且每个节点都具备动态搜索、定位和恢复连接的能力。路由协议负责将数据分组从源节点通过网络转发给目的节点,主要完成两方面的工作:一是寻找源节点和目的节点间的优化路径;二是将数据分组沿着优化路径正确地转发。设计无线传感器网络的路由考虑的因素很多,大致分为以下两部分内容:一是网络特征。无线传感器网络具有与众不同的特征,应用于路由协议设计时,主要考虑能量损耗、节点部署和网络拓扑变化等。二是数据传输特征。无线传感器网络的数据传输特征主要考虑数据传输方式、无线传输手段以及数据融合技术等。

无线传感器网络的路由过程主要分为以下 4 个步骤:

(1) 某一个设备发出路由请求命令帧,启动路由发现过程。

(2) 对应的接收设备收到该命令后,回复应答命令帧。

(3) 对潜在的各条路径开销(跳转次数、延迟时间)进行评估比较。

（4）将评估确定之后的最佳路由记录添加到此路径上各个设备的路由表中。

目前，针对不同的应用环境和性能指标出现了多种路由协议。按源节点获取路径的方式，可以分为：主动路由协议、按需路由协议和混合路由协议；按节点参与通信的方式，可以分为：直接通信路由协议、平面路由协议和层次路由协议；按路由的发现过程，可以分为以位置信息为中心的路由协议和以数据为中心的路由协议。

2）平面路由协议和层次路由协议

（1）平面路由协议（Flooding Protocol）。

Flooding Protocol 协议是最早的路由协议，接收到消息的节点以广播的形式转发报文给所有的邻居节点。例如，源节点 S 希望发送数据给目标节点 D，节点 S 首先通过网络将数据分组传送给它的每一个邻居节点，每一个邻居节点又将其传输给各自的邻居节点（除了刚刚给它们发送数据分组的节点 S 外）。如此继续下去，直到将数据传输到目标节点 D 为止，或者为该数据所设定的生命期限变为零为止，或者所有节点都拥有此数据分组为止。

洪泛法的优点是实现简单，适用于健壮性要求高的场合；缺点是存在信息爆炸、部分数据交叠和盲目使用资源等问题。

闲聊路由协议（Gossiping Protocol）：Gossiping Protocol 协议是 Flooding Protocol 协议的改进版本，引入了随机发送数据的方式，以减少洪泛法存在的资源消耗过大问题。在闲聊法中，某一个节点发送数据时，不再像洪泛法那样给它的每个邻居节点都发送数据副本，而是随机选择某一个邻居节点，向它发送一份数据副本。接收到数据的节点采用相同的方式，随机选择下一个接收节点发送数据。需要注意的是，如果一个节点 B 已接收到它的邻居节点 A 的数据副本，若再次收到，那么它就将此数据发回它的邻居节点 A。

闲聊法避免了信息爆炸问题，但是仍然无法解决部分数据交叠现象和盲目使用资源的问题。同时，由于采用随机选择接收节点的方式，使得数据传输不可能按照最短路径进行，甚至会出现南辕北辙的现象，所以数据传输平均时延变长，传输速度变慢，无谓的资源消耗依然很多。

基于协商机制的传感器网络协议（Sensor Protocols for Information via Negotiation，SPIN）：SPIN 协议是一种以数据为中心的自适应通信方式，使用 ADV、REQ 和 DATA 信息完成数据通信。SPIN 协议在传感器节点 A 发送一个 DATA 数据包之前，首先对外广播 ADV 数据包；如果某个邻居节点 B 在收到 ADV 数据包后有意愿接收该 DATA 数据包，那么节点 B 向节点 A 发送一个 REQ 数据包，然后节点 A 向节点 B 发送 DATA 数据包。如此进行下去，DATA 数据包可被传输到远方汇聚节点或基站。

SPIN 协议能够很好地解决传统的 Flooding 和 Gossiping 协议所带来的信息爆炸、信息重复和资源浪费等问题。其缺点是没有考虑节能和多种信道条件下的数据传输问题。因此，后续又出现了点到点的通信模式（Point to Point，PP）、点到点的节能模式（Energy Control，EC）、点到点的信道衰减模式（Route Lossy，RL）、广播信道模式（Broadcast Channel，BC）等在 SPIN 基础上改进的路由协议。

（2）层次路由协议。

低功耗自适应聚类分级协议（Low Energy Adaptive Clustering Hierarchy，LEACH）：LEACH 协议是无线传感器网络中最早提出的分层路由算法。

LEACH 协议中首先随机选择一个节点作为簇头，簇头开始发送广播消息，然后其他普通子节点根据信号强弱选择加入的簇群。簇群形成之后,数据传输便可以开始,即进入稳定工作状态。簇头按照 TDMA(时分复用)方式分给每一个普通节点一个时隙,并广播消息。节点持续采集监测数据,在其相应时隙,使用最小能量传给簇头。不发送数据时隙时,节点可关闭以节约能量。当所有数据接收后,簇头进行必要的融合处理后,发送到基站。由于基站较远,通信耗能较多,因此这是一种减小通信业务量的合理的工作模式。持续一段时间以后,整个网络进入下一轮工作周期,重新选择簇头。

LEACH 协议通过随机循环地选择簇头节点将整个网络的能量负载平均分配到每个传感器节点中,从而降低了网络能源消耗,可以将网络整体的生存时间延长 15%。此外,LEACH 协议采用了数据压缩和数据融合技术将多个消息合并,减少了发送消息的数量和能量,有很好的扩展性。其缺点是不能使全网时钟同步,很容易引起全网的瘫痪。

高能效采集传感器信息系统协议(Power-Efficient Gathering in Sensor Information Systems,PEGASIS):PEGASIS 协议是基于 LEACH 协议的一种改进路由算法。PEGASIS 协议在网络中选择一个节点作为起始节点建立一条最优回路链,起始节点将数据融合后的数据信息发送给 Sink 节点。由于起始节点的负载较重,PEGASIS 协议采用了全网节点轮流作为回路链起始节点的方式进行均衡。

PEGASIS 协议使用了贪婪算法形成链路。在数据传输中,簇头利用耗能较小的 Token (令牌)控制数据从链尾开始传播。如图 13.5 所示,C_2 为簇头,将 Token 沿着链路传给 C_0,C_0 传送数据给 C_1,C_1 将 C_0 数据与自身数据进行融合形成一个相同长度的数据包,再传给 C_2。此后 C_2 将 Token 传给 C_3,以同样的方式收集 C_4 和 C_3 的数据。这些数据在 C_2 处进行融合后发给基站。网络中某些节点可能因与邻居节点距离较远而消耗较大能量,通过设置一个门限值限定此

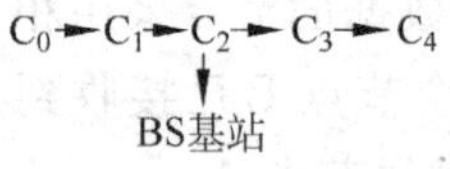

图 13.5　PEGASIS 数据传输链形成示意图

节点作为簇头。当该链重构时,此门限值可改变以重新决定哪些节点可做簇头,以增强网络的健壮性。

因为 PEGASIS 中每个节点都以最小功率发送数据分组,并有条件完成必要的数据融合,减小业务流量,所以整个网络的功率较小。研究结果表明,PEGASIS 支持的传感器网络的生命周期近两倍于 LEACH 协议。

3) 能量感知路由

能量路由是最早提出的传感器网络路由机制之一。高效利用网络能量是传感器网络路由协议的一个显著特征,早期的传感器网络路由协议均很注重能量因素。能量感知路由协议从数据传输中的能量消耗出发,讨论最优能量消耗路径以及最长网络生存期等问题。

一个典型的移动无线通信设备有三种工作模式:传输模式、接收模式和监听模式。传输模式的能耗最大,监听模式的能耗则为最小。与通信相关的能耗主要包括传输器、中转器和接收器的使用。

能量路由是根据节点的可用能量(Power Available,PA)或传输路径上链路的能量需求,选择数据的转发路径的。节点可用能量就是节点当前的剩余能量。如图 13.6 所示,大写字母表示节点(如节点 A),节点右侧括号内的数字表示节点可用能量(如 PA=2),双向线表示节点之间的通信链路,链路上的数字表示在该链路上发送数据消耗的能量(如 $a_1=1$)。在图中从源节点 A 到目标节点 B 的可能路径有 4 条。

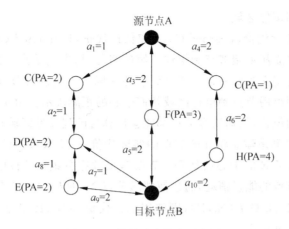

图 13.6 能量路由算法示意图

路径 1：源节点 A—C—D—目标节点 B，路径上所有节点 PA 之和为 4，在该路径上发送分组需要的能量之和为 3。

路径 2：源节点 A—C—D—E—目标节点 B，路径上所有节点 PA 之和为 6，在该路径上发送分组需要的能量之和为 5。

路径 3：源节点 A—F—目标节点 B，路径上所有节点 PA 之和为 3，在该路径上发送分组需要的能量之和为 4。

路径 4：源节点 A—G—H—目标节点 B，路径上所有节点 PA 之和为 5，在该路径上发送分组需要的能量之和为 6。

能量路由选择策略主要有以下几种：最大可用能量路由、最小能量消耗路由、最少跳数路由和最大最小 PA 节点路由。上述能量路由算法需要节点知道整个网络的全局信息。由于传感器网络存在资源约束，节点只能获取局部信息，因此上述能量路由方法只是理想情况下的路由协议。

4）地理位置路由

基于地理位置信息的路由协议中，节点通过特定方式获取自己的位置信息及相邻节点间的位置关系，节点可以利用位置信息将数据传送到指定区域而不是整个网络。节点密度较大的区域也可以选取一部分节点处于工作状态，让其余节点进入睡眠，从而减少能量损耗，延长网络生命周期。利用节点的地理位置信息对协议算法进行优化，可以实现一些其他传感器网络路由协议无法实现的功能，如在跟踪目标应用中，可以唤醒距离跟踪目标最近的传感器节点，得到关于目标的准确位置等相关信息。然而，地理位置路由协议获取节点地理位置信息具有一定难度，其定位技术也是目前传感器网络领域研究的重要课题。下面以 GEAR 路由为例进行说明。

GEAR 采用查询驱动数据传送模式，根据事件区域的地理位置信息，建立基站或者汇聚节点到事件区域的优化路径，避免泛洪查询消息，从而减少了路由建立的开销。GEAR 算法中的数据包含位置属性信息，利用该信息完成位置定位。

GEAR 路由中查询消息传输包括事件区域数据传送、域内数据传送两个阶段。首先，汇聚节点 A 发出查询命令，根据事件区域的地理位置将查询命令传输到区域内距汇聚节点 A 最近的节点 B，然后节点 B 将查询命令传播到区域内的其他所有节点。

查询消息传送到事件区域。

GEAR 路由用实际代价(Learned Cost)和估计代价(Estimated Cost)两种代价来表示路径代价。当没有建立从汇聚节点到事件区域的路径时,中间节点使用估计代价来决定下一跳节点。估计代价定义为归一化的节点到事件区域的距离以及节点的剩余能量两部分,节点到事件区域的距离用节点到事件区域几何中心的距离表示。由于所有节点都知道自己的位置和事件区域的位置,因而所有节点都能够计算自己到事件区域几何中心的距离。

GEAR 协议的关键是建立和维护节点的实际代价 $h(N, R)$。假设节点 N 准备转发分组 P,其目的地是 R,且 R 的中心点是 D。节点 N 既要把分组往事件区域转发,同时还要尽量平衡其所有邻居节点的能量消耗,通过使邻居节点 N_i 的 $h(N_i, R)$ 最小来实现这种折中。如果节点 N 没有关于 N_i 的 $h(N_i, R)$,则使用估计代价 $c(N_i, R)$ 作为 $h(N_i, R)$ 的默认值。估计代价 $c(N_i, R)$ 的定义是

$$c(N_i, R) = \beta d(N_i, R) + (1 - \beta)e(N_i) \qquad (13\text{-}1)$$

式中,β 是可调权值,$d(N_i, R)$ 是把 N_i 到 D 的距离与 N 的邻节点中距离 D 最远的长度相比得出的值,$e(N_i)$ 是把 N_i 消耗的能量与 N 的邻节点中已消耗的最大能量进行比较得出的值。在 N 选择具有最小综合开销的邻节点 N_{min} 作为下一跳节点后,节点 N 把自己的 $h(N, R)$ 设置为 $h(N_{min}, R) + c(N, N_{min})$,其中 $c(N, N_{min})$ 是从 N 传送一个分组到 N_{min} 所需的开销。

查询信息到达事件区域后,事件区域的节点沿着查询路径的反方向传输监测数据,数据消息中捎带每跳节点到事件区域的实际能量消耗值。对于数据传输经过的每个节点,首先记录捎带信息中的能量代价,然后将信息中的能量代价加上其发送该消息到下一跳节点的能量消耗,替换消息中的原来的捎带值来转发数据。节点下一次转发查询消息时,用刚才记录的事件区域的实际能量代价替换式(13-1)中的 $d(N_i, R)$,计算其到汇聚节点的实际代价,根据节点调整后的实际代价选择到事件区域的最优路径。

从汇聚节点开始的路径建立过程采用贪婪算法。节点在邻居节点中选择到事件区域代价最小的节点作为下一跳节点,并将自己的路由代价设为该下一跳节点的路由代价加上该节点一跳通信的代价,如果节点的所有邻居节点到事件区域的路由代价都比自己大,则陷入了路由空洞(Routing Void)。GEAR 通过如图 13.7 所示的方式来解决通信空洞问题,从而使路由进行下去。这里假设图 13.7 中的网格型拓扑中每个节点都可以直接与其 8 个邻节点通信,而且每个小网格边长都是 1,例如 B 和 C 之间的距离。图中黑色的节点表示因为能

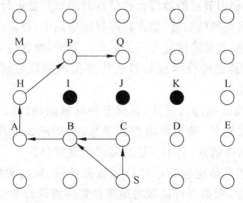

图 13.7　路由空洞和绕过空洞的路径

量耗尽而失效的节点，S 是源节点，Q 是事件区域的中心点（为了方便，这里用 Q 表示事件区域），式(13-1)中的值 β 置为 1。在时间 0 时，S 向目标 Q 发送分组，B，C，D 是 S 所有邻节点中比 S 距离 Q 更近的节点。

$h(B,Q)=c(B,Q)=\sqrt{5}$，$h(C,Q)=c(C,Q)=2$，$h(D,Q)=c(D,Q)=\sqrt{5}$。这里假设各节点当前能量状况相同，S 知道 C 是这些邻节点中综合开销最小的邻节点，就把分组向 C 发送。时间 1 时，当 C 收到分组后，发现自己处于通信空洞中（C 的邻节点要么失效了，要么距离目标 Q 比 C 更远），此时选择其邻节点中综合开销最小的 B 节点进行转发，并且令 $h(C,Q)=h(B,Q)=c(C,B)$。这里假设一个分组从当前节点到其邻节点的一跳传输开销为 1，即 $c(C,B)=1$。时间 2 时，S 又收到一个目的地为 Q 的分组，此时其邻节点的综合开销已经是：$h(B,Q)=\sqrt{5}$，$h(C,Q)=\sqrt{5}+1$，$h(D,Q)=\sqrt{5}$。这次 S 就会直接把分组转发给 B，而不是 C。当第一个分组到达目的地时，正确的实际代价值就会被往后传输一跳距离。每当一个分组被转发时，正确的实际代价值都会被传播给一跳范围内的节点。

5) 查询消息在事件区域内传播

当查询命令被转发进入事件区域后，大多数情况下采用递归的、基于地理信息的转发方式在事件区域内发布查询命令。然而在一些节点密度低的情况下这种递归的转发方式有时无法停止，会围绕着一个空事件区域进行无用的路由，除非查询命令的跳数值超过了限定值。这种情况下采用受限洪泛的方法进行查询命令转发是比较理想的。如图 13.8 所示，假设大矩形就是事件区域，当路由查询命令转发到了位于事件区域内的 N_i 节点时，N_i 发现自己就在事件域内，于是把事件区域分成 4 个小矩形区域，把查询命令向这 4 个子事件区域进行转发，在向子区域转型分组的时候同样遵循前面所讲的规则，重复这个区域划分和转发的过程，一直到满足停止转发条件的时候为止。

为洪泛机制和递归地理转发机制各有利弊。当事件区域内节点较多时，递归地理转发的消息转发次数少，而节点较少时采用洪泛策略的路由效率高。GEAR 路由可以使用以下方法在两种机制中做出选择：当查询命令到达区域内的第一个节点时，若该节点的邻居数量大于一个预设的阈值，则使用递归地理转发机制，否则使用洪泛机制。

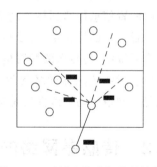

图 13.8　区域内的递归地理转发

6) 路由协议自主切换

在实际应用中，有时需要在相同的监测区域内完成不同的任务。在这种情况下，如果为每种任务部署专门的无线传感器网络将增加成本。因此，无线传感器网络应该能够用于多种任务，根据不同应用要求选择适用的路由协议来适应不同的应用环境和网络条件的需要，并且还能够在各个路由协议之间实现自主切换。为了达到以上目的，引入路由协议自动切换的概念。

传感器网络中的路由协议自主切换机制应用广泛，它根据应用环境等的变化自动选择合适的路由协议，并将此过程封装起来，向上层应用提供统一的可编程路由服务。上层通过路由服务接口选择适用的路由服务，路由服务根据此配置以及具体网络情况自主选择合适的协议。路由服务的通信模型如图 13.9 所示。

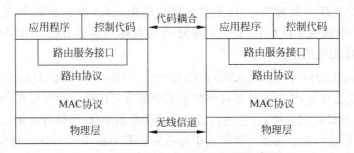

图 13.9　路由服务的通信模型

在路由服务选择协议的过程中,定义了三种组件用于描述路由协议,如图 13.10 所示。其中,状态信息用来收集局部网络信息,访问模式用来描述路由的转发方式,选路由标准用来描述下一跳节点的选择标准。

组件名称	组件内容	对应报文类型
状态信息	邻居节点描述(如 ID、位置等)	Hello 分组
	邻居节点兴趣(如事件类型、报告频率等)	查询分组
	邻居节点可用性(如链路类型、传输速率等)	数据包捎带
	邻居节点最新数据拷贝(如数据内容等)	数据分组
访问模式	洪泛、受限洪泛、单一路径、多路径等	—
选路由标准	是否检验报文头,然后选择邻居、QoS 选项等	—

图 13.10　路由配置组件及内容

在汇聚节点完成了路由服务的配置之后,利用配置服务通过洪泛或者受限洪泛的方法将路由配置信息传播到整个网络。在这个过程中,为了减少传输的数据量,同时也减少其他节点配置路由的计算量,可以将路由服务的一些公共部分(如状态信息收集、选路标准等)植入操作系统中,使传送的配置信息大大减少,从而使生产的路由协议代码量减少。

由于无线传感器网络的信道错误率较高,同时,MAC 层延迟比较大,所以如何保证路由配置在网络中的一致性也是重要的问题。

13.2　传感器网络的关键技术

13.2.1　网络拓扑控制

对于传感网,网络拓扑控制具有特别重要的意义。通过拓扑控制自动生成良好的网络拓扑结构,能够提高路由协议和 MAC 协议的效率,可为数据融合、时间同步和节点定位等奠定基础,有利于节省节点的能量以延长网络的生存期。拓扑控制是传感网的核心技术之一。

目前,传感网拓扑控制的主要问题是在满足网络覆盖度和连通度的前提下,通过功率控制和骨干网节点选择,剔除节点之间不必要的无线通信链路,生成一个高效的数据转发网络拓扑结构。拓扑控制可以分为节点功率控制和层次型拓扑结构控制两个方面。功率控制机制调节网络中每个节点的发射功率,在满足网络连通度的前提下,减小节点的发送功率,均衡节点单跳可达的邻居数目；层次型的拓扑控制利用分簇机制，让一些节点作为簇头节点，由簇头节点形成一个处理并转发数据的骨干网，其他非骨干网节点可以暂时关闭通信模块，进入休眠状态以节省能量。除了传统的功率控制和层次型拓扑控制，人们还提出了启发式的节点唤醒和休眠机制。该机制能够使节点在没有事件发生时设置通信模块为休眠状态，而在有事件发生时及时自动醒来并唤醒邻居节点，形成数据转发的拓扑结构。这种机制的重点在于解决节点在休眠状态和活动状态之间的转换问题，不能够独立地作为一种拓扑结构控制机制，而需要与其他拓扑控制算法配合使用。

13.2.2 数据融合

数据融合技术已经在目标跟踪、目标自动识别等领域得到了广泛应用。在应用层设计中，可以利用分布式数据库技术，对采集到的数据进行逐步筛选，达到融合的效果；在网络层中，很多路由协议结合了数据融合机制，以减少数据传输量。

数据融合技术能够节省能量、提高信息准确度，但它是以牺牲其他性能为代价的。首先是延迟的代价。在数据传送过程中寻找易于进行数据融合的路由、进行数据融合操作、为融合而等待其他数据的到来，这三个方面都可能增加网络的平均延迟。其次是鲁棒性的代价。传感网相对于传统网络有更高的节点失效率和数据丢失率，数据融合可以大幅度降低数据的冗余性，但丢失相同的数据量可能损失更多的信息，相对而言也降低了网络的鲁棒性。

13.2.3 定位技术

位置信息是传感器节点采集数据中不可缺少的部分，没有位置信息的监测消息是毫无意义的。确定事件发生的位置或采集数据的节点位置是传感网最基本的功能之一。为了提供有效的位置信息，随机部署的传感器节点必须能够在布置后确定自身位置。

由于传感器节点存在资源有限、随机部署、通信易受环境干扰甚至节点失效等特点，定位机制必须满足自组织性、健壮性、能量高效、分布式计算等要求。根据节点位置是否确定，传感器节点分为信标节点和位置未知节点。信标节点的位置是已知的，位置未知节点需要根据少数信标节点，按照某种定位机制确定自身位置。

在传感网定位过程中，通常会使用三边测量法、三角测量法或极大似然估计法确定节点位置。根据定位过程中是否实际测量节点间的距离或角度，传感网中的节点定位有基于距离的定位、距离无关的定位两种类型。

13.2.4 能量管理

无线自组网、蜂窝等无线网络的首要目标是良好的通信服务质量和高效地利用无线网络带宽，次要目标是节省能量。然而，对无线传感器网络而言，传感器节点采用电池供电，在具体的工作环境中，节点数量大，工作环境通常比较恶劣，并且很可能需要一次性部署，更换电池比较困难。因此，高效使用传感器节点的能量，尽量延长整个网络系统的生存期是一个重要目标。设计低功耗的无线传感器网络是节省电源、最大化网络生命周期的关键性技术之一。

无线传感器网络的能量管理主要体现在传感器节点电源管理和有效的节能通信协议设计等方面。在典型的传感器节点结构中，除了供电模块以外，有很多模块与电源单元关联，都存在能量消耗问题。从网络的协议体系结构来看,能量管理机制是一个覆盖从物理层到应用层的跨层设计问题。

传感器节点通常由处理器单元、无线传输单元、传感器单元和电源管理单元4个部分组成,如图13.11所示。传感器单元的能耗与应用特征相关,采样周期越短、采样精度越高,则传感器单元的能耗越大。为了降低传感器单元的能耗,可以在应用允许的范围内适当延长采样周期,降低采样精度。事实上,传感器单元的能耗要比处理器单元和无线传输单元的能耗低得多,几乎可以忽略。因此,通常只讨论处理器单元和无线传输单元的能耗问题。

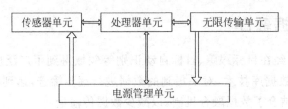

图 13.11　传感器网络节点单元模块构成

(1) 处理器单元能耗。处理器单元包括微处理器和存储器,用于数据存储与预处理。节点的处理能耗与节点的硬件设计、计算模式等因素紧密相关。目前对能量管理的设计都是建立在应用低能耗器件的基础上的,在操作系统中使用能量感知技术可以进一步减小能耗,延长节点的工作寿命。

(2) 无线传输能耗。无线传输单元用于节点间的数据通信,它是节点中能耗最大的部件。传感器网络的通信能耗与无线收发器以及各个协议层紧密相关,体现在无线收发器设计和网络协议设计的每一个环节。

13.2.5　数据管理技术

从数据存储的角度来看,传感网可被视为一种分布式数据库。以数据库的方法在传感网中进行数据管理,可以将存储在网络中的数据逻辑视图与网络中的实现进行分离,使得传感网用户只需要关心数据查询的逻辑结构,无须关心实现细节。虽然对网络存储的数据进行抽象会在一定程度上影响执行效率,但可以增强传感网的易用性。

传感网的数据管理与传统的分布式数据库有很大的差别。由于传感器节点能量受限且容易失效,因此数据管理系统必须在尽量减少能量消耗的同时提供有效的数据服务。同时,传感网中的节点数量庞大,且节点产生的是无限的数据流,无法通过传统的分布式数据库数据管理技术进行分析处理。此外,对传感网数据的查询经常是连续的或随机抽样的,这也使得传统分布式数据库的数据管理技术不适用于传感网。

传感网数据管理系统的结构主要有集中式、半分布式、分布式以及层次式4种。目前大多数研究工作集中在半分布式结构。传感网中数据的存储采用网络外部存储、本地存储和以数据为中心的存储三种方式。相对于其他两种方式,以数据为中心的存储方式可以在通信效率和能量消耗两个方面获得折中。基于地理散列表的方法便是一种常用的以数据为中心的数据存储方式。传感网中,既可以为数据建立一维索引,也可以建立多维分布式索引(DIM)。

传感网的数据查询语言目前多采用类SQL的语言。查询操作可以按照集中式、分布式或流水线式进行设计。集中式查询由于传送了冗余数据而消耗额外的能量;分布式查询利用聚集技术可以显著降低通信开销；而流水线式聚集技术可以提高分布式查询的聚集正确性。在传感网中，对连续查询的处理也是需要考虑的，利用自适应技术（CACQ）可以处理传感网节点上的单连续查询和多连续查询请求。

13.2.6 网络安全技术

传感网作为任务型的网络，不仅要进行数据传输，还要进行数据采集和融合、任务协同控制等。如何保证任务执行的机密性、数据产生的可靠性、数据融合的高效性以及数据传输的安全性，是传感网安全需要全面考虑的问题。

为了保证任务的机密布置、任务执行结果的安全传递与融合，传感网需要实现一些最基本的安全机制：机密性、点到点的消息认证、完整性鉴别、新鲜性、认证广播和安全管理。除此之外，为了确保数据融合后数据源信息的保留，水印技术也成为传感网安全的研究内容。虽然在安全方面，传感网没有引入太多内容，但传感网的特点决定了它的安全与传统网络安全在研究方法和计算手段上有很大的不同。首先，传感网单元节点的各方面能力都不能与目前互联网的任何一种网络终端相比，所以必然存在算法计算强度和安全强度之间的权衡问题，如何通过更简单的算法实现尽量坚固的安全外壳是传感网安全的主要挑战；其次，有限的计算资源和能量资源往往需要系统的综合考虑，以减少系统代码的数量，如安全路由技术等；另外，传感网任务的协作特性和路由的局部特性使节点之间存在安全耦合，单个节点的安全泄漏必然威胁网络的安全，所以在考虑安全算法的时候要尽量减小这种耦合性。

13.2.7 时间同步技术

时间同步是传感网系统协同工作的一个关键机制。例如，测量移动车辆速度需要计算不同传感器检测事件时间差，通过波束阵列确定声源位置节点间的时间同步。NTP是互联网上广泛使用的网络时间协议，但它只适用于结构相对稳定、链路很少失败的有线网络系统；GPS系统能够以纳秒级精度与世界标准时间UTC保持同步，但需要配置固定的高成本接收机，同时，在室内、森林或水下等有掩体的环境中，无法使用GPS系统。因此，它们都不适用于传感网。

目前人们已提出多个时间同步机制，其中RBS，TINY/MINI-SYNC和TPSN被认为是三个基本的同步机制。RBS机制是基于接收者—接收者的时钟同步：一个节点广播时钟参考分组，广播域内的两个节点分别采用本地时钟记录参考分组的到达时间，通过交换记录时间来实现它们之间的时钟同步。TINY/MINI-SYNC是简单的轻量级同步机制：假设节点的时钟漂移遵循线性变化，那么两个节点之间的时间偏移也是线性的，可通过交换时标分组来估计两个节点间的最优匹配偏移量。TPSN采用层次结构实现整个网络节点的时间同步：所有节点按照层次结构进行逻辑分级，通过基于发送者—接收者的节点对方式，每个节点能够与上一级的某个节点进行同步，从而实现所有节点与根节点的时间同步。

13.2.8 网络通信协议及功率控制

由于传感器节点的计算能力、存储能力、通信能力以及携带的能量都十分有限，每个节点只能获取局部网络的拓扑信息，其上运行的网络协议也不能太复杂。同时，传感器拓扑结构动态变化,网络资源也在不断变化,这些都对网络协议提出了更高的要求。传感网协议负责使各个独立的节点形成一个多跳的数据传输网络,目前研究的重点是网络层协议和数据链路层协议。网络层的路由协议决定监测信息的传输路径。数据链路层的介质访问控制用来构建底层的基础结构,控制传感器节点的通信过程和工作模式。

在传感网中,路由协议不仅关心单个节点的能量消耗,更关心整个网络能量的均衡消耗,这样才能延长整个网络的生存期。同时,传感网是以数据为中心的,这在路由协议中表现得最为突出,每个节点没有必要采用全网统一的编址,选择路径可以不用根据节点编址,更多的是根据感兴趣的数据建立数据源到汇聚节点之间的转发路径。

传感网的 MAC 协议首先要考虑节省能源和可扩展性,其次才考虑公平性、利用率和实时性等。在 MAC 层的能量浪费主要表现在空闲侦听、接收不必要的数据和碰撞重传等。为了减少能量的消耗,MAC 协议通常采用"侦听/休眠"交替的无线信道侦听机制,传感器节点在需要收发数据时才侦听无线信道,没有数据需要收发时就尽量进入休眠状态。由于传感网是应用相关的网络,应用需求不同时,网络协议往往需要根据应用类型或应用目标环境的特征定制,没有任何一个协议能够高效适应所有不同的应用。

习题 13

1. 哪些方法可以有效提高节点的续航能力?
2. 一个典型传感器网络的组成部分有哪些? 常出现的问题有哪些?
3. 传感网络通信协议有哪些?

参考文献

[1] 姚向华.无线传感器网络原理与应用.北京:高等教育出版社,2012.
[2] 谭励.无线传感器网络理论与技术应用.北京:机械工业出版社,2011-07.
[3] 唐宏.无线传感器网络原理及应用.北京:人民邮电出版社,2010.
[4] 王良民.无线传感器网络可生存理论与技术研究.北京:人民邮电出版社,2011.
[5] 尚凤君.无线传感器网络通信协议.北京:电子工业出版社,2011.
[6] 徐勇军.无线传感器网络实验教程.北京:北京理工大学出版社,2007.
[7] 杨玺.无线传感器网络及其在物流中的应用.北京:机械工业出版社,2012-09.
[8] 杨庚.无线传感器网络安全.北京:科学出版社,2010.
[9] 蔡绍斌.无线传感器网络关键技术的研究与应用.哈尔滨:哈尔滨工业大学出版社,2011.
[10] 许毅.RFID原理与应用.北京:清华大学出版社,2013-1.
[11] 于宏毅,李鸥,张效义,等.无线传感器网络理论、技术与实现.北京:国防工业出版社,2008.

第14章
物联网技术及应用

14.1 物联网的概述

物联网到现在为止还没有一个约定俗成的公认概念。早在 1999 年我国就提出了物联网这个概念,它是在互联网的基础上通过射频识别(RFID)、全球定位系统、红外感应器、激光扫描器等信息传感设备,按照预定的协议把任何物品与互联网连接起来,进行信息的交换和通信来实现智能化识别、监控、定位、跟踪和管理的一种网络概念,具有普通对象的设备化、服务的智能化和自治终端互联化三个特征。在我国的应用领域非常广,包括了医疗健康、智能交通、农业监测、平安家居和物流等各方面。下面给出几个具有代表性的物联网定义。

定义 1 物联网是未来网络的整合部分,它是以标准、互通的通信协议为基础,具有自我配置能力的全球动态网络设施。在这个网络中,所有实质和虚拟的物品都有特定的编码和物理特性,通过智能界面无缝连接,实现信息共享。

定义 2 由具有标识、虚拟个性的物体/对象所组成的网络,这些标识和个性运行在智能空间,使用智慧的接口与用户、社会和环境的上下文进行连接和通信。

定义 3 物联网指通过信息传感设备,按照约定的协议,把任何物品与互联网连接起来,进行信息交换和通信,以实现智能化识别、定位、跟踪、监控和管理的一种网络。它是在互联网基础上延伸和扩展的网络。

从通信对象和过程来看,物联网的核心是物与物以及人与物之间的信息交互。物联网的基本特征可概括为全面感知、可靠传送和智能处理全面感知。利用射频识别、二维码、传感器等感知、捕获、测量技术随时随地对物体进行信息采集和获取,可靠传送。通过将物体接入信息网络,依托各种通信网络,随时随地进行可靠的信息交互和共享、智能处理。利用各种智能计算技术,对海量的感知数据和信息进行分析并处理,实现智能化的决策和控制。为了更清晰地描述物联网的关键环节,按照信息科学的视点,围绕信息的流动过程,抽象出物联网的信息功能模型,如图 14.1 所示。

(1)信息获取功能。信息获取功能包括信息的感知和信息的识别,信息感知指对事物状态及其变化方式的敏感和知觉;信息识别指能把所感受到的事物运动状态及其变化方式表示出来。

(2)信息传输功能。信息传输功能包括信息发送、传输和接收等环节,最终完成把事物状态及其变化方式从空间(或时间)上的一点传送到另一点的任务,这就是一般意义上的通信过程。

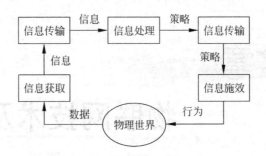

图 14.1　物联网信息功能模型

（3）信息处理功能。信息处理功能指对信息的加工过程，其目的是获取知识，实现对事物的认知以及利用已有的信息产生新的信息，即制定决策的过程。

（4）信息施效功能。信息施效功能指信息最终发挥效用的过程，具有很多不同的表现形式，其中最重要的就是通过调节对象事物的状态及其变换方式，使对象处于预期的运动状态。

14.2　物联网基础构架

物联网的技术体系框架如图 14.2 所示，它包括感知层技术、网络层技术、应用层技术和公共技术；物联网的标准体系框架如图 14.3 所示。

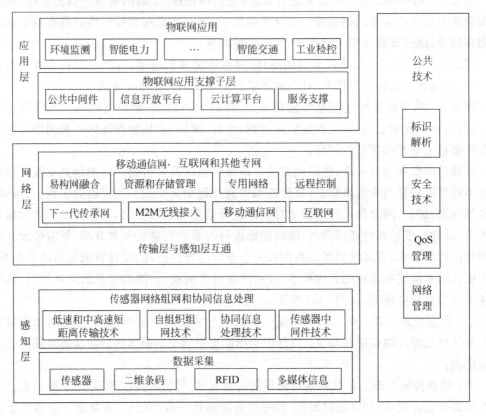

图 14.2　物联网的技术体系架构

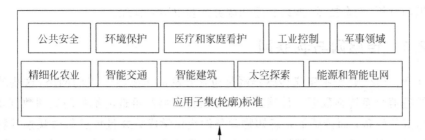

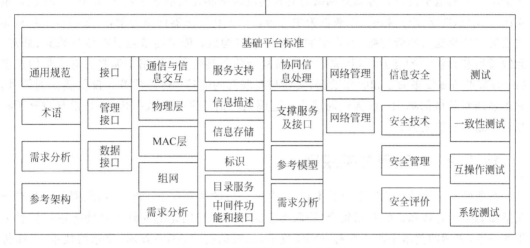

图14.3　物联网的标准体系框架

1. 感知层

数据采集与感知主要用于采集物理世界中发生的物理事件和数据,包括各类物理量、标识、音频、视频数据。物联网的数据采集涉及传感器、RFID、多媒体信息采集、二维码和实时定位等技术。

传感器网络组网和协同信息处理技术实现传感器、RFID等数据采集技术所获取数据的短距离传输、自组织组网以及多个传感器对数据的协同信息处理过程。

2. 网络层

实现更加广泛的互联功能,能够把感知到的信息无障碍、高可靠性、高安全性地进行传送,需要传感器网络与移动通信技术、互联网技术相融合。经过十余年的快速发展,移动通信、互联网等技术已比较成熟,基本能够满足物联网数据传输的需要。

3. 应用层

应用层主要包含应用支撑平台子层和应用服务子层。其中应用支撑平台子层用于支撑跨行业、跨应用、跨系统之间的信息协同、共享、互通的功能。应用服务子层包括智能交通、智能医疗、智能家居、智能物流、智能电力等行业应用。

4. 公共技术

公共技术不属于物联网技术的某个特定层面,而是与物联网技术架构的三层都有关系,它包括标识与解析、安全技术、网络管理和服务质量(QoS)管理。

14.2.1 传感网与物联网

ITU-T Y. 2221 建议中定义传感器网是包含互联的传感器节点的网络,这些节点通过有线或无线通信交换传感数据。传感器节点是由传感器和可选的能检测处理数据及联网的执行元件组成的设备;而传感器是感知物理条件或化学成分并且传递与被观察的特性成比例的电信号的电子设备。传感器网络与其他传统网络相比具有显著特点,即资源受限、自组织结构、动态性强、应用相关、以数据为中心等。以无线传感器网络为例,一般由多个具有无线通信与计算能力的低功耗、小体积的传感器节点构成;传感器节点具有数据采集、处理、无线通信和自组织的能力,协作完成大规模复杂的监测任务;网络中通常只有少量的汇聚(sink)节点负责发布命令和收集数据,实现与互联网的通信;传感器节点仅仅感知到信号,并不强调对物体的标识;仅提供局域或小范围内的信号采集和数据传递,并没有被赋予物品到物品的连接能力。

14.2.2 物联网与互联网

物联网与传统的互联网是有着本质区别的,二者的区别在于:首先,物联网是对具有全面感知能力的物体和人的互联集合,物联网全面感知的目的是随时随地对物体进行信息采集和获取,采用的技术手段主要有 RFID 技术、二维码技术、GPS 技术、传感器技术、无线传感器网络等。物联网作为各种感知技术的综合应用,其应用过程需要多种类型的传感器,这些能够捕获不同信息且具有不同信息格式的传感器都作为不同的信息源,按一定的规律采集所需要的信息,并且传感器上传的数据具有实时性;其次,物联网对数据具有可靠传送能力,物联网上的传感器数量极其庞大,形成了海量的采集信息,这就要求物联网必须适应各种异构网络和协议以确保传输过程中数据的正确性和及时性,物联网是一种建立在互联网上的网络,作为互联网的延伸,物联网能够遵循约定的通信协议,通过相应的软硬件实现规定的通信规则,将各种有线和无线网络与互联网融合,准确实时地将采集到的物体信息传递出去;最后,物联网能够实现智能处理,智能处理可以说是物联网最为核心和关键的部分,也是物联网能够得到广泛应用的基础,它能够综合应用当前各个学科比较前沿的技术,对已经经过感知层全面感知和传输层可靠无误传输的数据进行全面的分析和处理,为人们当前从事的各种活动做出指导,这种指导具有前瞻性,且通常是智能化的,并且在物联网中,不仅仅提供了传感器与互联网等各种网络的连接,物联网自身也可以进行智能处理,具有对物体实施智能控制的能力。物联网将传感器技术和智能处理技术相融合,结合云计算、模式识别等各种智能技术,扩充其应用领域。

14.3 物联网的支撑技术

14.3.1 传感器技术

传感器技术是物联网的基础技术之一,处于物联网构架的感知层。随着物联网的发展给传统的传感器发展带来了前所未有的挑战。作为构成物联网的基础单元,传感器在物联网信息采集层面,能否完成它的使命,成为物联网成败的关键。传感技术与现代化生产和科学技术的紧密相关,使传感技术成为一门十分活跃的技术学科,几乎渗透到人类活动的各种领域,发挥着越来越重要的作用。

14.3.2　RFID 技术

基于射频识别(Radio Frequency Identification,REID)的无线传感器网络是目前最主要的一种无线传感器网络类型。射频识别是一种利用无线射频方式在读写器和电子标签之间进行非接触的双向数据传输,以达到目标识别和数据交换目的的技术。它能够通过各类集成化的微型传感器协作地进行实时监测、感知和采集各种环境或监测对象的信息,将客观世界的物理信号转换成电信号,从而实现物理世界、计算机世界以及人类社会的交流。

1. RFID 系统组成

通常,RFID 系统由电子标签、读写器和计算机通信网络组成。

1)电子标签

RFID 电子标签是 RFID 系统中必备的一部分,由耦合元件及芯片组成。每个标签具有唯一的电子编码,附着在物体上标识目标对象,标签中存储着被识别物体的相关信息。当RFID 电子标签被 RFID 读写器识别到或者电子标签主动向读写器发送信息时,标签内的物体信息将被读取或改写。RFID 电子标签可分为有源标签和无源标签两类,通过标签中是否有电池来区分。RFID 电子标签包括射频模块和控制模块两部分。射频模块通过内置的天线完成与 RFID 读写器之间的射频通信。控制模块内有一个存储器,存储着标签内的所有信息,其中部分信息可以通过与 RFID 读写器间的数据交换进行实时修改。

2)读写器

RFID 读写器是 RFID 系统的中间部分,可以利用射频技术读取或者改写 RFID 电子标签中的数据信息,并且可以把这些读出的数据信息通过有线或者无线方式传输到中央信息系统进行管理和分析。RFID 读写器主要包括射频模块和读写模块以及其他一些基本功能单元。RFID 读写器通过射频模块发送射频信号,读写模块连接射频模块,能对射频模块中得到的数据信息进行读写或改写。RFID 读写器还有其他硬件设备,包括电源和时钟等。电源用来给 RFID 读写器供电,并且通过电磁感应给无源 RFID 电子标签供电;时钟在进行射频通信时用于确定同步信息。

3)计算机通信网络

在 RFID 系统中,计算机通信网络通常用于对数据进行管理,完成通信传输功能。

2. RFID 技术的工作原理

阅读器通过发射天线发送一定频率的射频信号,当射频卡进入发射天线工作区域时产生感应电流,获得能量并被激活。射频卡将自身编码等信息通过卡内置发送天线发送出去。系统接收天线接收到从射频卡发送来的载波信号,经天线调节器传送到阅读器。阅读器对接收的信号进行解调和解码,然后送到后台主系统进行相关处理。主系统根据逻辑运算判断该卡的合法性,针对不同的设定做出相应的处理和控制,发出指令信号控制执行机构动

作,具体过程如下:

① 无线电载波信号经过射频读写器的发射天线向外发射。

② 当射频识别标签进入发射天线的作用区域时,射频识别标签就会被激活,经过天线将自身信息的数据发射出去。

③ 射频识别标签发出的载波信号被接收天线接收,并经过天线的调节器传输给读写器。对接收到的信号,射频读写器进行解调解码后,再传送到后台的计算机控制器。

④ 该标签的合法性由计算机控制器根据逻辑运算进行判断,针对不同的设定做出相应的处理和控制。

⑤ 按照计算机发出的指令信号,控制执行机构进行运作。

⑥ 计算机通信网络通过将各个监控点连接起来,形成总控信息平台。根据实际不同的项目要求可以设计各不相同的相应软件完成需要达到的功能。

14.3.3 EPC 技术

产品电子代码(Electronic Product Code,EPC)技术是基于 RFID 与 Internet 的一项物流信息管理技术,它通过给每一个实体对象分配一个唯一标识,借助计算机网络,应用 RFID 技术,实现对单个物体的访问,突破性实现了 EAN·UCC 系统中的 GTIN 体系所不能完成的对单品的跟踪和管理任务。EPC 是条码技术的延伸与拓展,已经成为 EAN·UCC 全球统一标识系统的重要组成部分。它可以极大地提高物流效率,降低物流成本,也是物品追踪、供应链管理、物流现代化的关键。

新一代的 EPC 编码体系是在原有 EAN·UCC 编码体系的基础上发展起来的,与原有的 EAN·UCC 编码系统相兼容。在数据载体技术方面,EPC 采用了 EAN·UCC 系统中的两大数据载体技术之一的射频识别技术。

1. EPC 系统的结构

EPC 系统是一个非常先进的、综合性的和复杂的系统,其最终目标是为每一个单品建立全球的、开放的标识标准。它由 EPC 编码体系、射频识别系统及信息网络系统 3 部分组成,主要包括 6 个方面,见表 14-1。

表 14-1 EPC 系统的构成

系 统 构 成	名 称	注 释
EPC 编码体系	EPC 编码标准	识别目标的特定代码
射频识别系统	EPC 标签	贴在物品之上或者内嵌在物品之中
	识读器	识别 EPC 标签
信息网络系统	中间件	EPC 系统的软件支持系统
	Object Naming Service(ONS),对象名解析服务	
	EPC 信息服务(EPCIS)	

1) EPC 编码体系

EPC 编码体系是新一代的与 GTIN 兼容的编码标准,它是全球统一标识系统的延伸和拓展，是全球统一标识系统的重要组成部分，是 EPC 系统的核心与关键。EPC 代码是由标头、厂商识别代码、对象分类代码、序列号等数据字段组成的一组数字，具体结构见表 14-2。

表 14-2　编码结构

		版本号	域名管理	对象分类	序列号
EPC-64	类型Ⅰ	2	21	17	24
	类型Ⅱ	2	15	13	34
	类型Ⅲ	2	26	13	23
EPC-96	类型Ⅰ	8	28	24	36
EPC-256	类型Ⅰ	8	32	56	160
	类型Ⅱ	8	64	56	128
	类型Ⅲ	8	128	56	64

2）射频识别系统

EPC 射频识别系统是实现 EPC 自动采集的功能模块，由射频标签和射签识读器组成。射签标签是产品电子代码的载体，附着于跟踪的物品上，在全球流通。射频识读器与信息系统相连，是读取标签中的 EPC 并将其输入网络信息系统的电子设备。EPC 系统射频标签与射频识别器之间利用无线感应方式进行信息交换，射频识别具有非接触识别、快速移动物品识别和多个物品同时识别的特点。

3）信息网络系统

信息网络系统是由本地网络和互联网组成的，是实现信息管理、信息流通的功能模块。EPC 系统的信息网络系统是在全球互联网的基础上，通过 EPC 中间件、对象命名解析服务和 EPC 信息服务三大部分来实现全球"实物互联"的。其中，EPC 中间件起了系统管理的作用，ONS 起了寻址的作用，EPCIS 起了产品信息存储的作用。

EPC 中间件。EPC 中间件是具有一系列特定属性的"程序模块"或"服务"，并被用户集成以满足特定的需求，EPC 中间件以前被称为 SAVANT。EPC 中间件是加工和处理来自读写器的所有信息和事件流的软件，是连接读写器和企业应用程序的纽带，主要任务是在将数据被送往企业应用程序之前进行标签数据校对、读写器协调、数据传送、数据存储和任务管理。

对象名称解析服务。对象名称解析服务是一个自动网络服务系统，类似于域名解析服务（Domain Name Service，DNS），ONS 给 EPC 中间件指明了存储产品相关信息的服务器。ONS 服务是联系 EPC 中间件和 EPC 信息服务的网络枢纽，并且 ONS 设计与架构都以因特网域名解析服务（DNS）为基础，因此，可以使整个 EPC 网络以因特网为依托，迅速架构并顺利延伸到世界各地。

EPC 信息服务。EPC 信息服务（EPC Information Service，EPCIS）提供了一个模块化、可扩展的数据和服务的接口，使得 EPC 的相关数据可以在企业内部或者企业之间共享。它负责处理与 EPC 相关的各种信息。EPCIS 有两种运行模式：一种是 EPCIS 信息被激活的 EPCIS 应用程序直接应用；另一种是将 EPCIS 信息存储在资料档案库中，以备今后查询时进行检索。独立的 EPCIS 事件通常代表独立步骤,例如,EPC 标记对象 A 装入标记对象 B,并与一个交易码结合。对于 EPCIS 资料档案库的 EPCIS 查询,不仅可以返回独立事件,而且还有连续事件的累积效应。例如,对象 C 包含对象 B,对象 B 本身又包含对象 A。

2. EPC 系统的工作流程

EPC 物联网是一个基于互联网并能够查询全球范围内每一件物品信息的网络平台,物联网的索引就是 EPC。在由 EPC 标签、读写器、EPC 中间件、Internet、ONS 服务器、EPCIS 以及众多数据库组成的实物互联网中,读写器读出的 EPC 只是一个信息参考(指针),由这个信息参考从 Internet 找到 IP 地址并获取该地址中存放的相关的物品信息,并采用分布式的 EPC 中间件处理由读写器读取的一连串 EPC 信息。由于在标签上只有一个 EPC 代码,计算机需要知道与该 EPC 匹配的其他信息,这就需要 ONS 提供一种自动化的网络数据库服务,EPC 中间件将 EPC 传给 ONS,ONS 指示 EPC 中间件到一个保存着产品文件的服务器(EPCIS)里查找,该文件可由 EPC 中间件复制,因而文件中的产品信息就能传到供应链上。EPC 系统的工作流程如图 14.4 所示。

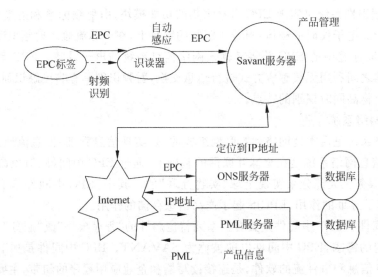

图 14.4　EPC 系统的工作流程

14.3.4　ZigBee 技术

ZigBee 是一组基于 IEEE 802.15.4 无线标准协议开发的面向应用软件的技术标准。根据这个协议规定的技术是一种短距离、低功耗的无线通信技术。这一名称来源于蜜蜂的 8 字舞,由于蜜蜂(Bee)是靠飞翔和"嗡嗡"(Zig)地抖动翅膀的"舞蹈"来与同伴传递花粉所在方位信息的,也就是说蜜蜂依靠这样的方式构成了群体中的通信网络。其特点是近距离、低复杂度、自组织、低功耗、低数据速率、低成本。主要适合自动控制和远程控制领域,可以嵌入各种设备。简而言之,ZigBee 就是一种便宜的,低功耗的近距离无线组网通信技术。

完整的 ZigBee 协议栈自上而下由应用层、应用汇聚层、网络层、数据链路层和物理层组成,如图 14.5 所示。

图 14.5　ZigBee 协议栈组成

应用层定义了各种类型的应用业务,是协议栈的最上层用户。应用汇聚层负责把不同的应用映射到 ZigBee 网络层上,包括安全与鉴权、多个业务数据流的汇聚、设备发现和业务发现。网线层的功能包括拓扑管理、MAC 管理、路由管理和安全管理。网络层的功能包括拓扑管理、MAC 管理、路由管理和安全管理。数据链路层又可分为逻辑链路控制子层(LLC)和介质访问控制子层(MAC)。IEEE 802.15.4 的 LLC 子层与 IEEE 802.2 的相同,其功能包括传输可靠性保障数据的分段与重组、数据包的顺序传输。IEEE 802.154 的 MAC 子层通过 SSCS(Service-Specific Convergence Sublayer)协议能支持多种 LLC 标准,其功能包括设备间无线链路的建立、维护和拆除,确认模式的帧传送与接收,信道接入控制、帧校验、预留时隙管理和广播信息管理。物理层采用直接序列扩频(Direct Spread Spectrum,DSS)技术,定义了三种流量等级:当频率采用 2.4GHz 时,使用 16 信道,能够提供 250kb/s 的传输速率;当采用 915MHz 时,使用 10 信道,能够提供 40kb/s 的传输频率;当采用 868MHz 时,使用单信道能够提供 20kb/s 的传输速率。

ZigBee 网络的拓扑主要有星型、网状和混合状,如图 14.6 所示。

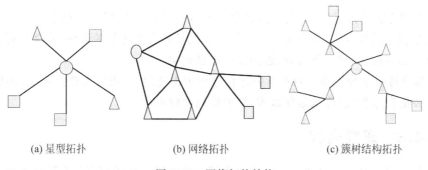

(a) 星型拓扑　　　　　　　(b) 网络拓扑　　　　　　　(c) 簇树结构拓扑

图 14.6　网络拓扑结构

星状拓扑具有结构简单、成本低和电池使用寿命长的优点;但网络覆盖范围有限,可靠性不及网络拓扑结构,一旦中心节点发生故障,所有与之相连的网络节点的通信都将中断。网络拓扑具有可靠性高、覆盖范围大的优点;缺点是电池使用寿命短、管理复杂。混合状拓扑综合了以上两种拓扑的特点,这种组网通常会使 ZigBee 网络更加灵活、高效、可靠。

14.4　基于 RFID 和传感技术的冷链物流环境监测系统设计

14.4.1　研究目的

在全球经济一体化的浪潮下,我国许多行业例如奶制品业、冷饮业、生鲜肉制品业等都有了长足发展,这些食品行业的快速发展,引发并且带动了冷链物流业务的发展。冷链物流是指在生产、加工、储存、运输、销售,直到最终消费前的各个环节中,将易腐、生鲜食品始终保持在规定的低温环境,以最佳的物流手段保证食品质量,减少食品损耗的一种物流体系,是为了确保新鲜食品从生产源地安全地送达消费者手中而实施的一种必不可少的保障措施。目前,我国生鲜农产品的年需求约为 4 亿吨,但由于农产品天生易腐的特性,且物流配送通常在常温物流下进行,导致在物流过程中损耗过大。据相关资料显示,由于不恰当的生产、运输、存储造成的农产品损失率超过 20%,直接经济损失约为 1000 亿元。不仅如此,近几年关于食品质量安全问题的恶性事件也不断发生,例如常发生的食品腐烂变质现象、出货与到货数量不符、发生食物中毒事件后无法追溯源头等一系列问题,导致冷链食品的安全问题日益成为大众关注的焦点。因此,如何对生鲜产品进行有效的冷链监控和追溯管理的需求也越来越明显,在这种社会大需求背景下,通过大力发展冷链物流来降低不必要的生鲜产品损耗,同时建立冷链供应链上的全程监控机制,优化并完善其追溯流程显得十分有必要。

14.4.2　设计目标

(1) 构建食品冷链追溯系统框架。该系统能够实现低温食品生产和流通全过程的安全预警、产品追踪,支持企业、个人以及政府部门对冷链食品进行监控,确保了冷链食品的质量安全。

(2) 实现冷链整体运作,解决断链现象。通过对冷链交接环节自动采集信息补充业务流转中的数据完整性,提高各个节点的执行效率以及各业务环节的责任,实现所有业务流程和业务单元的可视化、透明化管理,解决冷链断链现象。

(3) 提升冷链运作效率。目前冷链运作过程中损耗过大,通过实施此系统,能够降低供应链不必要的产品损耗,降低运作成本,从而提高冷链效率。

14.4.3　研究内容

本文以生猪产品为例来研究食品冷链物流追溯流程。查阅和研究大量国内外有关冷链物流相关的资料,以生猪产品为例,提出一个生猪冷链追溯体系的设计方案,具体步骤如下:

(1) 重新定义追溯链条。

以生猪产品为例,研究冷链物流追溯流程。从传统意义上讲,供应链应该包括生猪饲养、屠宰、加工、销售等环节。但是,饲养环节并不需要控制低温,因此不属于冷链的研究范围,同时,屠宰和加工环节在生产企业内部完成,为了降低实施成本,将生猪打耳标的环节定位追溯链源头,但为了保证追溯的完整性,生猪的饲养信息会写入数据库中,方便完成追溯管理。另外,追溯链条的终端定义为生猪进入商超陈列在生鲜柜台,以保证全程控制在低温环境下。

（2）从第三方物流角度，提出了生猪冷链追溯体系的总体架构。

目前，第三方冷链物流发展滞后，很少有专业的物流企业能够提供全面集成的冷链物流服务，冷链物流的配送服务鱼龙混杂，同时也没有形成完整的追溯体系。生猪冷链配送的关键节点并不是无缝融合，链条的不完整导致冷链中断现象普遍存在。提出生猪冷链追溯的总体架构，是供应链上的逆向业务流程，通过对供应链上的数据流进行详细分析，能提高各企业的工作效率，并完整记录配送环节的物流、信息流，能有效监督改善冷链断链现象，以保证生猪制品的质量。

（3）应用物联网技术进行实时的动态追溯管理。

本课题提出的可视化追溯，不仅仅是产品数据、物流数据的历史信息展现，而且能实时地获取供应链上所有的数据，从而更准确、更有效地完成追溯监控管理。

（4）追溯与现有业务流程结合，实现系统集成。

生猪生产、配送、销售企业现有各种信息系统分散，整合度低，应用平台不一致，运行成本过高。且生猪冷链配送链条上下游数据传输复杂，各交接企业的业务数据不匹配问题时常发生。通过对现有配送业务流程进行分析，将追溯系统集成到企业业务信息平台上，并对配送的关键节点进行有效控制，优化业务流程，从而保证追溯系统的有效性、准确性和实时性。

14.4.4 系统总体架构

本文按照冷链系统的业务流程，将系统划分为生产加工企业、第三方物流企业、生鲜配送中心以及销售门店4个部分，所产生的业务数据一部分存储在企业端，一部分上传至第三方数据管理中心，以保证监控和追溯的有效性。系统主要用于对猪肉的屠宰加工、物流及零售等供应链环节的管理对象进行标识，并相互连接，收集有关生猪及其制品销售和加工等一系列信息（其中包括猪的生长、猪肉的加工、储藏及零售各阶段的详细信息），然后将关键信息实时存入RFID标签。一旦猪肉产品出现卫生安全问题，可以通过这些标识进行追溯，准确地缩小冷链物流系统流程设计安全问题的范围，查出问题出现的环节。

在上述追溯系统中，参与冷链运作的4个角色分别为生产加工企业、第三方冷链物流配送商、商超生鲜加工中心以及终端门店，各部分之间的边界使它们相互独立又相互联系，通过连通四者的互联网和无线网络，每一个参与者都能获取产品在供应链中所记录的历史信息或者实时信息，并对供应链的各项活动进行监控、追溯管理。追溯系统的逻辑结构如下：

在供应链正向配送流程中，可以进行食品跟踪，保证食品不会被偷换或者减少由于人为因素造成的损耗。完成追溯系统的信息采集，要求参与供应链运作的各企业配备相应的设备进行前端数据采集，主要包括利用温湿度传感器采集生猪肉生产、运输、销售环节的环境以及肉体本身等的温湿度信息，在RFID标签经过时将信息写入标签芯片内。

对各企业的冷库门需要安装温湿度传感器、摄像头、RFID读写器，完善货品信息并核对订单信息，对进出入冷库需要拍照确认，在交接环节要增加可打标电子秤设备等。采集的追溯信息在读写器设备中进行合成和存储，并通过RFID标签与后台数据库关联，其中监控信息能在企业现有业务系统共享，满足企业日常管理需要，关键的温湿度信息、物流信息还会上传至第三方监控中心，例如易出现冷链断链的交接点温湿度信息等，监控中心对关键数据进行存储和管理,满足对冷链产品的监控和回溯。下面分别从系统功能、组织架构和业务流程这三个角度来详细描述供应链追溯管理研究。

1. 基于 RFID 的追溯信息采集

冷链供应链上信息的流向方式如图 14.7 所示,完成生猪肉追溯必须包括三个阶段的关键信息,分别指的是生猪生产加工过程、运输及销售阶段的时间信息、所处位置信息、生猪肉上电子标签的 ID 信息,通过建立三者之间的关系将数据有机地结合在一起,确定最终数据查询平台所需要的追溯信息。

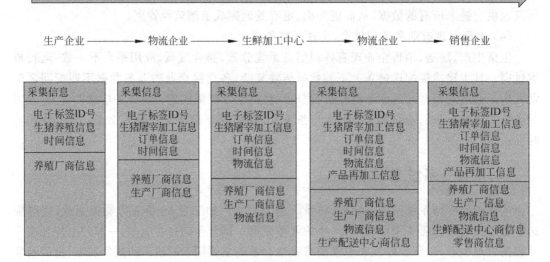

图 14.7　冷链供应链上信息的流向

其中,电子标签的 ID 信息包括生猪在养殖阶段就拥有的唯一 ID 标识号,包括健康检疫信息,以及屠宰、速冻、排酸、分割加工、冷藏、运输等过程产生的温湿度信息。在生鲜配送中心和销售终端同样存在这样的数据信息。通过 RFID 读写器及天线向电子标签写入数据,这里所说的向电子标签写入数据是指向电子标签号所在的数据库实时更新关于电子标签的信息变化,电子标签作为 RFID 信息的载体,读写器是电子标签信息更新的工具。

下面简单说明 RFID 电子标签和读写器如何对供应链中所产生的信息进行读取与存储,如何将各类数据绑定在一起以实现追溯管理。

首先每一个电子标签和读写器都拥有唯一的 ID 号、时间信息、位置信息三个维度,其属性信息如下:

(1) 电子标签属性介绍。

① ID 号: 某头生猪唯一的标识。

② 时间信息: 生肉猪在生产加工及流通过程中要经过检疫、屠宰、急冻、排酸、分割、冷藏、运输、销售等环节,每完成一个环节就是 RFID 信息的更新时间点,RFID 中信息的更新是间隔的,是以操作完成为节点的,并不是说在屠宰环节都要实时更新数据。

③ 位置信息: 是指生猪在冷链各环节所对应的具体地理位置,更新方式同时间信息。

（2）读写器属性介绍。

① ID号：某台读写器唯一的标识。

② 时间信息：在生肉猪处于检疫、屠宰、急冻、排酸、分割、冷藏、运输、销售的某些环节中安装RFID读写器，当电子标签经过这些环节时，读写器会主动对其读写范围内的电子标签进行信息更新，信息更新具体的时间点就是读写器的时间信息。

③ 位置信息：生肉猪在供应链上某些安装读写器的具体地理位置。根据实际物流区域的不同，分别为不同场所配送固定/手持RFID读写设备，并且阅读器直接与数据管理信息系统相连，RFID标签是移动的，当带着电子标签的产品经过读写器时，要对电子标签和读写器进行位置和时间的关联，阅读器会自动扫描标签上的信息，读写器与电子标签之间建立了有机联系，并将电子标签经过生产及流通某一环节的相对应的时间信息、位置信息及其对应环节的业务信息写入后台数据库中进行存储、分析、处理，达到控制产品质量的目的。

RFID信息存入后台数据库后，某头生猪的ID就可以根据后台存储的时间信息和地理位置信息相匹配，利用每头猪唯一确定的ID号码，将生产加工的流程中RFID读写器产生的信息、更新时间、位置信息合成，并且不管车间中只有一条生产线或者多条生产线，都可以利用这三个参数来进行定义、结合，可以保证查询信息的完整性。

2. 追溯管理模块设计

上文描述了该系统是如何捕获所需的各类信息的，接下来主要介绍如何利用这些信息数据实现对供应链的监控和追溯管理。

在生猪的养殖阶段，采取打电子耳标的方式记录其生长信息，并通过手持RFID读写设备采集电子耳标中的数据，使用GPRS网络将信息上传至监控中心数据库；在生猪屠宰加工环节，需要在生产线上配备固定RFID阅读器，当生猪去头胴体一分为二后，需要采集电子耳标中的信息，并通过读写器将电子耳标中的信息作为冷链信息源存入电子标签中，将此电子标签贴在白条肉上，是白条肉的唯一标识；当白条肉进入零售阶段后，通过信息系统将RFID标签数据转换为生猪的一维条码数据。销售时，先是终端超市的条码打印系统打印出该商品的一维条码，并根据白条肉上转化的生猪条码生产追溯码，再通过超市的条码扫描设备扫描追溯条码，顾客可以在终端上查看猪肉制品的来源、养殖信息、加工信息以及检疫证书等信息。

该追溯链利用RFID技术对移动产品进行跟踪监管，可以对产品的生产、配送、仓储、运输全过程实施有效的、精细化的监控管理，一旦发生质量问题有据可查，责任分明，且订单信息、产品信息、配送信息、温湿度信息等都实时显示在监控终端，并以此进行精确快捷的追溯查询；对同一件产品的追溯，用户无须再进行烦琐的重复扫描，只需要输入单号，系统就可以自动列表显示该货物经过的地方。所有的移动轨迹、签收核对的图片等信息，可以实现供应链的信息共享和远程监控。

3. 冷藏车载实时监控管理模块

鉴于目前冷链的运作环境，物流配送环节是最易发生问题的部分，因此，十分有必要加强对冷藏车辆的监控管理，以此来解决生鲜肉处于常温运输的现状。为了保证冷链的完整性,要求在冷藏车大门内部左、右以及上方安装 RFID 扫描设备、温湿度传感器,用于识别货品的运输环境和物流状况;在货厢门内测还需要安装 1~2 个摄像头,可以追踪并记录车门开关、上下卸货状况;在驾驶舱需要安装 GIS 和 GPRS 系统、通信系统,实现数据实时传输;在车头前方需要安装车辆 RFID 标签与读写器,标明车辆身份信息以及读取终端门店信息。通过车内安装的固定式读写器实时读取车内温度数据并传输给第三方监控中心,监控中心负责与驾驶船内的 GPS 车载终端进行信息交换、存储与转发,并且将数据传递给交接的超市生鲜中心;同时对整个物流网络进行监控管理。冷藏车运输的业务流程如图 14.8 所示。

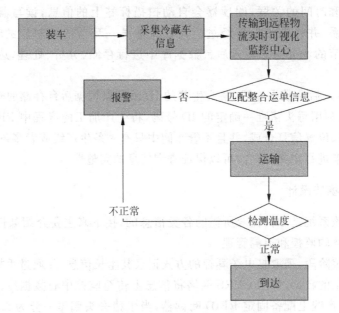

图 14.8　冷藏车运输的业务流程

该系统采用 GPS 定位技术并与第三方的可视化监控平台结合,可以加强对货物运输过程的实时监控,能有效解决目前封闭式的物流模式。当每一辆冷藏车进行装货业务时,冷藏车的身份信息会绑定远程物流实时可视化监控系统,并自动匹配货物运单信息,主要包括货物清单、收货地址、联系方式、预定到达时间、车辆在线地标、持续时间等数据。如果冷藏车在装车操作结束后,没有向监控中心传输订单信息,系统会不时向生产或者物流企业发出提示警告。在物流途中,监控中心根据所接收到的相关信息,可以随时查询了解冷藏车辆的工作状态,在监控中心的电子地图上,实时显示出冷藏车辆所处的实际位置,一旦出现紧急情况,监控中心可以对目标车辆下达相关安全服务(如断油、断电等)指令。冷藏车在运输环节采集到的监控信息,在系统中的数据流图如图 14.9 所示。

在冷链食品运输过程中,该系统能对冷藏车进行监控管理,不仅能够采集运输过程中的温湿度信息、车门开关记录以及开关门时间,并且使用照片信息进行确认核实,车内的 RFID 读写器将运输过程中产生的信息与产品的标签信息合成,通过 GPRS 网络上传至监控中心,当车内温度不在规定范围内,或者车辆没在指定区域内停靠、开关门都会产生异常并自动报警,如有需要还可以实现车辆定位及运输轨迹回放。

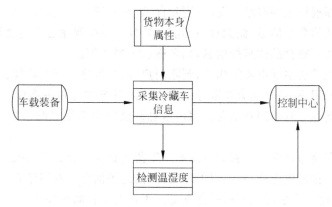

图 14.9　冷藏车运输环节

14.4.5　远程检测中心设计

整个后台监测系统采用 SQL Server 2008 作为数据库,使用 Visual C♯ 2008 编写客户端程序以管理数据中心的操作。整个后台监测系统的逻辑处理结构图如图 14.10 所示。

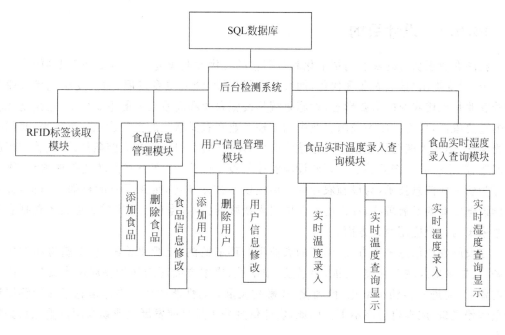

图 14.10　后台监测系统

整个系统由 RFID 标签读取模块、食品信息管理模块、用户信息管理模块和食品实时温度录入查询模块组成。RFID 标签读取模块负责读取 RFID 标签里的食品信息、实时温度数据并写入后台数据库中。RFID 读取器从 RFID 标签中读取数据,然后将读取到的数据按照一定的格式打包后通过串口发给后台监测系统,后台监测系统的 RFID 标签读取模块就把从串口中读取到的数据按照约定的格式解码,将数据包中的标签 ID、温度时间数据等数据分离。然后将数据存入数据库,同时对这些数据进行分析。

　　食品信息管理模块主要有添加食品、删除食品、食品信息修改的功能。添加食品功能是向数据库中添加新的食品信息,删除食品功能是从数据库中删除已有的食品信息,食品信息修改功能则是修改原有食品的某些信息,如名称、ID、描述等。

　　用户信息管理模块主要有添加用户、删除用户、用户信息管理的功能。添加用户功能是向数据库添加新的用户,用户是有权限登录后台监测系统进行相关操作的人。删除用户功能是从数据库中删除已有的用户信息。用户信息修改功能则是修改已存在的用户的信息,例如密码等。

　　数据库负责存储每件食品的相关信息和温度监测数据。食品的相关信息包括食品电子识别码、食品名称、食品供应商、食品目的地、食品描述等信息。专门建立一张表来存储所有的食品,用食品的电子识别码来索引每件食品。用户可以查询每件食品的相关信息,也可以添加新的食品或者删除已有的食品信息,对于每件食品,都建立一张以该食品电子识别码为名字的数据表,来存放该食品的温度数据。用户可以查询每件食品的信息和温度数据,并且以图形曲线的形式将温度数据绘制在屏幕上。

14.5　基于物联网技术的设施农业应用系统设计

14.5.1　设计目的

　　我国农业正从传统农业向精细化和智能化的现代农业演进。在"十二五"规划的十二大建议中,明确提出"推进农业现代化,加快新农村建设,统筹城乡发展,加快发展现代农业"。设施农业是现代农业的重要形态,设施果蔬是设施农业和高效农业的主要形式,也是现代农业的重要象征,目前已成为我国农业中的支柱产业和农民增收的主要途径。近年来,我国的日光温室、塑料大棚已经在很多地方推广应用,发展迅速,但仍存在设施条件简易、管理粗放等问题,严重影响农产品品质。因此设施农业的技术改进、生产方式的转变需求迫切,物联网作为新一代信息技术,为设施农业的发展提供了技术支撑,带来了新的机遇。目前,针对我国设施农业的发展现状,在设施农业中引入物联网技术,需重点研究的关键技术包括农业信息采集与行业应用两大方面。

　　在设施农业信息采集方面,国产的农业生产环境监测、土肥水检测、重金属检测的传感设备、数据采集终端在种类、功能、灵敏度、稳定性、成本方面还未达到物联网大规模推广应用的要求,需进一步朝小型化、精确化、灵敏化发展;高性能的作物本体信息感知传感器还严重依赖进口,成本也居高不下。因此,农业信息采集是目前发展农业物联网需重点攻关的技术。

　　在设施农业信息处理与应用方面,设施农业物联网的应用主要体现在实现农业生产、管理、决策的智能化上,因此围绕设施农业生产的重点环节,需重点研究物联网在设施农作物生长数据处理、生产数字化管理、数据共享、用户接口与服务网络、智能决策智能等方面的应用技术。

　　目前已有的系统采用 ZigBee、GPRS、蓝牙、Web 等信息采集与传输技术,可进行远距离、多要素、多目标相关数据的采集、传输与网络发布,分别在温室大棚、沼气池、畜禽水产养殖场、农业园区等场所进行了应用,实现对异地远距离对象的诊断与管理,具有广泛的应用前景。但已有系统尚未成体系,且针对的都是农业生产过程中某一方面的信息监测与服务,多基于无线传感网络的空气、土壤温湿度监测,未实现技术的整合与集成应用。其次,现有系统尚未建立起全面的设施农业数据仓库以及数据共享机制,针对作物本体感知、生长过程建模、作物病虫害自动识别的应用也相对较少。

随着精细农业、现代农业的提出和发展,对农业生产过程中的全方位监测、精细化管理及科学化决策调度变得尤为重要,传统的农业生产方式,人为因素较大,管理粗放,无法满足现代农业发展需求,而先进的感知技术、智能决策技术是准确获取、处理农业信息的重要途径,是实现农业现代化、信息化生产管理的基础。因此,以传感技术、无线通信技术、农业资源数据库技术等农业物联网技术为支撑,通过对设施农业综合环境监控、病虫害图像识别、生产数字化管理等关键技术的攻克,并进行系统集成,建立一个能够优化设施果蔬栽培资源、降低设施栽培生产成本和提高栽培技术水平的一整套科学决策系统,为广大合作社、种植大户、设施农业企业提供更全面的综合性服务,对农业物联网在设施农业生产的推广应用具有重要意义。

14.5.2　研究内容

本文针对目前农业设施存在的问题,以传感技术、无线通信技术、农业资源数据库技术等物联网技术为支撑,建立一个能够优化设施果蔬栽培资源、降低设施栽培生产成本和提高栽培技术水平的一整套科学决策系统,降低设施果蔬农产品的生产成本,提高产品产量、质量和市场竞争力,提升设施农业产业水平。

(1) 设施大棚环境监控技术。

根据设施大棚果蔬栽培对环境的要求,选定主要的环境影响因子进行监测。包括气象参数(光照、温度、湿度、CO_2),土壤参数(温度、湿度)。通过集成利用多种传感器和数据采集终端获取温室大棚内的环境信息,并进行数据处理,提供相应的操作接口,实现设施大棚环境的实时监控。

(2) 设施果蔬数字化管理技术。

研究设施果蔬栽培的数字化管理技术,实现管理任务自动下发、果蔬作物长势、环境数据对比分析,评估环境因素对作物长势和产量的影响,实现科学化、低成本种植,提高农产品的产量和品质。

(3) 设施果蔬病虫害诊断技术。

研究病虫害图像压缩、图像快速检索与匹配技术,建立设施果蔬常见病虫害分类、图片数据库、视频数据库、病虫害预防与综合防治数据库,提供病虫害适病、适症诊断技术咨询服务。

14.5.3　设计方案

设施农业生产管理系统的集成需解决信息获取、信息处理、信息服务三大关键技术问题。其中"信息获取"部分负责设施果蔬种植关键环节信息的采集、获取与传输,为上层应用服务系统的基础数据源;"监控处理"负责存储获取的有效数据,是实现信息分析、统计以及应用服务的基础条件;而"信息服务"部分则围绕系统业务应用,提供个性化服务内容。为解决上述问题,系统依托农业物联网技术解决信息获取与传输问题,基于传感器与传感技术(空气温湿度、土壤温湿度、光照等各种农业传感器),实现更透彻的信息感知,基于传感网(ZigBee、Wi-Fi)、互联网(以太网、GPRS)实现更全面的互联互通。面向政府、农业企业、农民、社会公众提供个性化、无处不在的服务。

整合现有农业环境监测传感器技术与产品、实现土壤(温度、湿度)、空气(温度、湿度、光照、CO_2浓度)环境参数的综合信息感知,并分析环境因子与作物叶片氮素含量、叶绿素含量、类胡萝卜素等生理指标的变化规律,建立作物生长动态模型。

(1) 空气感知:采用空气温度、湿度、光照度、CO_2浓度传感器实现环境参数的精确感知。

(2) 土壤感知:采用土壤温湿度传感器监测土壤温度、湿度。

(3) 作物苗情感知:采用视频图像采集系统,对作物形态进行监控,获取株高、叶面指数、生长情况、成熟度、病虫害等信息。

利用土、水、气环境感知技术,集成支持典型无线通信网络制式的数据传输设备,从而完成对设施果蔬大棚环境进行全天候无缝实时监测。

1. 设施大棚环境参数智能采集终端

设施大棚环境参数智能采集终端通过接入不同的农业传感器,获取土壤温湿度、空气温湿度、光照强度、CO_2浓度等果蔬作物生长环境信息,实现对果蔬生长过程中的各类关键信息的获取,并能够实现与手持终端无缝数据通信,从而完成对现场果蔬作物生长信息的查看,实现移动便携监测。

2. 无线数据采集集中器

针对传感器布线困难,传输数据量较小的应用场景,可以根据距离将被监测区域划分为若干个子区域,在子区域中通过无线数据采集集中器与多个无线传感器构建基于无线传感网络技术的自组织网络。部署在各个区域负责信息监控的各种农业传感器周期性地将测得的数据通过无线自组织网上传到无线数据采集集中器,无线数据采集集中器接收各种无线传感器的采集数据,并通过串口,将数据转发给无线路由设备,通过 GPRS 网络传输到互联网,从而实现大棚环境各种环境参数的获取。

3. 数据传输网络

对于传输数据量较小的环境信息,如果蔬大棚的空气、土壤温湿度、光照等环境信息,可通过在每个大棚构建基于无线传感网络技术的自组织网络,自组织网络由多个传感器节点构成,每个传感器节点包括远程终端设备和部署在各个区域负责信息监控的各种农业传感器;远程终端设备实现安装在现场的传感器的接入,并将测得的各种电信号转换成可向上发送的数据格式,然后向上连接数据传输模块。在每个子区域配置一个本地自组织网络网关和基于移动通信网络技术(GPRS)的中央数据节点,对每个子区域自组织传感网络的多个传感器节点数据采集和状态监测,通过 GPRS 网络传输到移动通信基站并进入互联网。将各个监控区域的实时信息实时传送至数据库系统。

对于传输数据量较大的视频信息,如果蔬大棚等场景的视频信息,必须通过有线传输技术实现视频数据上传。部署在各监控区域的摄像机视频信号经过视频传输线传至网络视频服务器,网络视频服务器将视频信号编码压缩,接入本地局域网中,最终视频数据通过局域网上传到数据库集中存储。

14.5.4 远程检测中心系统

玫瑰花栽培管理系统,为用户提供操作界面,建立传感器节点信息数据库,主要包含用户管理,后台管理,日志管理,错误管理,业务功能,非业务功能。在数据库的选择上,使用MySQL进行数据库构建,足以满足本设计方案的实际要求,并达到需要的效果,因此选择MySQL,如图14.11所示。

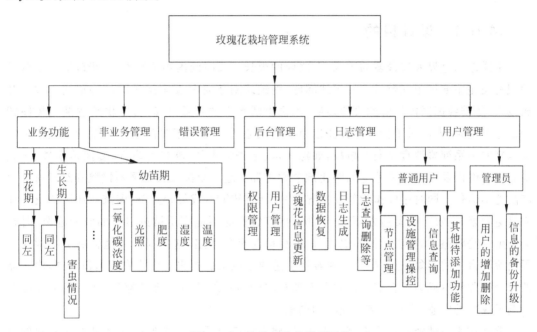

图 14.11 玫瑰花栽培管理系统

玫瑰花栽培管理系统说明如下。

业务功能:主要通过分析各个传感器节点所采集的信息,确定玫瑰花的生长阶段,通过数据库的玫瑰花对实际玫瑰花所对应生长阶段的最优生长环境的各个参数值进行比对,然后下发命令执行相应的操作(如洒水、开窗、开灯、施肥等),以使玫瑰花生长环境达到最优值。

错误管理功能:主要负责检查各个传感器节点是否正常工作,比对传感器所采集的数据信息是否正确,如果发现传感器节点未正常工作或者已经损坏,进行物理报警,通知系统管理员,例如向系统管理员发短信等,等待管理员解决,并手动解除报警。

后台管理功能:主要负责系统权限的设置,保证系统和关键数据只能由拥有最高权限的管理员控制和查看;允许一般操作人员进行系统运行状态的查看;另外一个功能是对传感器节点所采集的信息进行实时存储,避免在发生特殊情况时数据的恢复。

日志管理功能:主要负责对各个传感器节点,路由节点,汇聚节点,控制节点的操作信息进行记录,例如各个传感器是每隔多久进行数据信息采集的,保存信息采集的确切时间点;还有记录管理系统的各项操作,例如管理系统的执行命令,何时进行洒水等;以及用户登录信息,错误管理信息,以备系统开发人员进行系统分析和修改。

用户管理功能:主要负责权限的分配;普通用户:节点管理,设施管理操控,信息查询等;管理员:用户信息管理,系统升级更新等。

非业务功能:例如系统升级等有待扩展的功能。

14.6 物联网的产品质量追溯信息平台设计

14.6.1 设计目的

中国作为世界人口最多的国家,在之前的很长一段时间内物资匮乏,各级政府对于食品领域的关注主要集中在数量上的短缺问题,而缺乏对于食品安全问题的足够重视。改革开放以来,随着我国国民经济的飞速发展,人民生活水平的日益提高,食品供给逐渐由短缺转变成相对剩余,人民对于食品的关注也由量的关心转变成对于食品质量安全的重视。2001年以来的一系列恶性食品安全事故,如毒大米、金华毒火腿、苏丹红事件、瘦肉精事件、三鹿毒奶粉事件以及最近仍未平息的塑化剂事件等都引起了全国人民的强烈愤慨和对于所食用产品的不信任。同时中国作为新的世界贸易组织(WTO)成员,与其他国家和地区的贸易往来日益频繁,在农产品贸易方面,由于部分出口农产品不能满足被进口国的农残检测,时常会发生一些摩擦,如拒收、暂扣、退货、取消订单甚至是索赔,这些都极大地影响了中国在世界商贸舞台中的形象,也给出货商在经济上造成了巨大的损失。作为农业出口大国,农产品的安全问题俨然成为了影响我国农业发展和农产品对外贸易深化的壁垒,并在某种程度上牵制了我国的农业、农村经济产业结构调整。

茶叶作为一种经济价值极高的农产品,建立和健全质量安全监管体系是迫在眉睫的事情。实现从"茶园到茶杯"全过程的跟踪记录,对于茶叶产业的发展,茶农生活水平的提高具有重大的现实意义,主要从以下6个方面表现出来。

(1)茶叶出口方面:中国早在汉代就通过"海上丝绸之路"对外出口茶业,因其独特的口感和品质受到欧美、日韩等发达国家消费者的喜爱。2005年起,我国首次超越印度成为最大的茶叶生产国,2012年茶叶总产量达175万吨,同比增长11.4%。其中31.35万吨茶叶出口外国,虽然出口量高居世界第二位,但是进口国对于茶叶农残检测和可追溯性的要求日益严格,仅2012年上半年,我国就有14批次的茶叶由于农残检测不合格而禁止入境,导致消费者对饮用中国茶叶信心不足,出口量同比下降了2.82%。为了满足进口国对于食品(农产品)的追溯要求,保障我国的茶叶出口贸易不受影响,加快建立可行性的茶叶质量安全追溯系统依然是迫在眉睫的事情。

(2)企业管理方面:建立茶叶质量追溯系统不仅能够提升茶叶行业的管理水平,增加茶叶在供应链环节的透明度,提高企业的信息化水平,扩大企业的知名度和信誉,同时将加强国内外消费者对于茶叶品质的信任度,将为企业的竞争力带来提升。

（3）消费者方面：在食品安全日益受到关注的今天，传统的标签或是条码只能让消费者获取有限的产品信息，建立茶叶的质量追溯体系，可以给消费者提供包括原茶叶产地、农事活动、加工工艺等信息，满足了消费者对于终端产品的知情权和了解所消费茶叶信息的欲望。增加了消费者对产品的信任。

（4）茶叶产业建设方面：目前在农产品市场特别是茶叶市场中存在着一些不和谐的因素，部分不良商家打着名牌茶叶的旗号以次充好的现象屡见不鲜，极大地影响了传统名特优茶叶企业的品牌形象，让消费者产生误导和怀疑，损害了合法商家的利益。而茶叶质量体系的建立能够切实有效地提高茶类产品的信息公开化程度，提供给消费者有效的茶叶防伪鉴别功能，让消费者买到名副其实的茶叶，保障双方的利益，规范茶叶产业，为茶叶产业的良性健康发展打下坚实的基础。

（5）应急处理方面：茶叶质量追溯系统的建立能够提升相关监管部门和茶叶生产企业对于突发事件的处理水平。当发现市场中某批次的茶叶存在质量问题时，相关部门能够及时查明源头，锁定该批次的茶叶流向，迅速封存、召回不合格成品茶，降低不合格茶叶所带来的不良影响，为企业挽回信誉。

（6）茶文化建设方面：几千年来我国形成了独特的饮茶文化使得茶叶与其他农产品相比有显著的区别，茶叶中蕴涵着深厚的文化底蕴，是富有精神文明附加值的农产品。茶叶质量追溯系统的信息平台能够及时有效地向全世界的消费者全面展示茶叶独具魅力的文化附加值，呈现给消费者更多茶叶的人文情怀和精神内涵。

因此提出基于 RFID 的茶叶追溯平台的研究，实现了对茶叶的全程追溯，使追溯信息透明化，满足对信息及时性、准确性的要求。通过对茶叶的种植及销售等一系列信息追溯系统平台的设计，可以广泛应用于多种农产品的质量信息追溯。

14.6.2　研究内容

（1）结合茶叶生产工艺流程和茶叶行业的运营模式，对茶叶生产供应链进行分析，确定茶叶生产各个环节需要记录的信息，并以信息的内容和功能为基础，从保证供应链信息流的完整性和消费者对茶叶产品知情权的需求两方面进行茶叶质量安全追溯体系总体框架的设计。

（2）茶叶质量安全追溯编码体系的建立。根据记录的茶叶生产信息建立茶叶生产供应链可行的追溯方案，实现茶叶产品从种植、加工、运输、销售各个环节的全程信息记录。

（3）茶叶质量安全追溯信息平台的系统实现。采用 Browser/Server 模式建立茶叶质量安全追溯信息平台，追溯平台分为企业数据管理模块和产品信息查询模块。茶叶企业可以通过企业数据管理模块对企业的产品信息，茶叶种植信息，加工信息和检验信息进行管理。消费者可以登录追溯平台，利用产品信息查询模块的功能，通过输入产品追溯码实现产品详细信息的查询。

14.6.3　设计方案

基于 RFID 茶叶质量安全追溯系统研究的基础是对从"茶园到茶杯"整个供应链的分析，明确茶叶供应链各个环节的参与者，确保参与者之间数据的保存和传递，最终确定需要提取哪些信息来包装跟踪和追溯的顺利进行。

1. 茶叶种植管理模块

茶叶种植管理模块主要负责收集和整理茶园(厂)的基础数据、地块数据以及农事活动数据,具体包括以下两类:

1) 基础数据管理

基础数据管理是对茶园的基础数据进行更新和管理,相关管理人员通过各自的账号和密码进入操作界面,录入茶厂或企业新开发的地块或者原来没有被系统纳入地块的基础信息。

具体操作为:进入茶叶安全生产界面后,输入相应茶园代码,界面从全国地图立刻提取该目标茶园的 Google 地图;选中新增地块,单击"数据添加"按钮,出现茶园(厂)基础数据录入对话框;输入种植区面积、企业代码、经营方式、法人代表、栽种品种、海拔高度、经纬度信息;输入完毕确认无误后,单击"确定"按钮,完成新地块数据的录入;当发现录入的信息出现错误时,可通过单击"修改"按钮来进行更正。

2) 生产数据管理

生产数据管理针对的是茶叶的生产过程,相关负责人对地块 RFID 编号、灌溉水质、土壤养分、土壤酸碱度、施肥、病虫害防治以及茶叶采摘信息实时录入和维护,保证各类农事活动严格按计划进行。

地块 RFID 编号、灌溉水质、土壤养分、土壤酸碱度信息是通过输入相应茶园代码,选中相应地块,单击"数据添加"按钮,出现茶园(厂)生产数据录入对话框进行填写和修改的。而施肥信息的采集则是生产数据管理员通过手持读写器扫描相应地块 RFID 标签数据和肥料 RFID 标签数据,施肥日志代码,同时添加日期编号,通过 Wi-Fi 上传至服务器的,系统自动将数据录入茶叶安全生产数据库中,生产数据管理员也可以选中该条施肥信息,通过单击页面中的"编辑"按钮,对弹出的对话框内容进行修改和删除。新增茶叶采摘信息也是通过生产数据管理员通过手持读写器扫描相应地块 RFID 标签数据和茶篓 RFID 标签数据,同时添加日期编号,上传至服务器的,系统自动将数据录入茶叶安全生产数据库中,生产数据管理员也可以选中该条采摘信息,通过单击维护页面中"编辑"按钮,对弹出的对话框内容进行修改和删除。病虫害防治信息的录入与更新与茶叶施肥阶段的信息录入类似。

2. 茶叶加工管理模块

不同批次的茶叶进入加工车间,按照既定的生产计划采用不同的工艺进行加工,本模块负责收集毛茶质量、加工批次、加工日期、加工工艺等信息,力图为消费者还原茶叶加工情况。

3. 茶叶物流管理模块

物流管理模块主要是对茶叶在流通过程(运输线路、销售记录等)所产生的数据进行录入和管理,相关责任人通过安装在茶叶运输车辆内的 GPS(全球定位系统)来跟踪车辆的运行状况。

4. 茶叶系统管理模块

该模块主要是为在茶叶供应链不同模块内的管理人员提供相应的权限,各环节负责人

根据权限来更新和维护相关界面,同时,该模块还新增了两类管理人员:

1) 数据审核管理员

通过对新增茶园(厂)数据进行审核,包括校验基础档案、生产数据以及流通数据中的新增信息,该账号只有复核权限,不具备更新和修改权限。数据复核后即生效。

2) 系统管理员

系统管理员一般为政府监督部门,主要的职责在于系统的维护、管理注册用户账号的审核以及权限的设置。只有通过审核的注册用户才可以登录系统,对相应的数据进行更新、修改和删除。

5. 茶叶追溯模块

茶叶追溯模块主要面向终端用户,消费者通过登录所建立的茶业追溯网站,扫描粘贴在茶叶礼盒上的 RFID 标签,从计算机中了解所购茶叶相关安全生产信息(包括茶叶场地信息、茶叶品种信息、施肥日志、采摘时间、责任人及茶叶运输线路等)。

茶叶质量安全追溯平台以茶叶为研究背景,以合作社—生产企业—销售终端(超市或者终端计算机)为基本模式,从生产企业的角度设计质量追溯系统。质量追溯系统的框架如图 14.12 所示。

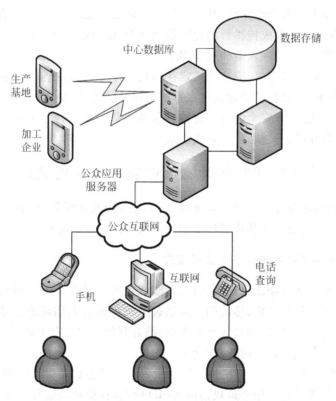

图 14.12 质量追溯系统的框架

从图中可以看出,企业端通过对农户信息、地块信息、生产过程信息、包装信息等进行采集,每个信息采集点都建立了一套完整的产品编码,通过 RFID 技术自动把产品编码扫描到数据库中记录形成产品档案,并保存在企业端数据库中,同时各企业端定期上传生产数据到追溯中心数据库;在产品出库包装时,通过一定的编码规则,生成带有产品档案信息的条码;产品进入市场的同时,完整的档案数据已经在追溯中心数据库中形成;消费者买到带有条码的茶叶产品时,可以通过质量追溯系统中的网站、手机短信、超市扫描机等不同平台输入追溯码,即可实现产品追溯查询。

为了能对茶叶从田间到货架整个过程进行追溯,通过对现有系统问题的分析,RFID 茶叶追溯系统的流程大致是:

在茶叶生产基地,为地处同一地的同一种农作物加上标签,标明其 ID,农场现场操作者利用 RFID 阅读器读取其 ID 后,记录施肥病虫防治农作物当前状态收割等信息,记录完成后再导入数据库中,同时,在数据库中的对应农作物 ID 字段,还应记录该农作物品种种子播种时间等基本信息。

在茶叶的流通过程中,每个环节都布置集成了多种传感器的读写器设备,可以实时记录该批茶叶的环境信息。

在运输过程中,安装在运输车内的读写器每隔一段时间就会读取一次车内茶叶电子标签,连同传感器获得的环境信息一起记录下来,到达一个目的地后再将途中记录的信息导入追溯数据库中。

茶叶在到达仓库和离开仓库时,其进出的时间也会被记录,对于需要在仓库中放置的茶叶,可将其存放在布置有集成传感器的读写器仓库中,读写器同样按照一定的时间间隔读取标签并记录环境信息,最终导入追溯数据库中。

销售商从仓库取得茶叶后,应按照规定在包装茶叶时,在其外包装上打印与茶叶电子标签 ID 相对应的条形码,以便消费者通过条形码对茶叶信息进行查询。

经过严格的流通过程,安全的茶叶将被运送到消费者处,这样,消费者可以通过网络查询自己所购买的茶叶的相关信息,享受放心茶叶。

14.6.4 RFID 技术在茶叶物流追溯系统中的设计

通过研究分析,认为可以在茶叶栽种环节、鲜叶采摘及入库环节、茶叶生产加工环节、茶叶成品分袋入库环节、茶叶成品物流环节和成品茶叶销售环节应用 RFID 技术。

1. RFID 技术在茶叶栽种环节的应用模式

栽种环节是整个茶叶物流追溯的起点,茶园承担着提供茶叶原料的任务。要对某地块的茶叶种植环节进行信息采集,传统的方式是茶园小班负责人用纸笔记录当天的农事活动的相关信息,回到办公室将数据录入计算机中,结合其他数据汇总上传至服务器。造成的结果是信息传输不及时,容易出现错误或者遗漏。

现结合 RFID 技术,运用手持机进行信息采集。茶园小班负责人根据当日的农事计划,锁定目标地块。利用手持机扫描地块前的 RFID 标签,获得地块编号。同时将负责人代码、农事计划代码,通过无线网络直接将采集信息发送至服务器中,如图 14.13 所示。

2. RFID 技术在鲜叶采摘及入库环节的应用模式

茶树的萌发是有季节性的,并且与品种、海拔、气候条件相关。一般要求采摘顶叶小开

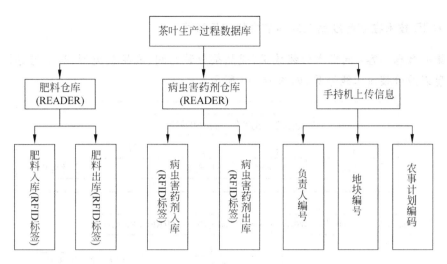

图 14.13 RFID 技术在茶叶栽种环节的应用

面 2~4 分成熟的三叶。鲜叶采摘前，茶园小班管理人员先用手持机扫描地块和采收管上的 RFID 标签，同时录入负责人编号、入库数量、入库批次信息，通过无线网络(Wi-Fi)直接将信息发送至服务器中，如图 14.14 所示。

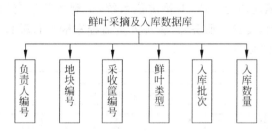

图 14.14 RFID 技术在鲜叶采摘及入库环节的应用模式

3. RFID 技术在茶叶生产加工环节中的应用模式

采集的数据内容：鲜叶类型(鲜叶类别与等级)、鲜叶出库时间、鲜叶出库数量、鲜叶出库批次信息、自动化生产线每道环节进出时间等。为了达到"粒状农产品"量化控制的目标，在生产过程中使用固定规格的容器来分装鲜叶及半成品毛茶，如图 14.15 所示。

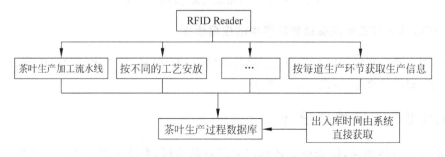

图 14.15 RFID 技术在茶叶生产加工环节的应用

4. RFID 技术在茶叶成品入库环节中的应用模式

采集的数据内容：同批次分装数量、成品茶分装时间、成品茶类型（类别与等级）、分装人员信息以及分装流水线号等，如图 14.16 所示。

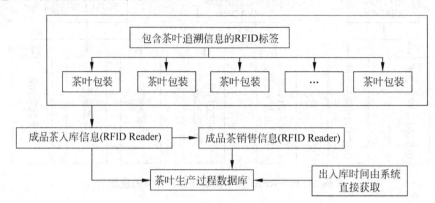

图 14.16　RFID 技术在茶叶成品入库环节的应用

5. RFID 技术在成品茶出厂运输环节中的应用模式

运输成品茶的车辆内装有 GPS 卫星定位系统，车辆按照指定的线路将茶业运往目的地，沿途数据将会不断地发送至服务器，管理人员监控车辆的行驶位置，了解货物能否按时运达目的地，如图 14.17 所示。

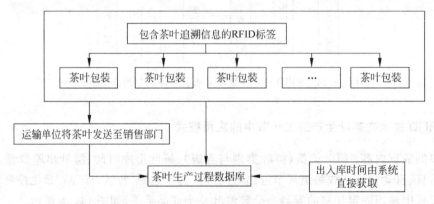

图 14.17　技术在成品茶运输环节的应用

6. RFID 技术在茶叶成品销售环节中的应用模式

数据库主要采集以下内容的信息：成品茶出货（库）时间、销售出货（库）时间、出货茶叶品种、数量、销售价格等，如图 14.18 所示。

14.6.5　监控终端设计

根据系统总体思路，结合企业各部门对信息的管理，系统主要分为 6 个模块。茶叶质量安全追溯平台（图 14.19）即茶叶中央数据库，选用 SQL Server 建立数据库。采用客户端/服务器(C/S)体系结构开发该信息平台。系统还能对数据库按照要求进行备份还原,提高系统的健壮性和安全性。

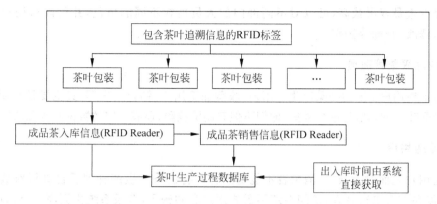

图 14.18　在茶叶销售环节的应用

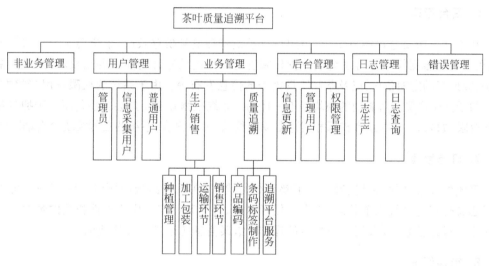

图 14.19　产品质量安全追溯平台

1．业务管理

业务管理分为生产销售以及质量追溯两个部分。生产销售模块将来自移动终端、生产管理终端的数据进行汇总和处理;质量安全追溯分为产品编码、条码标签制作系统和追溯服务平台三个部分。

2．用户管理

由于不同用户应用系统有不同需求,所以用户权限的分配至关重要。权限分配得好坏直接关系到系统数据的安全性和系统的稳定性。在茶叶质量安全追溯系统中,为满足不同用户访问系统的需要,分别设计三个级别的权限:普通用户、信息采集用户、管理员用户。权限按用户的需求级别依次提高,按照权限级别,用户访问的系统资源也有不同,权限分配得越高,访问和管理的系统资源越多。

3. 高级管理员

高级管理员权限最高,可以对不同部门的人员授权不同的角色,并可以对用户进行增加、删除、修改、查询等操作。

4. 信息采集管理员

信息采集用户主要包括茶叶生产用户、收购加工用户、销售用户等,其主要是利用网络信息技术对茶叶的基本信息进行采集,他们不但有浏览权限,还有一定的数据写入和改写权限。

5. 普通用户

普通用户是面对大众的,消费者不能随意进入有机茶叶生产管理后台进行对数据库的操作,只能在前台进行查询,访问系统不需要用户名和密码,登录系统主页面后,可以根据最终销售的茶叶条码数字进行溯源查询和茶叶质量安全预警信息浏览。

6. 后台管理

在茶叶质量安全追溯系统中,当用户以系统管理员身份登录后,系统会显示全部应用模块,用户可以根据模块来对系统进行操作和管理。系统的管理功能主要是权限的分配、系统维护、数据库的定期备份,以及茶叶质量报告的信息发布等。由于系统的权限采用授权方式,不同的授权用户登录后看到的模块是不一样的。系统根据登录用户会自动判断是否拥有某个操作权限,如果有,会显示和权限相对应的操作模块,如果没有,系统的功能模块会自动隐藏。

7. 日志管理

系统的日志文件可以让管理员了解系统的状态,在系统出现问题时系统管理员可以查阅日志文件确定系统当前状态、观察入侵者踪迹、寻找某特定程序或事件相关的数据。可以记录用户登录信息,以及用户登录后的操作;错误信息的记录以及处理记录。

8. 错误管理

系统出现异常时进行记录,如信息输入异常、有入侵者等。当出现异常时,错误管理模块显示给用户错误信息,清晰描述发生了什么错误以及应该采取什么样的措施。

9. 非业务管理

对田地信息的管理,如对地块编号、来自哪个农户等;对农药购买、存放、使用及安全期等信息加以记录管理,如出现农药过期、使用禁用农药等将给出警告提示信息。

14.7 基于传感技术和传感网络的种畜管理平台设计

14.7.1 研究目标

食品安全引起了全世界人民的广泛关注,如何开发既能保证食品安全又能提高畜牧养殖产业发展的高效生态畜牧业,已成为一个重要的研究课题。我国奶牛业正在从传统的生产管理方式向现代化的管理方式转变,对牛群的管理也正逐步由传统的粗放型、松散化管理向精养型、集约化管理方向发展,这就要求对牛群的总体状况有细致的了解,通过对奶牛的喂养、泌乳、繁殖和疾病防治实施严格的监控,才能提高奶牛单产水平和牛群总体经济效益。在这种背景下,奶牛场引入物联网技术实现自动管理已成为发展的必然。近几年物联网技术同样受到了人们的广泛关注,"物联网"被称为继计算机、互联网之后,世界信息产业的第三次浪潮。目前在发达国家,物联网技术的研发与应用已经拓展到食品药品质量监管、环境监测、农业生产等领域。电子产品编码(EPC)技术和射频识别技术(RFID)更促进了物联网的发展和应用。EPC 编码能够保证产品在世界有一个唯一的编码,RFID 技术能自动识别有电子标签的产品。因此,通过互联网平台,利用 RFID 技术、无线数据通信等技术,可以构造一个实现全球物品信息实时共享的网络平台。保证奶牛所产奶的安全性和可靠性,从而提高劳动生产率,促进大幅度提高我国奶牛养殖业生产水平。

14.7.2　研究内容

本文利用射频识别技术(RFID)和物联网及电子产品编码(EPC)的相关技术,提出基于EPC 物联网的奶牛精细养殖管理系统的基本原理,完成模拟预测生长过程、定量配料、自动饲养、计量个体奶量、监测体重、健康状况、生理等指标,以及完成生长速率调节和效益评估等功能。利用 EPC 物联网和 RFID 技术实现奶牛精细养殖管理系统,主要研究内容和目标如下。

(1) 信息采集:利用超高频 EPC 技术和超高频的 RFID 技术采集奶牛信息的基本系统;

(2) 信息监控:根据信息采集中的奶牛信息对奶牛进行自动挤奶、自动配料和自动喂养,并对体重、健康等生理指标进行检测;

(3) 信息服务:提供对奶牛信息的存储和查询,生长过程模拟预测,进行效益评估和生长速率调整;

(4) 对该系统的管理和维护。

14.7.3　溯源数据结构设计

奶牛养殖溯源是在信息系统支持下,准确、快速查询和监控奶牛养殖生命周期内活动的有效机制。设计奶牛养殖溯源系统数据结构如图 14.20 所示。养殖数据传输到溯源中心以记录的形式存入数据库,溯源数据结构主要包括 5 个追溯单元模块,提供从奶牛入场、日常饲喂、病疫及用药,直到离场这整个养殖环节记录的追溯查询。模块设计成表格形式存储在数据库,表中记录反映牛不同时期的养殖状况。数据提交模块实现采集数据的校验和初步处理功能,最终以记录形式存入对应模块表。信息记录显示模块可以对奶牛养殖记录进行检索和查询,并以指定形式展示给查询用户。

1. 溯源信息采集与传输流程

基于 WSN 与 RFID 相结合的奶牛养殖信息溯源方案,其信息采集与传输流程如图 14.21

所示。在奶牛入场检验合格后为其制作电子耳标，射频写入编号、品种、出生日期等信息建立养殖档案。日常饲养过程用手持读写器采集饲喂、病疫、繁殖等数据信息，通过基于ZigBee 的 WSN 传输到溯源数据中心。用户追溯通过奶牛编号检索养殖环节的所有信息，若某一环节出现问题，如饲喂环节，便可溯源到当值饲养员、饲料品牌、产地来源等信息，从而完成养殖信息采集、传输与追溯的整个流程。

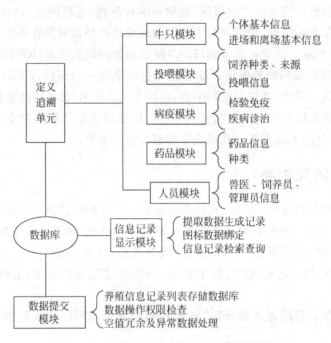

图 14.20　设计奶牛养殖溯源系统数据结构图

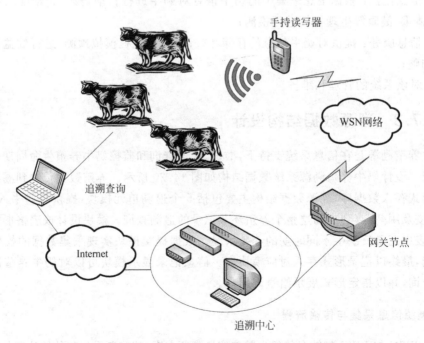

图 14.21　WSN 与 RFID 相结合的溯源信息采集与传输流程

该方案通过手持读写器高效快捷地采集养殖信息,数据被无缝隙地传输至数据中心,实现溯源记录的实时动态更新,能够很好地解决数据采集与传输分离的问题。利用实时在线的 WSN,饲养员可利用读写器查询奶牛繁殖、检验、免疫等信息,实现智能提醒功能。

2．网络体系架构

WSN 是由大量传感器节点通过无线通信方式形成的一个多跳自组织网络,它能够协同地实时监测、感知和采集网络覆盖区域中监测对象的信息,数据处理后以无线自组多跳的方式传送到应用系统。WSN 具有可大规模布置、无须人工值守、传输距离远的特点,有效传输半径高达 100m,将 RFID 与 WSN 结合便可形成一个覆盖整个奶牛场的网络。

WSN 和 RFID 的技术优势具有互补性,要形成一个功能强大的传输网络,需要设计一种合适的网络体系架构。基于 ZigBee 的无线传感器网络有星型网、簇树状网和网状网三种网络拓扑结构。星型网是一个辐射状网络,中心节点为全功能节点(FFD),其他节点为简化功能节点(RFD),数据和指令均通过中心节点传输;簇树状网是多个星型拓扑的集合,用路由器进行连接扩充和数据的路由转发,易于实现和管理,但网络链路可靠性低;网状网中任意两个节点间都存在通信路径且不唯一,每个节点都是 FFD 节点,具有自动组网与动态路由功能,一条路由出现故障,节点自动寻找其他路由进行数据传输,网络健壮性、抗毁性较好,能够很好地适应复杂环境要求。

在分析对比 WSN 网络三种拓扑结构的特点后,结合奶牛养殖溯源系统应用需求,设计了如图 14.22 所示星型网与网状网结合的网络体系架构。

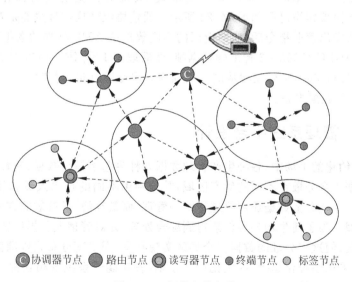

Ⓒ协调器节点 ⬤路由节点 ◎读写器节点 ⬤终端节点 ⬤标签节点

图 14.22　网络拓扑架构

养殖管理系统包括 5 类节点:协调器节点、路由节点、读写器节点、终端节点和标签节点。

1) 协调器节点及路由节点

协调器节点也称网关节点,在一个网络中只能有一个协调器节点,它负责整个网络的构建和维护,网络构建成功后各类节点间可以进行相互通信。路由节点负责数据通信的路由选择与数据转发,实现了大范围内的网络节点互联,构成有效半径达 100m 的网络覆盖范围。路由节点加入 WSN 后,提供数据帧的路由转发、路由发现、路由维护与路由修复等功能,路由算法的好坏直接影响到网络系统性能。

2) 读写器节点

读写器节点是 RFID 技术与 WSN 技术的融合节点,其负责读写电子标签完成奶牛编号、品种、来源、出生日期等信息的记录,然后通过基于 ZigBee 的 WSN 将信息发送到管理系统中心。数据编码处理后由 WSN 送至网关上传溯源中心,供用户查询追溯,还可为饲养员提供繁殖、免疫信息等智能提醒功能。

3) 终端节点及标签节点

路由节点与终端节点组成星型拓扑,终端节点彼此间不能直接通信。终端节点佩戴在奶牛身上配合电子标签作为其唯一的身份识别,同时配有温度传感器与震动传感器,实时监测采集奶牛的体温与运动量等数据信息,采集的数据经过 WSN 传送到管理中心。数据处理中心对采集来的所有数据进行整合,分析处理后提供对奶牛养殖管理、追溯、病疫预警等功能。RFID 标签节点在奶牛身份识别与系统溯源中具有不可替代的作用,以耳标形式设计存储奶牛数据信息。

3. 通信协议转换

RFID 与 ZigBee 的通信协议规范、数据单元格式和内容互不相同,两者无法直接通信,需要进行协议转换后才能实现数据无缝隙传输。ISO/IEC 15693—2 标准规定的读写器与标签通信协议物理层接口由 S6700 芯片来实现,读写器节点射频发出的指令必须符合 ASIC 通信协议和 ISO/IEC 15693—3 规范格式,实现对标签的读写操作。本文设计的 RFID 与 ZigBee 协议转换过程如图 14.23 所示。通信协议转换过程主要是对数据帧格式进行转换。读写器发出读取指令后,标签返回的响应数据是 ASIC 标准的数据帧,首先取其数据域内容为 ISO/IEC 15693—3 标准的数据帧,然后取出 ISO/IEC 15693—3 标准帧包含的数据域信息,再经过 ZigBee 协议栈从应用层到物理层逐层打包,封装成 ZigBee 协议格式数据帧由 WSN 送至数据中心。

14.7.4 管理系统平台设计

规模化、集约化的牛场中,各种生产管理数据如种牛基本信息数据,繁育数据,生长数据和经营管理数据等会分散在不同的生产区域,并分别由不同的技术人员和管理人员进行收集、处理。同时,这些分散数据还需要进行统一管理,而最经济、最有效的方法就是运用计算机系统进行处理。为了使牛场各种信息得到综合处理,并对管理人员提供辅助管理决策,必须要从全局出发,使这些分散的数据在全场区实现共享,即实现分布式资源信息的整合。因此,系统开发应采用系统化思想,模块化设计原则,各功能子系统既相互独立,又互相联系,结构清晰,易于扩展与维护。

此外,本系统根据我国牛场生产管理特点并结合科学的种牛管理经验,以计算机技术为基础,全面支持种牛生命周期的规范化管理和养牛场日常运作的透明化。系统在设计上要达到以下功能目标:

建立完整的种牛个体档案管理和动态牛群管理体系;智能化的任务派工和技术提示帮助;专业知识支撑下的疫病防治管理;生产经营状况的实时监管。如图 14.24 所示为该软件开发的总体结构图。

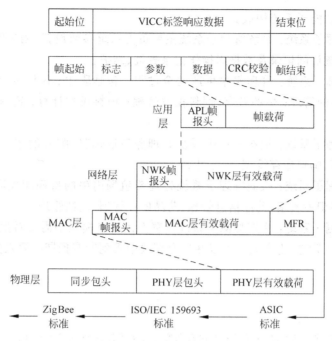

图 14.23　协议转换过程

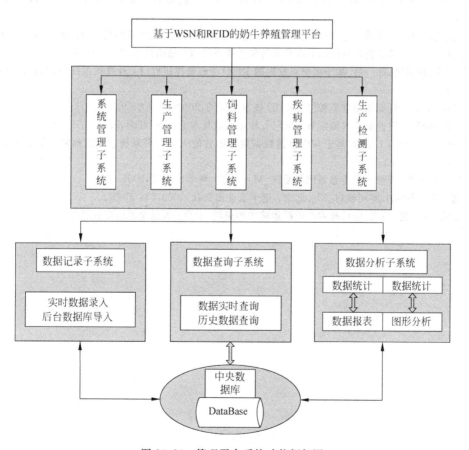

图 14.24　管理平台系统功能框架图

系统由五大功能子系统构成。

（1）系统管理子系统：系统管理子系统主要负责系统参数设置、用户管理、用户维护信息、用户授权、系统访问记录及数据库操作记录查询、维护。

（2）生产管理子系统：管理奶牛生产的全过程。包括乳牛、小牛、中牛、大牛的管理以及种公牛、种母牛的管理；牛的转存、饲料投放管理；饲料成本计算；饲料变更记录；牛只销售记录等功能。

（3）饲料管理子系统：饲料管理子系统处理养殖场饲料、配方的相关问题。包括原料库管理、配方管理、饲料库存管理、配方计算。

（4）疾病管理子系统：疾病管理子系统处理养殖场内牛的疾病相关问题，包括疾病知识库管理、疾病知识库检索、药品信息管理、药品库存管理、疫情管理。

（5）生产监测子系统：生产监测子系统负责上述所有模块中需要对生产管理人员进行提醒及预警的信息管理，生产人员可以在这个模块中看到所有预期将要发生的情况。

参考文献

[1]　兰洪杰.食品冷链物流系统协同对象与过程研究[J].中国流通经济,2009,5(9)：23-26.

[2]　李晓娜,朱耀庭.基于 RFID 和传感技术的冷链物流环境监测系统设计[J].物联网技术,2013,2(4)：3-5.

[3]　李金龙,王黎,高晓蓉.多点温湿度远程无线监控系统设计[J].微计算机信息,2009(25)：31,32.

[4]　李洋,张永辉.基于物联网技术的冷藏车智能监控系统[J].通信技术,2010,43(11)：59,60.

[5]　赵卫东,周尚晨,孙一鸣.基于离群点挖掘的 RFID 冷链温控研究[J].计算机系统应用,2010,19(11)：166-170.

[6]　佳颖.RFID 冷链无线温度监控[J].RFID 技术与应用,2008(6)：28,29.

[7]　李慧,刘毅.温室控制技术的发展方向[J].林业机械与木工设备,2004,32(5)：78-80.

[8]　陆志平,秦会斌,王春芳.基于多传感器数据融合的智能火灾预警系统[J].杭州电子科技大学学报,2006,26(5)：123-125.

[9]　于海斌,曾鹏.智能无线传感器网络系统[M].北京：科学出版社,2006.

[10]　郑阿奇.MySQL 实用教程[M].北京：电子工业出版社,2009,03：25-32.

[11]　王炼,王小建,马飞.信息技术在道路运输中的应用.北京：人民交通出版社,2013-06.